U1076848

21世纪高等院校教材

# 可持续发展基础

龚胜生　敖荣军　编著

科学出版社
北　京

## 内 容 简 介

可持续发展教育是培养“地球公民”负责任的生活的需要，也是建设人与自然、人与人关系协调的和谐社会的需要。本书正是这样一本弘扬可持续发展理念、阐述可持续发展原理、解析可持续发展系统、介绍可持续发展实践的普通高等教育教材。

全书共9章。第一章，阐述可持续发展思想形成、内涵实质与基本原则；第二章，解析可持续发展系统的要素、结构和功能；第三章，分析人口的数量、素质、结构、观念与可持续发展的关系；第四章，概述资源特性、资源经济学基础和资源可持续利用；第五章，概述环境与可持续发展的关系、环境价值理论、环境影响评价、环境保护与环境建设；第六章，概述经济发展与环境生态的关系以及农业、工业、旅游、贸易的可持续发展；第七章，分析制度建设、科技进步、社会意识、民生保障与可持续发展的关系；第八章，介绍可持续发展系统评价理论以及常用的指标评价方法；第九章，阐述可持续发展战略理论与中国可持续发展战略的实践。

本书可作为普通高等院校学生综合素质课的教材，也可作为地理、经济、社会、环境等学科的可持续发展专业教材，还可供从事可持续发展方面工作的政府官员、规划人员、环保人士参考。

**图书在版编目(CIP)数据**

可持续发展基础/龚胜生，敖荣军编著．—北京：科学出版社，2009

21世纪高等院校教材

ISBN 978-7-03-024747-6

Ⅰ. 可… Ⅱ. ①龚…②敖… Ⅲ. 可持续发展-高等学校-教材 Ⅳ. X22

中国版本图书馆CIP数据核字（2009）第095310号

责任编辑：郭 森 杨 红 赵 冰／责任校对：赵桂芬

责任印制：徐晓晨／封面设计：耕者设计工作室

科学出版社 出版

北京东黄城根北街16号

邮政编码：100717

http://www.sciencep.com

涿州市般润文化传播有限公司 印刷

科学出版社发行 各地新华书店经销

*

2009年 6 月第 一 版 开本：B5（720×1000）

2021年 6 月第九次印刷 印张：17

字数：335 000

**定价：49.00元**

（如有印装质量问题，我社负责调换）

# 前　　言

自 1994 年《中国 21 世纪议程》颁布，特别是 1997 年可持续发展战略被全国人民代表大会确立为国家长期发展战略以来，国内对可持续发展的研究日益深入，对可持续发展的教育也日益普及，众多高校的不同专业相继开设了可持续发展方面的课程。

可持续发展理论进入大学课堂，教材建设是关键。近年来，国内有关可持续发展的著作大量出现，但教材建设却显得相对滞后，与可持续发展作为国家战略的地位以及可持续发展学术研究的繁荣极不相称。因此，为了满足教学实践的需要，有必要编著一本既适合师范院校地理学专业教育，又适合高等院校通识教育的可持续发展方面的教材。

可持续发展既是一种新的发展理念，也是一种新的发展模式，是一个由人口、资源、环境、经济和社会五大要素构成的生态-经济-社会复合系统。因此，编著本书，必须牢固树立可持续发展的系统观，以解析可持续发展系统的要素、结构和功能为重点，以培养学生可持续发展的系统思维为目的。在具体设计本书的内容体系时，作者力图将知识体系、学生发展、社会需要这三个方面有机统一起来，做到"五个体现"：一是体现基础性，即将可持续发展的基本理念、基本原则、基本要素、基本结构、基本功能、基本方法和基本途径等基础性问题讲清楚，为学生们将来从事可持续发展研究提供必备的基础知识；二是体现系统性，即根据系统论思想来解析可持续发展系统的要素、结构和功能，用严密的逻辑关系来演绎可持续发展系统的运行机制，以便学生从整体上把握可持续发展的内涵和实质；三是体现前沿性，即充分吸收国内外最新的可持续发展理论成果，激发学生对可持续发展研究的兴趣，推动可持续发展思想的普及和研究的深入；四是体现应用性，即注重理论与实际的结合，解释可持续发展系统评价和可持续发展战略规划的基本流程和方法，以便学生将来在工作实践中进行可持续发展的战略规划和系统评估；五是体现趣味性，即根据学生的认知特点，提供专栏资料和背景知识，增强教材的可读性，以便在课堂讲授中吸引学生的注意力，提高教学效果。

为此，在布局本书内容体系时，以可持续发展的系统特性为主线，采用"系统综论→要素分论→区域总论"的逻辑结构和"大板块，小系统"的章节结构来组织可持续发展的知识体系。首先，概述可持续发展思想的形成与发展、内涵与实质、概念与原则，概述可持续发展系统的要素、结构和功能；其次，对可持续发展系统的五大要素逐一进行分析，分析它们各自在可持续发展系统中的地位和作用，以及实现可持续发展的主要领域和实施途径；最后，阐述可持续发展系统评价的内容、过程和方法，以及区域可持续发展战略的理论基础和在我国的具体实践，通过区域可持续发展战略将可持续发展的理论和实践有机地统一起来。实践经验证明，这种具有科学、严密的内在逻辑性的“综论→分论→总论”的体系结构有利于学生系统地掌握教材内容。

全书内容由9章构成：第一章，主要阐述可持续发展思想形成的全球背景和重要里程碑、可持续发展的基本内涵和精神实质，以及可持续发展的重要概念和基本原则，旨在以经典著作和关键事件为线索，通过对可持续发展思想形成过程的考察，使学生认识到可持续发展是人类对自己行为反思之后选择的一条崭新的发展道路，并明确走上这样的发展道路必须遵循哪些方面的基本原则。第二章概述了可持续发展系统的要素、结构和功能，力求给学生一个完整的可持续发展系统概念，使学生了解可持续发展研究应该涉及哪些领域、需要研究哪些内容。第三章至第七章依次剖析了可持续发展系统的人口、资源、环境、经济和社会五大要素，分析了可持续发展系统对这些要素的内在要求，探讨了这些要素在可持续发展系统内的运行机制及其可持续发展战略的实施途径。第八章简要介绍了可持续发展系统评价的哲学基础，主要内容和基本原则，指标体系构建的原则、方法、模式和过程，以及可持续发展系统指标体系评价的过程和方法。第九章从理论走向实践，从分析转为综合，将可持续发展理论应用到区域实践，阐述了区域可持续发展战略的概念类型、目标体系、能力体系，分析了区域可持续发展战略规划的概念、尺度、过程和内容，研究了我国古代朴素的可持续发展思想和我国可持续发展战略的形成历程，介绍了我国可持续发展实验区的建设。不难看出，全书内容分为三大板块：第一章和第二章属于“综论”性质的内容，第三章至第七章属于“分论”性质的内容，第八章和第九章属于“总论”性质的内容。建议教师在讲授本书内容时，按三个板块的顺序进行，但第二板块中的内容顺序可以灵活调整。

本书除总体结构力求体现上述特色外，在每章的编写体例上也力求与众不同。在每章的开始设置“本章导读”，介绍该章内容的要点及准备讨论的重要问题。在每章的中间设置“专栏”，专栏中的内容富有知识性，具有拓展性、解释性和示例性。在每章的结尾设置“本章小结”，将该章的精华内容和基本概念浓缩到一起，这些内容是对全章内容的高度概括，是要求学生掌握的重点内容；此外，各章还布置了“思考题”，将该章的重点内容进一步浓缩成几条线索，便于学生复习思考，这些思考题并不以名词解释、简答题、论述题的形式出现，主要是因为它们不是具体的题目，而是一个方面的内容，教师在布置练习时可根据需要进行细化。

本书虽然定位于教材，但内容上也很注重体现学术性。书中难免存在引证遗漏和内容错伪之处，欢迎大家提出宝贵意见，尤其希望教材使用者和学习者提出修改意见，以使本书逐步臻于完善，不胜感激！

龚胜生

2009年元旦于华中师范大学可持续发展研究中心

# 目　录

# 第一章　绪　　论

**本章导读**

发展是人类永恒的主题，是社会进步的重要指标。

20世纪80年代，人们通过对传统发展模式的深刻反思和未来发展模式的深度探索，提出了"可持续发展"的新概念。经过1/4个世纪约一个"代际"时间的演化，到如今，可持续发展已经蔚然成为一门新学科。

那么，什么是可持续发展？可持续发展的思想是怎样形成的？它有哪些重要的里程碑？它的基本内涵与传统概念上的发展有何本质的区别？它隐含哪些核心的概念？它遵循哪些基本的原则？等等。

这一系列的问题，正是我们踏入可持续发展领域必须首先明白的问题。现在就让我们来探讨这些问题吧！

- 可持续发展思想形成的全球背景
- 可持续发展思想发展的重要里程碑
- 可持续发展的内涵
- 可持续发展的实质
- 可持续发展隐含的核心概念
- 可持续发展的基本原则

## 第一节　可持续发展思想的形成与发展

人类发展的历史，是人类不断利用自然、改造自然和适应自然的历史。在这个历史进程中，有许多划时代的历史转折点。发生于两个多世纪前的工业革命就是这样一个伟大的转折点。在工业革命后的200多年里，人类以前所未有的速率和规模改变着与之有生命脐带关系的地球生命保障系统。一方面，科学技术迅猛发展，世界经济迅猛增长，人类社会空前繁荣，地球行星融合成为一个巨大的村落；另一方面，世界人口急剧增长，自然资源日趋短缺，生态环境不断恶化，"南北差距"愈益加大，人类社会面临前所未有的挑战。

### 一、可持续发展思想形成的全球背景

自20世纪60年代以来，人类已经明显感受到许多威胁其生存和发展的世界性危机，如何化解危机，走出困境，寻找一条人类社会与地球系统协同进化的永恒

发展道路，一直是摆在世界人们面前的一项紧迫任务。化解危机，走出困境，走向未来，这便是可持续发展思想形成的全球背景。

### （一）人口增长过快

地球生态系统中，人类是唯一能够通过自己的力量来大规模改造自然环境并创建自己所需的生存环境的物种。人既是生产者，也是消费者，如同动物群落的繁衍对种群数量有一定的限制一样，人类社会的繁衍对人口数量也有一定的限制。但是，人类由于处在地球生态系统中食物链网的顶端，缺少动物群落中的抑制种群数量的自然机制，以至人口增长的速率和人口种群的规模已经对地球的生命保障系统构成巨大的威胁，进而也对人类社会本身的持续发展构成巨大的威胁。地球生态系统是目前人类唯一的生命保障系统，由于全球人口的爆炸性增长，偌大的地球已经到了这样一个地步："每一立方米空气，每一平方米土地，都印上了洗不掉的人类鲁莽行为的印记——我们的坐标"（比尔·麦克基本，2000）。

在地球人口发展史上，人口增长的速率与人类生产力的发展是呈正相关的。在旧石器时代，整个地球的人口不过一两万。到距今一万年前后的新石器时代，由于定居农业的发展，人类开始在自然生态系统中打下自己的烙印，人口发展的步伐也因之逐渐加速。到距今约2500年的时候，地球的人口突破1亿。到公元1年，地球的人口达到2.5亿。此后人口缓慢发展，到欧洲工业革命前夕的1650年，世界人口达到5亿。工业革命后，由于生产力的加速发展，世界人口增长的速率显著加快，1804年世界人口达到10亿，1927年达到20亿，1960年达到30亿，1974年达到40亿，1987年达到50亿，1999年达到60亿（毛志峰，2004a）。2008年6月19日美国人口普查局发表的一份报告称，全球人口已达67亿，至2012年，世界人口将达到70亿。地球人口从5亿到10亿花了154年，从10亿到20亿花了123年，从20亿到40亿则只花了47年。人口规模膨胀之快，可以用"爆炸"二字来形容。然而，人口迅猛增长的步伐并没有放慢的迹象，人类活动对地球生态系统的压力有增无减。据联合国人居署2006年预测，世界人口在2025年会达到80亿，2050年达到92亿，最后稳定在105亿110亿（图1.1）。

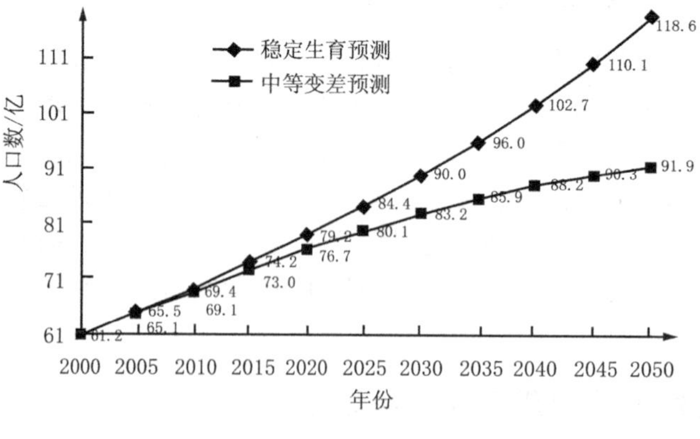


图1.1　世界人口数量预测图

资料来源：据联合国人居署《2006年世界人口展望》提供的数据绘制

这意味着，在现有67亿人口的基础上，地球还将需要增加抚养近50亿人。这些新增的人口几乎全部分布在发展中国家，将对地球的土地、水、能源和其他自然资源造成比现在更加巨大的压力。人口是“牵一发而动全身”的问题，人类面临的几乎所有危机和困境，追根溯源都是人口问题。庞大的人口规模和迅猛的人口增长，不仅给地球生态系统带来了难以承受的负荷，而且给人类社会的生存和发展带来了无以复加的压力。

(二)自然资源枯竭

水资源是人类的生命之源、生存之本，一切生命形式都离不开水的滋润。1996年，联合国《对世界淡水资源的全面评估报告》指出，缺水将严重制约21世纪的经济和社会发展，并可能导致国家间的冲突。1997年，联合国再次警告，地区性水危机可能预示全球危机的到来。1999年，世界21世纪水资源委员会主席伊斯梅尔·萨拉杰丁在斯德哥尔摩警告：全球有29个国家约4.5亿人严重缺水，14亿人喝不到干净的饮用水，23亿人缺少卫生设备，每年有700万人死于与水问题带来的疾病，因干旱而遭受饥荒折磨的人则更多。2006年，联合国教科文组织公布的《世界水资源开发报告》(第二版)指出，全球仍有11亿人口没有充足的饮用水，大约26亿人口缺乏基本卫生设施；每年约有310万人死于与水质有关的腹泻和疟疾。世界用水量在20世纪增加了6倍，其增长速度是人口增长速度的2倍。水荒问题在21世纪已变得越来越严重，到2025年，全世界严重缺水的人口将激增至25亿，全世界农业灌溉用水即使得到充分有效的利用，仍将出现17%的缺口。在人口不断增长的情况下，有限的淡水资源将成为许多地区和城市可持续发展的主要限制因素(图1.2)。

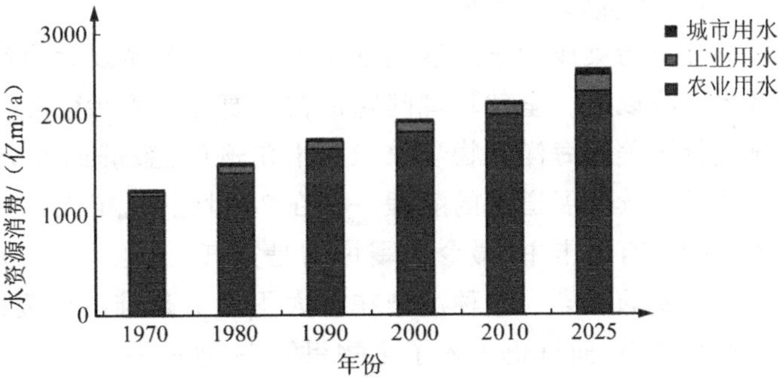


图1.2 世界水资源消费水平图

资料来源：2002年8月联合国经济与社会理事会提供给约翰内斯堡首脑会议的材料，www.johannesburgsummit.org

土地资源是人类赖以生存和发展的物质基础。我国可利用土地资源的人均占有量很低，人均资源的数量和质量持续下降。近年来，随着人口的增长和工业化、城市化的发展，土地资源短缺已成为我国经济社会可持续发展的重要制约因素。全球50亿 $hm^2$ 可耕地中，已有84%的草场、59%的旱土和31%的水浇地明显贫瘠。目前，全球水土流失面积达陆地总面积的30%，每年流失有生产力的表土250亿t，每年损失500万700万 $hm^2$ 耕地。如果土壤以这样的毁坏速度计算，每20年丧失掉的耕地就等于今天印度的全部耕地面积(1.4亿 $hm^2$)①。据中华人民共和国国家统计局统计，2007年我国人口达到

① 资源网. 2008. 浅谈水土流失现状和治理. http://www.lrn.cn/zjtg/academicPaper/200806/t20080620_244284.htm

13亿，约占世界总人口的22%，而人均耕地仅有1.43亩[①]，不到世界人均水平的40%，2007年还净减少耕地4.07万$hm^2$。此外，2008年全国水土流失总面积356万$km^2$，占国土总面积的37.1%[②]。

森林资源是地球“绿色的斗篷”。森林资源虽然是一种可再生资源，但20世纪以来，地球森林资源也在迅速减少。历史上曾有77亿$hm^2$的森林面积，到1980年，已减少到26亿$hm^2$，20世纪末进一步减少到20亿$hm^2$左右。其中，20世纪90年代，世界森林面积减少了2.4%，每年大约减少9万$km^2$，在非洲，10年减少了7%以上，拉丁美洲也减少了大约5%。世界森林的一半集中在热带地区，而20世纪90年代，几乎所有的森林毁坏都发生在热带地区。

能源资源是世界经济增长最基本的驱动力。工业革命以来，煤炭、石油和天然气等化石能源的消费量都在不断增长。2006年全球能源消费总量为108.785亿t油当量，在能源消费结构中，石油平均占35.8%，天然气平均占23.7%，煤炭平均占28.4%，核能平均占5.8%，水力平均占6.3%。世界主要能源消费国的能源消费结构中，石油一般占38%左右，天然气一般占23%左右[③]。化石能源是不可再生资源，但当前世界能源消费结构仍以化石燃料为主，能源紧张已经成为许多地区制约经济发展的瓶颈，有些地区甚至因为争夺化石能源而引发战争。化石能源的大规模消耗还是地球气候变暖的主要原因。

### （三）环境污染加剧

环境污染成为全球性问题主要是工业革命以后，特别是20世纪中叶的第二次世界大战以后。全球环境问题最初主要是环境污染问题。正是环境污染问题的凸显成就了美国海洋生物学家R·卡尔逊的《寂静的春天》，也正是《寂静的春天》开启了可持续发展道路的航程。早在20世纪60年代，R·卡尔逊就指出：“在任何对环境的所有袭击中，最令人震惊的是空气、土地、河流以及大海受到了危险的甚至致命物质的污染。这种污染在很大程度上是难以恢复的，它不仅进入了生命赖以生存的世界，而且也进入了生物组织内，这一罪恶的环链在很大程度上是无法改变的”，因为“在大自然的天平上，调整这些化学物质是需要时间的，它不仅需要一个人的终生，而且需要许多代的时间”（R·卡尔逊，1979）。至70年代，环境污染问题愈加凸显，罗马俱乐部进一步将环境污染作为影响人类未来的重要参数以预测世界的未来，并发表了具有划时代意义的报告——《增长的极限》，指出环境污染所产生的环境效应的滞后性增加了我们对未来了解的不确定性，“只要一个动态系统本身在经历迅速的变化，滞后就有重要的结果”（丹尼斯·米都斯等，1997）。此后，许

---

① 1亩=667$m^2$

② 中国经济网. 2005. 发展经济必须高度重视资源环境问题. http://www.ce.cn/new_hgjj/dispatch/200503/04/t20050304_3234102.shtml

③ 环球能源网. 2007. 2006年世界能源消费结构统计. http://www.worldenergy.com.cn/StatisticsData/show.php? itemid-16906/page-1.htm

多对可持续发展思想形成具有里程碑意义的著作，无一不把环境污染视为影响人类未来的全球性因素。

大气循环和水循环是地球生态系统的“营养系统”，大气和水体一旦污染就是全球性的。大气污染不仅直接危害人类及其他生命有机体的健康，更重要的是，它通过酸雨进入水体和土壤形成二次污染，通过温室效应使全球变暖、海平面上升，通过臭氧层空洞使太阳紫外线直达地表，危害整个生态系统。由于化石能源消耗量的不断增加，大气中的二氧化碳不断增多，现在二氧化碳已在空中形成一座山（图 1.3）。大气污染笼罩在城市上空，造成城市热岛效应，给人类健康造成极大损害，据美国自然资源保护委员会报告，全美每年有 6.4 万人死于空气污染造成的心脏病和肺病（圣朝，1997）。

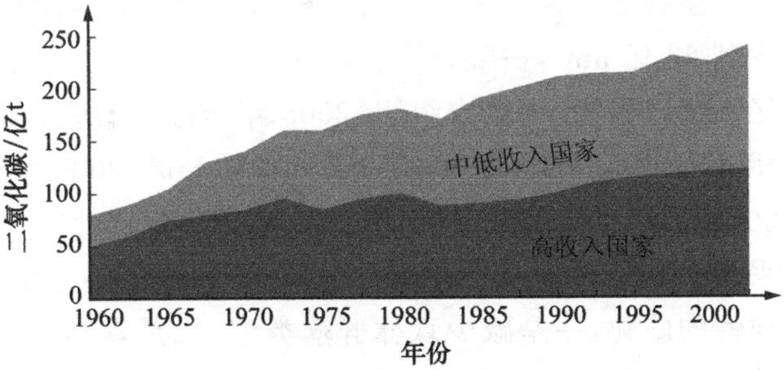


图 1.3　二氧化碳在空中堆积成山

资料来源：2007 年世界银行报告

水体污染对地球生态系统的损害比大气污染更为严重，也更为直接。水体污染可分为地表水污染和地下水污染，但“在整个水污染的问题中，再没有什么能比地下水大面积污染的威胁更使人感到不安”，因为“地下水的污染也就是世界水体的污染”（R・卡尔逊，1979）。现在的问题是世界的水体，无论是江河湖泊还是海洋，无论是地表水还是地下水，都不同程度地受到人类排放的有毒和有害物质的污染。因为水的污染，至 2006 年全世界仍有 11 亿人无法取得安全的饮用水，发展中国家因污染饮水和供水不足而引起的疾病占所有疾病的 10%，其婴儿死亡率也因之比工业化国家高出 10 倍。

除了大气污染和水体污染之外，固体废物的污染也日益严重。据估计，生活水平越高，垃圾产生量越大。在低收入国家的大城市，每人每天产生垃圾 0.5～0.6kg，而发达国家每人每天生活垃圾产生量高达 1.5kg，全球每年新增的固体废弃物约 100 亿 t，在许多地方形成垃圾围城的奇观，给人类的可持续发展带来很大的危害（王祥荣，2000）。

（四）生态环境恶化

全球变暖与海平面上升。据联合国经济和社会事务部 2002 年 8 月报告：自 1900 年以来，全球表面平均温度已经增加了大约 0.6°C；海平面正在以每 10 年约 1cm 的速度上升……到 2050 年将可能上升 21cm（欧文・拉兹洛，2004a）。最近 40 年来，北极圈海冰厚度已经降低了 40%；全球主要冰川也日趋萎缩。全球变暖不是一个均衡分布的过程，而是有的地方变暖，有的地方变冷，常常伴有极端和激烈的天气变化，从而导致大范围的气候灾害。

水土流失与土地荒漠化。随着森林的砍伐和草原的退化，土地沙漠化和土壤侵蚀将日益严重。据联合国粮食及农业组织（以下简称联合国粮农组织）估计，全世界30%～80%的灌溉土地不同程度地受到盐碱化和水涝灾害的危害，由于侵蚀而流失的土壤每年高达240亿t，而在自然力的作用下，形成1cm厚的土壤需要100～400年，因而，土壤侵蚀是一场无声无息的生态灾难。“荒漠化”是法国植物和生态学家A·奥布雷维来针对非洲热带草原退化为类似荒漠的环境变化现象，于1949年首次提出。据联合国环境规划署1992年的现状推断，全球2/3的国家和地区、世界陆地面积的1/3受到荒漠化的危害，约1/5的世界人口受到直接影响，每年有5000万～7000万$km^2$的耕地被沙化，其中2100万$km^2$完全丧失生产能力，经济损失高达423亿美元。

生物多样性锐减。森林曾经覆盖世界陆地面积的45%，1万年前，森林面积减少到62亿$hm^2$，占陆地面积的42%。但到19世纪初，全球森林面积已减少到55亿$hm^2$，据联合国粮农组织《2005年全球森林资源评估》报告，1990年世界森林面积为40.8亿$hm^2$，2000年为39.9亿$hm^2$，2005年为39.5亿$hm^2$，占陆地面积的30.3%。1990～2005年，全球平均每年有866.7万$hm^2$森林从地球上消失。森林采伐量一直大于生长量，而且呈增长和居高不下的趋势。森林过度砍伐对生物多样性的威胁，一是减少森林群落类型，二是森林生境破坏所引起的动、植物种类的消失和迁移。人工林产业的发展是以破坏蕴藏丰富多样性资源的天然林为代价，随着人工林面积的增加，森林病虫害将进入高发期。森林的破坏，导致某些地区气候变化、降水量减少以及自然灾害（如旱灾、鼠虫害等）日益加剧。

湿地损失。湿地是“地球之肾”，集土地资源、生物资源、水资源、矿产资源和旅游资源于一体。在长期人类活动的影响下，湿地被不断的围垦、污染和淤积，面积日益缩小。全球一半的湿地已经消失，在全世界1万多种已知淡水物种中，超过20%物种已经灭绝或濒临灭绝。农业围垦和城市开发是中国湿地破坏的主要原因。据统计，20世纪60年代以来，中国沿海地区累计围垦滩涂面积达100万$hm^2$，相当于沿海湿地的50%。围海造地工程使中国沿海湿地以每年2万$hm^2$的速度减少。另据统计，在19501980年，中国天然湖泊数量从2800个减少到2350个，湖泊总面积减少11%。有的城市周围的湖泊由于受到严重的污染和富营养化，实际上已经丧失了生态系统的正常功能（钱易和唐孝炎，2000）。

臭氧层空洞。臭氧层是地球系统的天然保护层，没有它，太阳紫外线和其他宇宙射线可以长驱直入，地球上的生物就很难生存下去。1979年，科学家首次在南极上空观察到臭氧层空洞，从那时起，臭氧空洞逐年扩大，到现在，南极上空的臭氧已经损耗近50%。据研究，臭氧每减少1%，到达地球表面的紫外线辐射就会增加2%，全球的皮肤癌发病率就可能上升25%，白内障发病率上升7%。导致臭氧层空洞的罪魁祸首是人工合成的名叫“氟氯烃”的化合物（$CFCl_3$，$CF_2Cl_2$）。氟氯烃是温室气体的一种，被广泛用于制冷剂、火箭推进剂、杀虫剂的分散剂，它在地球表面是一种稳定的化合物，但升到高空臭氧层，就会与臭氧分子发生化学反应变成普通的氧气而无法吸收紫外线。

酸雨区的蔓延。全球受酸雨危害严重的有欧洲、北美洲及东亚地区。20世纪80年代，酸雨主要发生在我国西南地区，到90年代中期，已发展到长江以南、青藏高原以东及四川盆地的广大地区。

（五）"南北差距"过大

早在20世纪70年代初，关心人类未来的罗马俱乐部报告《增长的极限》就已经指出："经济增长的过程，正如今天事实上发生的，正在无情地扩大着这世界上的富国和穷国之间的绝对差距"（丹尼斯·米都斯等，1997）。几乎同时，联合国人类环境会议的主题报告《只有一个地球》也指出："在地球上，一个富裕的'北方'和尚未现代化的'南方'，已经形成鲜明的对照"（芭芭拉·沃德和勒内·杜博斯，1997）。在全球范围内，发达国家与发展中国家之间严重的贫富悬殊已经成为人类社会动乱的根源，尤为可怕的是，这种南北差距还将进一步扩大。

据世界银行《2002年世界发展报告》，2000年低收入国家人口占世界人口的40.6%，其GDP仅占世界总量的3.44%；高收入国家人口仅占世界人口的14.9%，而其GDP却占世界总量的79.05%。2002年，美国《福布斯》杂志评选出497名净财产超过10亿美元的富翁，他们的总财产达15 400亿美元，接近中国和印度两个人口大国2000年共23.77亿人口的GDP(约15 594亿美元)；世界最富有的前十大富翁的财产达2664亿美元，超过俄罗斯1.46亿人口的GDP(约2511亿美元)；世界首富比尔·盖茨的净财产达530亿美元，超过孟加拉国1.3亿人口的GDP(约479亿美元)。美国《国际事务》杂志指出，世界上20%富人与20%穷人的人均收入差距在1900年为9∶1，1960年达到30∶1，1997年为70∶1，2000年升至80∶1。富裕国家人均GDP达3.5万美元，贫穷国家人均GDP仅200美元。2000年联合国贸易和发展会议等国际机构公布的数字则进一步显示，占全球人口20%的发达国家拥有全球生产总值的86%和出口市场份额的82%，而占全球人口75%的发展中国家只分别拥有14%和18%的份额。2000年，联合国开发计划署(UNDP)发布《2000年贫困报告》指出，富国人均年收入超过2万美元，而穷国还有28亿人每天生活费不到2美元；美洲和欧洲发达国家每年饲养宠物的开支达130万美元，这些钱足以解决48个最不发达国家所有人口的医疗保障问题；最不发达国家已从20世纪70年代的25个增加到2000年的48个，其人口占世界人口的13%，出口额却仅占世界出口总额的0.4%，10年减少了40%（樊莹，2000）。

## 二、可持续发展思想发展的重要里程碑

面对人口激增、资源枯竭、环境恶化和南北差距加大等全球性危机，人类被迫静下心来认真回顾和思索：按照目前的发展模式继续下去，人类的明天将会是什么

样子？在地球这个行星上，人类还能走多远多久？在回顾与思索过程中，产生了两种截然不同的观点。悲观主义者认为，世界末日迟早要来，人类只能延缓，但无法避免；乐观主义者认为，尽管人类面临多方面的危机，但这些危机既然是人类自己造成的，也一定有能力战胜它们。

我们不是绝望的悲观主义者，但我们感谢他们，是他们向全人类敲响警钟，让我们领悟按照传统的发展模式走下去，将到达怎样的一个终点；我们也不是盲目的乐观主义者，但我们感谢他们，是他们让全人类看到希望，让我们思考应该如何选择未来的发展道路。

可持续发展道路的寻找和选择与人类困境的演化是密切相关而又与时偕行的。自20世纪60年代以来，世界经历了两次大的环境运动。6070年代，人们基本上把环境保护和经济发展对立起来；到80年代以后，人们发现环境保护和经济发展其实是可以兼容的，而且正是在这一次环境运动中，找到了解决人类困境的钥匙，选择了可持续发展的道路。

在可持续发展思想的形成过程中，联合国多次召开里程碑式的国际会议，出版了多部里程碑式的经典著作，发布了多个里程碑式的政治宣言。从1972年瑞典斯德哥尔摩的《人类环境宣言》，到1992年巴西里约热内卢的《环境与发展宣言》，再到2002年南非约翰内斯堡的《可持续发展承诺》，可持续发展思想正一步一步地走向成熟。

(一)《寂静的春天》

第二次世界大战结束后，西方工业国家生产力突飞猛进，与此同时，环境污染问题也日趋严重。1962年，《寂静的春天》一书的出版，给西方世界乃至整个人类敲响了环境危机的警钟。

R·卡尔逊是美国海洋生物学家，1907年5月27日生于宾夕法尼亚州，1964年4月14日在马里兰州逝世。她曾写过《在海风下》、《环绕着我们的海洋》和《海洋边缘》等有关海洋生物的著作。1958年，她把全部精力转移到危害日益增长的杀虫剂、除草剂等农药的使用上，花费4年的时间，广泛搜集美国官方和民间关于杀虫剂的使用及其危害情况的报告，并于1962年出版《寂静的春天》一书。

《寂静的春天》从环境污染的视角，通过对污染物的迁移和变化的描写，阐述了天空、海洋、河流、土壤、动物、植物和人类之间的密切关系，初步揭示了现代环境污染对生态系统影响的深度和广度。它用富有诗意而又浅显易懂的文字，以农作物使用农药→庄稼→食物→人体健康为主要线索，描述了杀虫剂是如何破坏空气、土地和水源，并进而通过食物链影响人类健康的，强调了人类使用农药对人类健康和土地退化的影响。

《寂静的春天》告诉我们：春天没有了鸟鸣，小溪失去了生命，植物焦黄一片，家畜病病恹恹，这一切一切的变化，“不是魔法，也不是敌人的活动使这个受损害的世界的生命无法复生，而是人们自己使自己受害”。“就地球时间的整个阶段而言，生命改造环境的反作用实际上一直是相对微小的,仅仅在出现生命新种——人类之后,生命才具有了改造其周围大自然的异常能力。在过去的四分之一世纪里,这种力量还没有增长到产生骚扰的程度,但它已导致一定的变化。在任何对环境的所有袭击中最令人震惊的是空气、土地、河流以及大海受到了危险的甚至致命物质的污染。这种污染在很大程度上是难以恢复的,它不仅进入了生命赖以生存的世界,而且也进入了生物组织内,这一罪恶的环链在很大程度上是无法改变的”。人类在千百万年的进化中,已经与地球环境形成了一个协调和平衡的状态,可是人类活动产生的环境污染却改变了这种平衡,而“生命要调整它原有的平衡所需要的时间不是以年计而是以千年计。时间是根本的因素;但是现今的世界变化之速已来不及调整”,“在大自然的天平上,调整这些化学物质是需要时间的,它不仅需要一个人的终生,而且需要许多代的时间”。因为杀虫剂使用一定时期后,昆虫对某种杀虫剂具有抗性,人类又会发明新的致命的杀虫剂去对付它们,昆虫再适应,人类再发明更毒的药,如此循环往复,这样,“化学品之战永远也不会取胜,而所有的生命在这场强大的交叉火力中都被射中”,因此,“杀虫剂”与其说是杀虫剂,不如说是“杀生剂”。大规模的使用化学杀虫剂和除草剂,污染了天空,污染了土壤,污染了河流和海洋,污染了地球绿色的斗篷,破坏了地球的生态平衡和生物的多样性。R·卡尔逊看到了大自然的反抗,因为环境污染,每四个美国人中就有一个人有患癌症的风险;她感受到人类正在为之付出巨大代价;她听到了地球生态系统隆隆的崩溃声!

**专栏 1.1 《寂静的春天》目录**

一　明天的寓言
二　忍耐的义务
三　死神的特效药
四　地表水和地下海
五　土壤的王国
六　地球的绿色斗篷
七　不必要的大破坏
八　再也没有鸟儿歌唱
九　死亡的河流
十　自天而降的灾难
十一　超过了波尔基亚家族的梦想
十二　人类的大家
十三　通过一扇狭小的窗户
十四　每四个中有一个
十五　大自然在反抗
十六　崩溃声隆隆
十七　另外的道路

应该指出的是,R·卡尔逊并不完全反对使用化学杀虫剂,她声明:“我的意见并不是化学杀虫剂根本不能使用。我所争论的是我们把有毒的和对生物有效力的化学药品不加区分地、大量地、完全地交到人们手中,而对它的潜在危害却全然不知。我们促使大量的人去和这些毒物接触,而没有征得他们的同意甚至经常不使他们知道。”面对这种景况,她也并不是一个悲观主义者,她告诉我们还有“另外的道路”可走,只不过她没有说明这条道路的名称就是可持续发展罢了。她说:“现在,我们正站在两条道路的交叉口上”,“我们长期来一直行驶的这条道路使人容易错认为是一条舒适的、平坦的超级公路,我们能在上面高速前进。实际上,在这条路的终点却有灾难在等待着。这条路的另一个岔路——一条很少有人走过的岔路——为我们提供了最后唯一的机会让我们保住我们的地球。归根结底,要靠我们自己做出选择";她提醒我们:"我们必须与其他生物共同分享我们的地球",因为我们是在与有反抗能力的生命打交道,"只有认真地对待生命的这种力量,并小心翼翼地设法将这种力量引导到对人类有益的轨道上来,我们才能与其他生物共享我们的地球"(卡尔逊,1979)。

**专栏 1.2 《寂静的春天》语录**

——人是大自然的一部分,尽管他很不愿意承认这一点。

——"控制自然"这个词是一个妄自尊大的想象产物,是当生物学和哲学还处于低级幼稚阶段时的产物。

——大自然赋予大地以多种多样性,然而人们却热心于简化它。这样,人们毁掉了自然界的格局和平衡,原来自然界有了这种格局和平衡才能保持一定限度的生物种类。一个重要的自然格局是对每一种生物的栖息地的适宜面积的限制。

——绝大部分地球表面为无边的大海所覆盖,然而在这汪洋大海之中我们却感到缺水。

——我们对待植物的态度是异常狭隘的。如果我们看到一种植物具有某种直接用途,我们就种植它。如果出于某种原因我们认为一种植物的存在不合心意或者没有必要,我们就立即判它死刑。除了各种对人及牲畜有毒的或排挤农作物的植物外,许多植物之所以注定要毁灭仅仅是由于我们狭隘地认为这些植物不过是偶然在一个错误的时间,长在一个错误的地方而已。

——自然平衡并不是一个静止固定的状态。人,也是这个平衡中的一部分。有时这一平衡对人有利,有时它会变得对人不利,当这一平衡受人本身的活动影响过于频繁时,它总是变得对人不利。

在西方,《寂静的春天》被认为是一个划时代的作品,它的出版被认为是人类自觉关心环境的开始,是它开启了一个新的生态学时代。其对可持续发展思想形成的贡献在于:第一,使我们认识到使有机生命能够发生并得以持续和发展的自然体系的复杂性。第二,使我们认识到自然体系的相互依赖性是非常惊人的,这种相互依赖性可延伸到生活于生物圈内的所有生物。毒物只要污染空气、水或土壤中的一项,其他两项也会受到影响。第三,使我们认识到自然界的土壤、气候、动物和植物等的多样性,正显示人类所在自然环境的丰富多彩(芭芭拉·沃德和勒内·杜博斯,1997)。

(二)《增长的极限》

1968 年 4 月,来自 10 个国家的科学家、教育家、经济学家、人类学家、实业家、国家的和国际的文职人员约 30 人聚集在罗马山猫科学院。他们在意大利菲亚特汽车公司董事长奥莱利欧·佩西博士的组织下聚会,讨论现在和未来的人类困境问题。佩西博士是一位有远见卓识的工业企业经理、经济学家,会议的主要成果是成立了一个由知名自然科学家、经济学家和社会学家组成的社团,这就是"罗马俱乐部”。

罗马俱乐部是一个非正式的组织，被誉为“无形的学院”。罗马俱乐部开创了对人类困境的研究计划，其关注的焦点是那些使人类陷入困境的“世界性问题”，其研究的宗旨是要深入和传播对人类困境的理解，并激励产生能使人类摆脱这些困境的新观念、新政策和新制度。所谓“世界性问题”有三个共同的特征：一是这些问题在所有社会都不同程度的出现；二是这些问题涉及技术的、社会的、经济的和政治的因素；三是这些问题是彼此关联和相互作用的。它们主要包括富足中的贫困、环境的退化、对制度丧失信心、就业无保障、青年的异化、遗弃传统价值、通货膨胀，以及金融和经济混乱，等等。围绕这些问题，罗马俱乐部对全球发展问题作了一系列的研究，引起人们的广泛关注，同时也挑起对人类未来的争论，并促使联合国第一次人类环境会议的召开。在罗马俱乐部发表的许多报告中，最著名的是美国麻省理工学院一个 17 人小组的研究报告，这就是《增长的极限——罗马俱乐部关于人类困境的报告》(Meadows, et al.,1972)。

《增长的极限》选取五个“对人类命运具有决定意义的参数”来研究人类未来发展趋势。人口、粮食、自然资源、工业生产和污染被认为是五个最终决定和限制地球增长的基本因素。它采用“系统动力学”方法建立一个动态的世界模型，并以此模型探索加速工业化、快速的人口增长、普遍的营养不良、不可再生资源的耗竭和恶化的生态环境等五个以指数增长的要素的主要趋势。其结论是：

(1)如果世界人口、工业化、污染、粮食生产和资源消耗按照现在的趋势继续下去，地球增长的极限终归会在今后 100 年中发生。最可能的结果将是人口和工业生产力双方有相当突然的和不可控制的衰退。

(2)改变这种增长趋势和建立稳定的生态和经济的条件以支撑遥远未来是可能的。全球均衡状态可以这样来设计，即使地球上每个人的基本物质需要得到满足，而且每个人有实现个人潜力的平等机会。

(3)如果世界人民决心追求第二种结果，而不是第一种结果，他们为达到这种结果而开始工作得愈快，他们成功的可能性就愈大。

应该指出的是，《增长的极限》并不是如有的学者所指出的那样是悲观主义的代名词，因为它相信人类的能力和社会的灵活性，相信人类是可以改变其行为从而避免世界系统崩溃这一悲惨结局的。正如罗马俱乐部执行委员会在评论中所指出的，他们的态度“是一种很严肃的忧虑，而不是绝望的恐惧”(丹尼斯·米都斯等，1997)，他们相信“极限是真，但我们有可能永远也走不到极限”(欧文·拉兹洛，2004a)。《增长的极限》也并不是如有的学者所指出的那样是“零增长理论”的始作俑者和提倡者，相反，它指出人类未来有三种可供选择的方案：不受限制的增长、自己对增长加以限制、自然对增长加以限制，而事实上只有后面两种方案是可能的，而人类应该选择第二种方案，即“自觉抑制增长”，尽管“自觉控制增长，促使增长结束，是一场不容易应付的巨大挑战”。

**专栏 1.3 《增长的极限》目录**



《增长的极限》一书出版后，反响极大，很快被译成 30 多种文字，并作为第 31 届联合国大会文件向各国代表散发。《增长的极限》从全球范围来考虑人口问题、资源问题、环境问题及它们之间的关系，并警醒世人必须改变工业社会的传统的发展模式，自觉地抑制经济增长。它所描绘的"更好的"、"均衡的"未来世界系统实质上具备可持续系统的雏形：自然系统"可以维持，没有突然的和不可控制的崩溃；可以满足全体人民的基本物质需要"；社会系统"不仅考虑现在的人类价值，而且也考虑未来的人类价值，并对由有限的地球造成的不能同时兼顾的因素作出权衡"（丹尼斯·米都斯等，1997）。这些观点，连同罗马俱乐部执行委员会在对《增长的极限》所作评论中提出的 10 个观点，对于可持续发展思想的形成，均具有里程碑式的意义。

### （三）《只有一个地球——对一个小小行星的关怀和维护》

1972 年 6 月 516 日，联合国在瑞典斯德哥尔摩召开首届"联合国人类环境会议"，113 个国家和地区的代表参加了这次会议。这是一次划时代的历史性会议，会议通过了《关于人类环境的斯德哥尔摩宣言》和《人类环境行动计划》。

会议之前，受联合国人类环境会议秘书长莫里斯·斯特朗委托，由美国的经济学家芭芭拉·沃德和生物学家勒内·杜博斯起草了一个关注地球环境的非正式报告——《只有一个地球——对一个小小行星的关怀和维护》（以下简称《只有一个地球》）。为了保证报告内容的准确性和全面性，联合国成立了一个由来自 58 个国家的 152 位专家组成的通信顾问委员会，要求他们对初稿提出评论性意见。这些专家包括自然科学家、工程师、社会科学家、银行家、哲学家、法学家、工业家和建筑师等领域的权威人士。因此，《只有一个地球》被认为是"对人类环境最完整的报告"。

**专栏 1.4 《只有一个地球》语录**

——毫无疑义，当前大多数的环境问题，都来自人类对生态的错误行动。我们日益认为人类不是地球上的寄居者，而是地球的主人。我们把征服客观世界看作人类的进步，即使这意味着常因我们错误的认为与我们幸福无关而破坏了自然界。尽管作为物种之一的人类，在破坏和污染了自然界之后仍能生存下去，但是在这样污秽的环境里，人类还能长期保持它的尊严吗？

——现在人类正在完成向全球移植的过程中，学会明智地管理地球已成为一项紧迫的任务。人类必须担负起地球管理员的责任。

——技术干扰生态系统，除当时可能察觉到的初期影响外，还有难以预料的间接和缓发性后果，工艺技术的种种干扰，不能只从当时和当地着眼来判断其影响，而且还要考虑到以后若干时期可能对人类或环境产生的影响，它要求人们把社会和科学的注意力，集中于社会和技术革新对复杂生态系统引起的间接和难以预料的缓发性反应。

——建立理想的人类环境，不仅包含保持生态平衡，自然资源的经济管理以及对威胁肌体和智力健康的控制，而且，还需要给社会集团和个人有机会发展各自的生活道路和选择他们各自的环境。人类不仅在自己的环境中生活和工作，而且还在改造环境，同时环境也在改造人类。正是由于人类和环境之间不断地反复影响的结果，双方都获得在自然法则下发展各自的特征，因而使人类克服了对自然现象盲目的宿命论。丰富多彩的人类环境，不但是由于它天然的构造和自然现象的无穷多样性，而且更多的还是由于自然力量和人类意志之间，无穷无尽地相互作用所产生的结果。

——我们确实都是离不开地球的一群旅行者，都以地球上薄薄而脆弱围屏里的空气和水来维持生命，并且不断使用和再使用地球上非常有限的自然资源。现在地球上凡是能住人的地方都为人所占有，对于地球的细心维护已成为人类继续生存和为全世界人民创造舒适生活必不可少的条件。

——我们已进入了人类进化的全球性阶段，每个人显然有两个国家，一个是自己的祖国，另一个是地球这个行星。

《只有一个地球》报告的主要目的是要为政治决策者提供有关环境问题的概貌和基本知识，试图从整个地球的前途出发，从社会、经济、政治的角度来探讨环境问题。它不仅论及当时日益突出的环境污染问题，而且将污染问题与人口问题、资源问题、土地利用问题、工艺技术影响、发展不平衡以及世界范围的城市化困境等联系起来作为一个整体来探讨。它指出，地球是一个有机整体，人类应该共同享有生物圈，并在技术圈中共存。它特别关注环境与发展的关系，指出“贫穷是一切污染中最坏的污染。为了这一代和将来世世代代，保护和改善人类环境已经成为人类一个紧迫的目标。这个目标将同争取和平和全世界经济社会发展这两个既定的基本目标共同和协调地实现”。将环境问题提到与和平、发展问题同等重要的战略高度，将人口、资源、环境和经济问题视为一个有机的整体，同时关注当代人与后代人之间的代际关系，这在一定程度上标志着可持续发展思想的初步形成。

《关于人类环境的斯德哥尔摩宣言》旨在“鼓励和引导世界人们保护和提高人

专栏 1.5 《我们共同的未来》目录

从一个地球到一个世界:世界环境与发展委员会的总观点

一、全球的挑战

二、政策方向

三、国际合作和机构改革

四、行动的号召

第一篇 共同的关切

第一章 受威胁的未来

第二章 走向可持续发展

第三章 国际经济的作用

第二篇 共同的挑战

第四章 人口与人力资源

第五章 粮食保障:维持生产潜力

第六章 物种和生态系统:发展的资源

第七章 能源:环境与发展的抉择

第八章 工业:高产低耗

第九章 城市的挑战

第三篇 共同的努力

第十章 公共资源的管理

第十一章 和平、安全、发展和环境

第十二章 走向共同行动:机构和立法变革建议

类环境",因此简称《人类环境宣言》。该宣言吸纳了《只有一个地球》报告中许多关于人与环境的观点,指出:人类既是环境的创造物,又是环境的塑造者,人类的生存和幸福都离不开环境;保护和改善人类环境关系到全世界人们的幸福,世界各国都有责任加强人类环境的保护与改善;人类应该明智地使用其改造环境的能力,避免给人类和人类环境带来严重损害;发展中国家的环境问题大半是由于发展不足造成的,因此发展中国家必须致力于发展工作,但必须牢记保护和改善环境的必要;人是世界上第一宝贵的,人口增长虽然给环境保护带来持续的压力,但只要采取适当的政策措施,环境问题是可以解决的;现在人类已经到了必须审慎地考虑环境后果的历史性时刻,为了这一代和将来的世世代代,保护和改善人类环境已经成为与和平、发展同等重要的目标;实现保护和改善环境的目标,需要各国政府和人民做出共同的努力。

基于上述关于人与环境关系的新认识,《人类环境宣言》提出了 26 条保护和改善人类环境的原则,这些原则不仅涉及可持续发展系统中人口、资源、环境、经济和社会等全部要素,而且对可再生资源和不可再生资源的利用与保护、这一代和将来世世代代的环境保护和利益公平、主权国家利用自己资源时可能产生的环境外部性等问题也提出了符合可持续发展的具体要求,有些原则甚至就是重要的可持续发展原则。特别值得指出的是,该宣言多次强调"这一代和将来的世世代代",颇有点代际公平的意味,而其强调的主权国家在利用自己资源时不应损害其他国家的环境的观点,则俨然是区际公平原则。

(四)《世界保护自然大纲》

1980 年 3 月 5 日,国际自然保护联合会(IUCN)、联合国环境规划署、世界野生动物基金会(WWF)联合发表《世界保护自然大纲》(World Conservation Strategy)。

《世界保护自然大纲》对人类的经济发展、自然资源保护目标及行动纲领作了原则性阐述，指出人类在寻求经济发展及享用自然资源时，不仅必须考虑资源有限的事实及生态系统的支持能力，还必须考虑子孙后代的需要(王关义，2004)。它改变了过去那种把保护与发展对立起来和就保护论保护的做法，提出要把保护与发展很好地结合起来，从而为可持续发展思想的形成奠定基础(李文华，1994)。它明确提出了建立新的环境伦理以实现人与自然协同进化的必要性。“如果要保证达到资源保护的目的，就必须根本改变整个社会对生物圈的态度；人类社会若要与其得以生存和得到幸福的自然世界协同共存，就必须有新的为动植物和人彼此都能接受的道德规范”。

《世界保护自然大纲》还首次明确提出了“可持续发展”的概念。它指出：“为使发展得以持续，必须考虑社会因素、生态因素和经济因素，考虑生物的和非生物的资源基础。人类的利用必须强调对生物圈的管理，使其既能满足当代人的最大持续利益，又能保持其满足后代人需要与欲望的能力。”这个定义，和现在我们普遍接受的《我们共同的未来》所给出的定义已经非常接近。其后不久，国际自然保护联合会又发表《保护地球》的报告，进一步对可持续发展的概念作了阐述，认为：“可持续发展是改进人类生活质量，同时不要超过支撑发展的生态系统的负荷能力。”

(五)《我们共同的未来》

1983 年 12 月，联合国成立了世界环境与发展委员会。该委员会在挪威前首相布伦特兰夫人的领导和组织下，开展了广泛的调查和研究，经过将近 4 年的努力，于 1987 年向联合国提交了《我们共同的未来》的报告。这个报告是联合国在环境保护和经济发展领域的纲领性文件，它的问世是可持续发展思想成熟的重要标志。

《我们共同的未来》聚焦环境与发展的关系，将环境与发展视为一个有机的整体加以考虑。布伦特兰夫人说：“‘环境’是我们大家生活的地方，‘发展’是在这个环境中为改善我们的命运，我们大家应做的事情。两者不可分割”(世界环境与发展委员会，1997)。《我们共同的未来》正是这样看待环境与发展的关系，它指出世界各国政府和人民必须从现在起对经济发展和环境保护这两个重大问题担负起自己的历史责任，制定正确的政策并付诸实施；错误的政策和漫不经心都会对人类的生存造成威胁；严重损害生态环境的行为已经出现，人类必须立即行动起来，加以改变。

《我们共同的未来》将可持续发展思想贯穿于始终，第一次系统地对可持续发展的内涵进行了阐述，指出可持续发展是“在满足当代人需求的同时，又不损害后代人满足其需求的能力的发展”；不但如此，它还从需求满足、消费标准、经济发展、技术开发、社会公正、资源利用、生物多样性和生态完整性等方面阐述了可持续发展的原则要求。

**专栏 1.6 《我们共同的未来》论可持续发展的基本要求**

(1)发展是经济和社会循序渐进的变革,人类需求和欲望的满足是发展的主要目标。一个充满贫困和不平等的世界将易发生生态和其他的危机。因此,可持续发展要求满足全体人民的基本需要和给全体人民机会以满足他们要求较好的生活的愿望。

(2)满足基本的最低限度的生活水平是必需的,但是消费要有限度,各地的消费水平要重视长期的可持续性。可持续发展要求促进这样的消费观念,即鼓励在生态可能的范围内的消费标准和所有人可以合理地向往的标准。

(3)经济发展是满足需求的一个基本途径,在基本需求没有得到满足的地方要实现经济增长。可持续发展要求社会从两个方面满足人们的需求,一是提高生产潜力,二是确保每个人都有平等的机会。

(4)人口增长增加资源压力,减缓生活水平提高,只有人口发展与生态系统变化着的生产潜力相协调,才有可能实现可持续发展。技术发展虽然能解决一些迫在眉睫的问题,但可能导致更大问题的出现。因此,可持续发展要求技术发展不要危害支持地球生命系统的自然系统:大气、水、土壤和生物。

(5)知识的累积和技术的开发会加强资源基础的负荷能力,但最终的限度是有的。虽然狭义的自然可持续性意味着对各代人之间社会公正的关注, 但必须合理地将其延伸到对每一代人内部的公正的关注。因此,可持续发展要求在达到这些限度之前的长时期里,全世界必须保证公平地分配有限的资源和调整技术上的努力方向以减轻压力。

(6)完整无缺地保护各地区的每种生态系统显然是不可能的,但对资源的利用必须考虑开发对整个生态系统的影响, 对于可再生资源, 可持续发展要求必须确定最高的可持续产量;对于不可再生资源,可持续发展要求考虑其临界性,将耗竭的速率减少到最小程度的技术的可利用性和可得到的替代物的可能性,以期尽可能少地妨碍将来的选择。

(7)发展趋向简化生态系统和减少生物多样性,而物种的丧失会大大地限制后代人的选择机会,因此,可持续发展要求保护动植物物种,也就是保护生物多样性。

(8)大自然是精细地平衡的,生态系统是一个有机的整体,地球的健康取决于它的各个组成部分的健康,因此,可持续发展要求保持生态系统的完整性,把对大气质量、水和其他自然因素的不利影响减少到最小程度。

《我们共同的未来》将地球视为一个有机整体,强调全球性和共同性。它指出,我们的地球已经融合成一个地球村,人口问题、粮食问题、生物多样性问题、能源问题、资源消耗问题和城市问题等已成为威胁人类未来的共同危机,是人类应该共同面对的挑战,要实现人与自然和人与人之间和谐的可持续发展,不仅需要人类共同的关切,而且更需要人类付出共同的努力并采取共同的行动。

(六)《21 世纪议程》

1992 年 6 月 314 日,联合国在巴西里约热内卢召开了联合国环境与发展大会,又称“地球峰会”。会议通过了《里约环境与发展宣言》、《21 世纪议程》等重要文件,并签署了《联合国气候变化框架公约》、《生物多样性公约》、《关于森林问题的原则声明》。这些文件充分体现了可持续发展的新思想。如果说《我们共同的未来》

只是标志着可持续发展思想的成熟，那么，《21世纪议程》则标志着可持续发展战略实践的开始。

《21世纪议程》是一个可持续发展的国际行动计划，内容包括社会和经济问题、自然资源的保护与管理、行为主体的作用和实施的方法，分为四大部分，共计40章。每一章都描写了行动的事实基础、行动的目标、政府和其他部门应该采取的特别行动，以及必须支持和资助这些行动的实体。它要求世界各国积极行动起来，尽快制定和实施可持续发展战略，以迎接人类面临的共同挑战。该议程以可持续发展思想为指导，对政治平等、消除贫困、环境保护、资源管理、生产与消费方式、科学技术、国际贸易、公众参与和立法等进行了广泛的探讨。它呼吁世界各国迅速改变现有的使经济差距加大、自然资源枯竭、地球环境恶化的发展政策，制定能改善所有人的生活水平、更好地保护和管理生态系统、争取一个更为安全、更加繁荣的未来的发展政策。它还强调国际合作的重要性，指出任何一个国家都不可能光靠自己的力量取得成功，只有全球携手，才能求得可持续的发展。

1972年斯德哥尔摩会议通过的《人类环境宣言》强化了国家对环境保护的责任，致使许多国家采用和实施了环境法，但是当时还没有提出协调发展与环境的方法。20年后，这一历史性任务于1992年在巴西里约热内卢召开的联合国环境与发展大会上得到了落实。正如会议名称所指出的，这次大会不只是1972年斯德哥尔摩人类环境大会的一个续篇，实质上，它象征着综合和整合环境与发展问题的一致努力。在这次会议上，国际社会第一次认同可持续发展，"环境保护"成为"发展"的第五要素，与和平与安全、经济增长、人权、人民支持的国家统治等四个传统要素具有同等重要的地位。大会通过的《里约环境与发展宣言》陈述了27条可持续发展的原则，虽然其中有些原则与《人类环境宣言》中的大同小异，但其所宣称的要公平地满足当代和将来世代发展的和环境的需要的原则，反映了其将环境与发展视为一个整体的思想。会议之后，联合国大会于1992年12月成立了一个由53个成员国组成的可持续发展委员会(CSD)。

(七)《第三个千年》

1996年，美国著名科学家、罗马俱乐部成员、系统哲学家、广义进化论创始人欧文·拉兹洛效仿罗马俱乐部的组织形式成立了布达佩斯俱乐部。该俱乐部从政界、学术界、科学界、文艺界和宗教界遴选出50位精神领袖式的人物作为名誉成员，并在各国成立由创作成员组成的分部，共同寻求解决全球问题的途径。其活动的中心是推动有意识的进化，通过"意识革命"进化出能与全球化相适应的"行星意识"，使地球上的每一个公民都能有意识的改变自己的价值观和行为，从而避免人类和地球崩溃悲剧的发生。

欧文·拉兹洛是匈牙利人，从1986年起，他在两位诺贝尔奖获得者的支持下，成立了广义进化研究小组，把多国和多学科的数十位前沿学者聚集到一起，不定期地进行专题研究，并出版学术刊物《世界未来》。广义进化研究小组的研究目的是希望从进化的整体画卷中发现解决全球问题的原理、规律和方法，概言之就是要“从进化意识中产生有意识地进化”，从而引导人类社会有意识的与地球生态系统协同进化。1989 年，欧文·拉兹洛出版《人类的内在限度》(The Inner Limits of Mankind)一书，指出人类自身的限度对于人类可持续发展比地球的外在限度更加重要，“人类最大的局限不在外部，而在内部。不是地球的有限，而是人类意志和悟性的局限阻碍着我们向更好的未来进化”(欧文·拉兹洛，2004b)。

2001 年，欧文·拉兹洛出版《第三个千年》一书，这是布达佩斯俱乐部关于全球问题的最新报告。如果说罗马俱乐部的第一份报告《增长的极限》唤醒了人类对全球问题的忧虑和关注，那么，布达佩斯俱乐部的这一份报告《第三个千年》则是为人类解决全球问题提供了一个思路和方法，即克服人类内在的限度，创造人类更好的未来。欧文·拉兹洛认为，要克服人类内在的限度，必须培养“地球公民”的行星意识，改变他们的价值观和行为，因为“进化不是命运而是机遇，未来不是被预见而是被创造”。

**专栏 1.7 《第三个千年》目录**

第一部分　我们脚下的道路
　第一章　我们在什么地方，我们向何处去
　　　　　大图景
　　　　　关键的选择
　第二章　我们能改变方向吗
　　　　　新石器时代的幻觉
第二部分　新诫命
　第三章　个人范围的新诫命：想到全球，负责任地生活
　　　　　琼斯家庭的强大作用
　第四章　企业的新诫命
　　　　　交锋
　第五章　政治的新诫命：扩展政府的视野
　　　　　超越国家主权的神话
　第六章　社会的新诫命：采取一种对自然的新态度
　　　　　趋向一种合乎时宜的生态伦理
　第七章　人民和文化的新诫命：从共存转变为互存
　　　　　在多样性中寻找统一性
第三部分　整体：一种赖以生存的眼光
　第八章　转移到整体论
　　　　　历史：从神话过渡到逻各斯
　　　　　命运：从逻各斯到整体论的一步
　　　　　负面的命运：转变失败的前景
　　　　　正面的命运：及时完成转变的前景
　第九章　整体论修正的来源
　　　　　科学
　　　　　艺术和宗教
　　　　　替代文化
　第十章　为了改变世界而改变你自己
　　　　　使你的意识进化
　　　　　召唤责任心
　　　　　召唤行星意识

《第三个千年》的主要内容是以广义进化论为依据，以克服人类内在的限度为手段，以培养“地球公民”的“行星意识”为目标，通过个人的、企业的、政府的、社会

的、文化的“负责任地生活，全球性的思考”，在人类社会进化的既往道路上开辟一个新的“分叉”，从而避免达到地球增长极限那样危险的结局。“行星意识是知道并感觉人类的性命攸关的相互依赖的关系和本质上的整体性，以及有意识地采用此产生的伦理和特有的精神”。他认为，“发展不够产生失望，而失望引起不良行为进而阻碍发展。此循环须在它最易变通的环节上被打破，那就是人的精神和意识的发展”，“除非人们的精神和意识进化到行星维度，否则全球化社会和自然系统遭受沉重压力的过程将强化并产生一个冲击波，它可能危及向一个和平与合作的全球社会过渡的整个过程”，“使人的精神和意识进化是整个人类大家庭共同担负的第一项生死攸关的事业”。“我们每个人必须从自己开始，使自己的意识进化到这个行星的维度；然后我们才能变为我们社会的变化和进化的负责任的和有效的动因”(欧文·拉兹洛，2004a)。

如果说《我们共同的未来》和《21 世纪议程》是从政府主导、制度约束的层面来解读全球意识和可持续发展，那么，更进一步的《第三个千年》则是从公众参与、文化创新的层面来解读行星意识和可持续发展，因此，在可持续发展思想的形成过程中，同样是具有里程碑意义的经典文献。

(八)《可持续发展执行计划》

2002 年 8 月 26 日至 9 月 4 日，联合国可持续发展世界首脑会议在南非约翰内斯堡举行。会议的宗旨是继续贯彻 1992 年通过的《里约环境与发展宣言》的原则和全面实施《21 世纪议程》，针对 10 年来消除贫困、保护地球环境不尽如人意的状况，强调各国政府要全方位采取具体行动和措施，实现世界的可持续发展。会议通过了《可持续发展世界首脑会议实施计划》、《约翰内斯堡可持续发展承诺》等两个重要文件，另外还有一个与前两个文件相配套的《伙伴关系项目倡议》。这次会议是继 1992 年里约热内卢联合国环境与发展大会后的又一次盛会，是关乎人类前途与地球未来的又一次里程碑式的会议。

《可持续发展执行计划》是《可持续发展世界首脑会议实施计划》的简称。它重申对世界可持续发展战略的实践具有奠基作用的《里约环境与发展宣言》的原则和进一步全面贯彻实施《21 世纪议程》的承诺，被认为是关系全球未来 1020 年环境与发展进程走向的路线图。其内容包括序言、消除贫困、改变不可持续发展的消费和生产方式、保护和管理实现经济和社会发展的自然资源、全球化世界的可持续发展、健康与可持续发展、小岛屿发展中国家的可持续发展、非洲国家的可持续发展、执行方法和实施可持续发展的机制框架等 10 章。

《可持续发展执行计划》再次确认了贯彻执行“共同而有区别的责任”原则的极端重要性，敦促发达国家兑现 10 年前提出的将国民生产总值的 0.7%用于援助发展中国家的可持续发展的庄严承诺，为实现世界可持续发展采取实际的步骤。它强调，消除贫困既是可持续发展的必然要求，也是当今世界面临的最大挑战。它把水和卫生、健康、能源、农业生产和生物多样性等五个领域作为其关注的焦点，计划到 2020 年，最大限度地减少有毒化学物质的危害；到 2015 年，将全球绝大多数受损渔业资源恢复到可持续利用的最高水平；在 2015 年之前，将全球无法得到足够卫生设施的人口降低一半；从 2005 年开始实施下一代人力资源保护战略等。

如果说《21 世纪议程》是可持续发展战略实践的开始，并为全球的可持续发展指明了方向，那么，《可持续发展执行计划》则是对过去 10 年全球可持续发展实践的评估，以及对世界未来可持续发展的具体的规划。

《约翰内斯堡可持续发展承诺》共 6 章 37 条，由各国首脑签署，又称《政治宣言》，重申了关于实现可持续发展的承诺。它承诺要建立一个崇尚人性、公平和相互关怀的全球社会，实现人人享有人的尊严的目标；承诺对人类大家庭以及子孙后代负责任，在地方、国家、区域和全球各尺度上促进和加强经济发展、社会发展和环境保护这三个相互依存而又相互增强的可持续发展支柱；确认消除贫困、改变消费和生产方式、保护和管理经济与社会发展所需要的自然资源基础是压倒一切的可持续发展的目标和根本要求；承诺要通过促进全球共识的达成、建立建设性的伙伴关系、加强多边主义来推动可持续发展。它还呼吁团结一切力量拯救地球、促进人类发展和实现普遍繁荣与和平，并向世界人民庄严承诺：一定要实现可持续发展的共同愿望。

## 第二节　可持续发展的内涵与实质

可持续发展涉及的领域十分广泛，不同领域的学者由于其关注的侧面不一样，往往给其下出不同的定义。本质上看，可持续发展还是发展，只不过发展的理念、模式、道路和目标有了新的内涵。

### 一、可持续发展的内涵

在可持续发展思想形成初期，国内外学者都对可持续发展的定义进行了梳理(Pearce et al.，1989)。其实，可持续发展是一个复杂的巨系统，我们要了解可持续发展的基本内涵，必须从可持续发展系统的要素来考虑，从各要素的发展过程和发展结果来把握。

#### (一)基于人口要素的定义

人口是可持续发展系统的第一个要素，可持续发展是以人为本的发展。基于人口要素的定义，强调发展的过程要保持在生态系统的承载力内，发展的结果要提高人类的生活质量。比如：

——可持续发展就是能够实现人类需求的永久满足和人类生活的持续改善(Allen，1980)。

——可持续发展思想的核心是当前的决定不应该损害维持或者改善未来生活标准的愿望。这意味着我们应该管理经济体系，以便我们能够依靠资源的红利来生存，从而保持和改善资产的库存。这个原则与会计决算的理想概念有许多共同之处，即期望能在当前支出最大数额的同时又不减少未来的消费(Repetto,1986)。

——可持续发展是人类种属的永恒的超出生物学的具有生活质量的生存，这种生存是人类通过基本生命保障系统(空气、水、土地、生物)的维持，以及配置、保护这些基本生命保障系统的组成和运行规则所获得的(Brown et al.,1988)。

——可持续发展是在起支撑作用的生态系统的承载力内生存的同时，改善人类的生活质量(IUCN et al.,1980)。

——可持续发展是一个在减少我们的资源使用强度的同时，留给后代子孙的自然资源库存与其他资产库存不减少甚至增加的前提下，不断改善人类生活质量的过程(Munasinghe and Lutz,1991)。

——可持续发展是改善占人类大多数的穷人的生活条件，同时避免自然和生活资源的破坏，以保证生产的增长和生活条件的改善能够长期持续下去的过程。简言之，就是在自然的和人类的环境承载力内出现的发展(McCormick,1991)。

——可持续发展是一个用以改善人类条件并使这种改善持续下去的综合的行动(Munro,1995)。

### (二)基于资源要素的定义

资源是可持续发展系统的第二个要素，人类的生产和生活都有赖于资源的供给。基于资源要素的定义，强调发展的过程要合理地利用有限的自然资源，发展的结果要保持自然资源库的恒定或稳定。比如：

——可持续发展要求资源的获取率不能高于人工的或者自然的更新率，必须保证废物的排放率不要超过自然的和人工的生态系统的相应的净化率(Pearce,1988)。

——可持续发展就是一种发展向量的与时俱增的状态。可持续发展的必要条件是自然资本库的恒定，更严格地讲，就是要求自然资源库的变化是非负数的，如土壤质量、地下水和地表水质量、陆地生物、水生生物，以及环境消纳废物的能力(Pearce et al.,1988)。

——可持续发展是在不退化资本库存(包括自然资本库存)的同时，能够永久持续的消费(Costanza and Wainger,1991)。

——可持续发展可以定义为：自然资源的开发和管理要有利于维持或提高资源库的长期生产能力，并在环境影响可接受的前提下，促进从可选择的资源利用系统中得到长期的资产和财富(Schultink,1992)。

——可持续性不仅是不严重破坏人们赖以生存的资源基础，而且要使之再生，或使之细水长流，直到出现新技术、新制度和新价值观(欧文·拉兹洛,2004a)。

### (三)基于环境要素的定义

环境要素是可持续发展系统的第三个要素，环境是资源的载体和人类生存的基础。基于环境要素的定义，强调发展的过程要保护生态系统的完整性和生物多样性，发展的结果要保持生命保障系统的生产能力和整体功能的良性循环。在可持续发展系统里，人们常常将环境要素和资源要素整合为生态要素加以论述，强调“生态学的知识能够也应该应用到经济过程”(Redclift,1987)，以至基于环境要素的可持续发展定义几乎总是将生态环境与经济发展整合到一起。比如：

——如果我们关心自然，自然也会关心我们。当自然保护认识到，如果我们要拯救地球行星系统中的部分时，我们就必须拯救系统本身，这样的保护才会真正的持久。这就是我们所谓的可持续发展的本质。可持续发展有许多方面：第一，它要求消除贫困；第二，它要求保持和增强资源库，确保贫困的消除能够持久；第三，它要求扩大发展的概念，使之不仅包括经济增长，而且包括社会和文化的发展；第四，也是最重要的，它要求各个层次的决策都要将经济学和生态学统一起来(Minister and Brundtland,1986)。

——可持续发展概念构建了一种经济活动和环境资源保护之间紧密联系的深邃的描述，它包含了环境和经济之间的亲密关系，而关键是不要“过度地”减少环境资源的遗产(OECD,1990)。

——可持续发展将经济发展和生态可持续性两个基本观念结合起来。生态可持续的经济发展可以被认为是经济-生态系统的结构、组织和行动的一个相关变化过程，一个导向最大福利的且通过使用该系统可获取的资源能够维持其最大福利的过程(Braat,1991)。

——可持续发展意味着把发展的和环境的政策建立在成本-效益比较的基础之上，建立在加强环境保护和促使不断增长和可持续的福利水平的谨慎的经济分析的基础之上(World Bank,1992)。

——可持续发展意味着调整经济增长并使之保持在自然系统可更新的界限内，通过基本资源的勤俭节省和技术进步使经济增长不超出人类创造和适应的能力范围，在保证当代和将来世世代代惬意的生活条件的同时对资源和权力进行再分配(O'Riordan and Yaeger,1994)。

——可持续发展是在保持自然资源的质量和其所提供的服务的前提下，使经济发展的净利益得到最大限度的增加(刘培哲,1994)。

（四）基于经济要素的定义

经济要素是可持续发展系统的第四个要素，经济是人类个体发展和社会整体进步的动力。基于经济要素的定义，强调发展的过程要通过自然资本和人造资本的替代来维持资本库存的动态平衡，发展的结果要使人均福利随着时间的增长而增长。比如：

——可持续发展是建立在可再生资源利用的基础上，对环境的损害不足以对终极限度构成压力的、能够永久持续的经济的发展(Allaby,1988)。

——可持续的经济增长意味着人均真实国民生产总值(GNP)随着时间的增长而增长，而且其增长不受生物物理影响(污染、资源问题)或社会影响(社会冲突)的反馈的威胁。可持续发展意味着人均效用或福利随着时间的增长而增长，或者说是一整套发展指标随着时间的增长而增长(Pearce et al.,1989)。

——可持续发展是经济福利在总体水平上的维持或增长,即人均经济福利水平的维持或增长(Haveman,1989)。

——从新古典经济学理论来看,可持续性可定义为在任何时段里人类福利的最大化(Harris,2000)。

——可持续发展的标准定义是人均效用不降低,这是无须证明的代际公平的一个标准(Pezzey,1989)。

——可持续发展意味着人均实惠或福利随时间的增长而增长,并且自然资本和人造资本可自由转换或替代。换句话说,就意味着在自然资产不减少的前提下,人均实惠或福利随时间的增长而增长。之所以要加上这些限定,主要原因是:环境资产具有不可替代性(臭氧层不可能重建)、不确定性(我们对许多环境资产的生命支持功能了解的有限性,要求我们保持它们)、不可逆性(一旦丧失,任何物种都不可能重建)、公平性(贫穷人受恶劣环境的影响通常比富人多)(Holmberg,1992)。

### (五)基于社会要素的定义

社会要素是可持续发展系统的第五个要素,社会是人类发展的组织依托,社会进步是人类发展的终极目标。基于社会要素的定义,强调发展的过程要维护代内公平和代际公平,发展的结果要促进个人的全面发展和社会的全面进步。

——“可持续发展是在满足当代人需求的同时,又不损害后代人满足其需求的能力的发展”(世界环境与发展委员会,1997)。这个定义出自《我们共同的未来》,是当前最被广泛引用和普遍认同的定义,它强调的是时间维的代际公平,而忽视了空间维的代内公平或区际公平。因此,有学者对该定义进行了修正,比如:

——可持续发展是指“既满足当代人需要又不危害后代人满足需要能力、既符合局部人口利益又符合全球人口利益的发展”(杨开忠,1994)。

——可持续发展是“不断提高人均生活质量和环境承载力的、满足当代人需求又不损害子孙后代满足其需求能力的、满足一个地区或一个国家人群需求又不损害别的地区和国家满足其需求能力的发展”(叶文虎,2001)。

——一个可持续的社会不会挥霍后辈的资源资本、不会压制社会经济增长的势头,不会侵犯大多数人的公正感。但它可能是一个高度多元化的社会,不同的文化、意识形态、价值观和理想共同繁荣,互惠互利(欧文·拉兹洛,2004a)。

由于社会的进步以人为核心,可持续发展又以人为本,因此,上述基于人口要素的定义,也被认为是从社会属性层面上对可持续发展的定义。科学技术是社会生产力的重要指标,从科学技术角度对可持续发展的定义也属于基于社会要素的定义,比如,世界资源研究所于1992年指出:“可持续发展就是建立极少产生废料和污染物的工艺或技术系统”。“从科学的角度,可持续发展是转向更清洁、更有效的技术——尽可能接近‘零排放’或‘密闭式’工艺方法——尽可能减少能源和其他自然资源的消耗”(龚建华,1993)。

——可持续发展在核心上是一种政策而非一个技术框架。它呈现的是一个社会对采纳更多的可持续生活方式需求的信念，这种信念既关注个体和组织利益而产生的政策调整，也注重政府的政策目标。随着像民主、自由等社会价值的构建，对于可持续发展的概念及社会如何可持续发展问题也有了多种解释（Agyeman and Evans，1995）。

（六）基于要素综合的定义

在可持续发展系统里，人口、资源、环境、经济和社会等五个要素可以进一步综合成三个要素系统，即生态系统、经济系统和社会系统。因此，基于要素综合的可持续发展定义，一般都是从生态、经济和社会三个方面来诠释的。比如：

——可持续发展意味着能够持续许多代人的生活质量或生活标准的实现。首先，它是社会上期望的，是以公平的方式满足人们文化的、物质的和精神的需求的；其次，它是经济上可行的、自力更生的、成本不超过收入的；再次，它是生态上可持续的，能维持起支撑作用的生态系统的长期的生存能力（IUCN et al.，1991）。

——可持续发展要求以平等的精力来追求经济的、生态的和社会的目标。如果经济增长不保护生命的自然基础，甚至无助于缩小同一时期里生活标准的悬殊差异，那么，它就是与可持续发展的原则格格不入的（Michael，1996）。

——可持续发展本质上被分为三个方面：①经济方面。一个经济上可持续的系统必然能够在一个持续的基础上生产产品和服务，能够维持政府和外债的可管理的水平，能够避免农业或工业部门极端不平衡所产生的损害。②环境方面。一个环境上可持续的系统必须维持一个稳定的资源库，避免对可再生资源系统或环境容器功能的过度利用，而且只在通过投入获得合适的替代品的范围内消耗不可再生资源。这包括生物多样性保持、大气稳定性保持，以及一般不归属于经济资源的其他生态系统功能的保持。③社会方面。一个社会上可持续的发展系统必须实现分配的公平，提供令人满意的社会服务，包括健康和教育、性别责任、政治信任和参与。可持续发展概念必须矫正社会的不公和环境的损害，同时保持良好的经济基础。对于可持续的经济生产和代际公平来说，自然资本的保持是必须的，市场机制并不能有效地保持自然资本，相反它倾向于消耗和退化自然资本。从生态学观点看，人口和总的资源需求在规模上必须加以限制，生态系统的完整性和物种的多样性必须得维持。社会公平、基本健康和教育需求的满足，以及参与的民主是发展的最基本要素，而且是与环境的可持续性相互关联的。经济增长必须局限在全球的限度里，而且不应是那些高消费水平国家的主要目标（Harris，2000）。

——可持续发展是“能动地调控自然-经济-社会的复合系统，使人类在不突破资源和环境承载能力的条件下，促进经济发展、保持资源永续利用和提高生活质量”（曾珍香等，1998）。

综上所述，我们将可持续发展定义为：在生态承载力范围内，人类通过合理高效的利用自然资源，保持生态系统的完整性，维持资本系统的稳定性，维护社会系统的公平性，在不断提高人类生活质量的同时，实现生态系统、经济系统和社会系统的协同进化。在这个定义中，生态承载力是限制，人类需求的满足不能突破地球的生态承载力。生态系统的完整性、资本系统的稳定性、社会系统的公平性是中介，其中生态系统的完整性隐含生物的多样性；资本系统包括自然资本、人造资本和人力资本，资本结构可以变化，但资本总量则应保持恒定甚至与时俱增；社会系统的公平性包括代际公平、代内公平和区际公平。协同进化不是自发的，而是人类自觉的和有意识的广义的进化。

## 二、可持续发展的实质

"可持续发展"概念从词义上讲，落脚点是"发展"，限定态是"可持续的"。可持续发展的本质，从发展观念上看是一种全新的发展理念，从发展过程上看是一条崭新的发展道路，从发展方式上看是一个创新的发展模式，从发展结果上看是一组理想的发展目标。

### （一）一种全新的发展理念

传统的发展观只注重经济的增长，而忽视人类自身的全面发展；只顾及眼前利益和局部利益，而忽视长远利益和全球利益；只考虑当代人的利益，而忽视甚至损害后代人的利益（毛志锋，2004）。可持续发展则不然，它是人类发展观上的重大突破（王关义，2004），这种突破源于人类认知层面的三个转变即人类中心论向物种共同进化论的转变、现世主义向世代伦理主义的转变，以及效益至上向公平和合理至上的转变（赵士洞和王礼茂，1996）。因此，在认知层面，可持续发展是以一种全新的发展理念。

第一，可持续发展是一种以人为本的发展理念。发展是满足人类物质需要和精神需要的必由之路，满足全体人民的基本需要、向全体人民提供实现美好生活愿望的机会是可持续发展的基本目标。《人类环境宣言》指出："世间一切事物中，人是第一可宝贵的"；《环境与发展宣言》也指出："人类处于普受关注的可持续发展问题的中心"。因此，可持续发展要求人类在收入水平、健康水平、教育水平和基本自由等发展向量上都能够与时俱增，不断提高人类生活质量。可持续发展要求帮助极贫者，消除贫困，保障健康，树立人类就是资源，发展须以人类为中心的理念。

第二，可持续发展是一种人地和谐的发展理念。满足人类物质的和精神的需要有赖于地球生命保障系统所提供的各种自然资源，地球资源是有限的，自然资源的消耗也必须是有节制的。可持续发展要求保持自然资源库存的变化是非负数的（Pearce et al.，1988）；要求在自然资源的限制里自力更生地发展，既不退化环境的质量，也不降低长期的生产力（Tolba，1987）；要求资源的获取率不能高于人工的或自然的更新率，废物的排放率不超过自然的和人工的生态系统的相应的净化率（Pearce，1988）。总之，要求将发展限制在自然的和人类的环境承载力之内（McCormick，1991），实现人类系统和社会系统的协同进化。

第三，可持续发展是一种社会公平的发展理念。发展是人们期望实现的社会目标中的向量，社会公平是实现发展目标的重要保障。可持续发展要求所有社会都要保障当代人内部之间的代内公平和区际公平，保障当代人与后代人之间的代际公平，并进而保障人类系统与自然系统之间的人地公平。

（二）一条崭新的发展道路

发展是人类生存、生产和生活等社会实践在时间轴上的综合轨迹，它不是一个静止的固定的端点，而是一个持续不断的变化过程。传统的发展过程是人类中心主义的，它只关注人的发展和社会的进步；可持续的发展过程则是生态中心主义的，它在关注人的发展和社会进步的同时，还关注人类系统与生态系统的协同进化。因此，在实践层面，可持续发展是一条崭新的发展道路。

第一，可持续发展是一条永恒发展之路。发展是人类永恒的主题，《我们共同的未来》指出："可持续发展是一条一直到遥远的未来都能支持全球人类进步的新的发展道路"（世界环境与发展委员会，1997）。这条道路之所以是一条永恒发展之路，就在于它妥善地管理着我们的生命保障系统，并使之能永恒的持续下去。因此，可持续发展是一个不断满足人类需求又不损害环境这个发展基础的过程（Winograd，1995）；是一个管理社会需求使之不腐蚀生命支持特性或社会协同性和弹性机制的过程（Choucri，1997）；是一个在减少我们的资源使用强度的同时，留给后代子孙的自然资源库存与其他资产库存不减少甚至增加的前提下，不断改善人类生活质量的过程（Munasinghe and Lutz，1991）。

第二，可持续发展是一条和谐发展之路。可持续发展的最高宗旨是实现人与自然之间以及人与人之间的和谐，人地和谐、代际和谐、代内和谐、区际和谐是可持续发展的内在要求。

——"可持续发展是一种新的生活方式和社会经济活动方式，在所有社会，该方式与环境保持都必须是水乳交融的"（Kato，1994），这说的是人与自然之间的人地和谐。

——"可持续发展是一个涉及政治、社会、经济、制度和技术秩序方面的深刻的变化过程，它包括发展中国家和发达国家之间关系的再认识"（Strong，1992），这说的是发达国家和发展中国家之间的区际和谐。

——"在可持续性概念中，发展是一个指示性的变化过程，也是一个社会成熟的过程，正是社会的成熟迫使人们心理转型，超越自我，有意识地努力担当起当前决策可能影响未来的责任，这样，可持续发展就成了一个由社会公正原则和环境公正原则来指导现在的和将来的人类及所有生物的变化过程"（Maser，1997），这说的是当代人和后代人之间的代际和谐（环境公正），也隐含着当代人内部的代内和谐（社会公正）。

第三，可持续发展是一条科学发展之路。首先，科学技术是第一生产力，科学技术的进步对于提高资源利用率、降低资源消耗、减少环境污染、增强生命保障系统的承载力具有不可替代的作用,可持续发展所强调的清洁生产和绿色消费,都有赖于科学的进步和技术的更新,科学发展是可持续发展的内在要求。其次,可持续发展是一个以人为本、全面协调可持续的发展过程,体现了科学发展观的本质。传统的发展模式是线性的,落后国家最便利的发展方法就是仿效先进国家的发展模式,走的是高消耗、高投入、低产出和先污染、后治理的发展道路。可持续发展则是一个非线性的系统过程,要求以人为本,强调生态完整、经济发展、社会进步是可持续发展、缺一不可的三大目标,强调生态系统、经济系统和社会系统的协同进化。正如陆大道院士指出,人类的社会经济活动在经济、社会和环境三维空间中进行,既受到经济利益因素的制约,同时还受到社会公正和控制生态环境恶化因素的制约,落实科学发展观和走可持续发展道路在本质上是一致的(陆大道,2006)。

(三)一个创新的发展模式

历史上人类社会创造了许多文明模式,而这些文明模式无一不是以人对自然的某种适应为基础的(黄鼎成等,1997)。文明是发展的结果,文明模式的演替是发展模式演变的结果。可持续发展既强调满足发展的需要,又强调自然对发展的限制,它是促使人类从工业文明向生态文明转变的发展模式。所以,从发展方式来看,可持续发展是一个创新的发展模式。

第一,可持续发展是一个重视环境生产的全面发展模式。可持续发展是一个涉及经济、社会、文化、技术及自然环境的综合概念,是一种立足于环境和自然资源角度提出的关于人类长期发展的战略和模式(韩文辉等,2002)。发展模式取决于生产模式,传统的工业文明的生产模式是“两种生产论”——物质生产和人的生产;而可持续发展的生产模式则是“三种生产论”——物质生产、人的生产和环境生产,环境生产是物质生产和人的生产的基础,物质流在三种生产之间的畅通程度和协调程度决定着世界系统的和谐程度,进而决定着人类社会的可持续发展。在发展战略上,传统的发展模式重经济与社会,轻自然与生态,把经济增长作为主要的甚至唯一的目标,而忽视对其经济增长起支撑作用的自然基础的保护和维持;可持续发展则不然,它从以经济增长为目标的单一发展转向经济、社会和生态的综合发展,从以物为本的发展转向以人为本的发展,从注重眼前利益和局部利益的发展转向注重长远利益和整体利益的发展,从资源推动型的发展转向知识推动型的发展。

第二,可持续发展是一个资源节约、环境友好、社会和谐的综合发展模式。传统的经济增长模式主要是靠资金、劳动力、自然资源的高投入和高消耗来实现的,从而走上了“高投入、高消耗、低产出”和“先污染、后治理”的代价昂贵的发展道路;可持续发展则把传统的资源消耗型的线性经济转变为资源节约型的循环经济。线性经济的增长模式是一种单向流动的经济,即“资源→产品→废弃物”的物质流模式,而循环经济的增长模式是一种循环流动的经济,即“资源→产品→再生资源”的物质流模式。可持续发展要求在不增加使用自然资源和在地球承载力范围内,提高世界上所有人民的生活质量;要求社会使用可再生资源的速度不得超过可再生资源的更新速度;要求使用不可再生资源的速度不得超过作为其替代品的开发速度;要求社会排放污染物的速度不得超过环境对污染物的吸收能力。因此,可持续发展是一个通过促进科技进步、节约资源能源、减少废物排放、实施清洁生产、推行绿色消费、发展循环经济,最终实现资源节约、环境友好、社会和谐的高效低耗的综合发展模式。

第三,可持续发展是一个面向未来和面向全球的发展模式。可持续发展模式有极为清晰的时间、空间和系统概念,力图把当代与后代、区域与全球、空间与时间、结构与功能有机统一起来(牛文元和毛志锋,1998)。传统的发展模式大都考虑眼前利益和局部利益,忽视长远利益和全球利益;或者只考虑当代人的利益,忽视甚至损害后代人的利益,从而导致人类社会发展的不可持续性。可持续发展模式是社会经济结构转型的一个新模式,它重视当代人和后代人之间的代际公平,要求在优化当代可获得的经济和社会利益的同时,又不损害将来各代获得相似利益的潜力(Goodland and Ledoc,1987)。可持续发展不仅要求发展面向遥远的未来,而且要求把地球这个行星看成一个不可分割的整体,要求人类采取共同的行动,应对共同的挑战,构建全球联盟,加强国际合作。由于区域发展在空间上的不平衡性和时间上的不同步性,可持续发展模式在空间上要求解决环境保护的正外部性和环境污染的负外部性(Deserpa,1993),在时间上要求考虑资源是否合理配置所产生的代内外部性与代际外部性,强调以未来的发展来规范现在的行动,使发展成为在今天是现实的、成功的,在未来是可得的、合理的。

### (四)一组理想的发展目标

追求人类社会的可持续发展旨在协调人与自然的关系,这不仅需要能动的人类不断探索自然演化和社会进化的规律,亦需要规范人类自身的生产与消费行为,以及调节物质利益的分配机制(毛志锋,2004)。可持续发展是一个生态-经济-社会复合系统,在发展过程中,它追求经济、社会和生态三种效益,在发展结果上,它追求经济、社会和生态三类目标。因此,可持续发展的目标不是单一的、彼此分割的,而是系统的、有机联系的,目标模式也是区分传统发展与可持续发展的重要特征(苏胜强和黄祖辉,1999)。

第一,可持续发展要求实现生态的可持续。在可持续发展的目标体系里,生态可持续是基础支撑,没有生态的可持续发展,就不可能有经济和社会的可持续发展。可持续发展的生态目标是:保持生态系统的完整性,维护自然资本的稳定性,保护环境生产的高效性,把人类的生产和生活活动严格控制在地球承载力范围之内。

第二,可持续发展要求实现经济的可持续。在可持续发展的目标体系里,经济可持续是动力中介,没有经济的可持续发展,就不可能有社会的可持续发展,对生态系统的维护、保护和建设也将难以为继。可持续发展的经济目标是:保持一定速度的经济增长，不断满足人类日益增长的物质文化的需要，使人类的生活福利和生活质量能够与时俱增。

第三，可持续发展要求实现社会的可持续。在可持续发展的目标体系里，社会可持续是目标结果。平常我们笼统地说的可持续发展，实质上是定位于社会的可持续，社会可持续发展是人类发展的终极目标。可持续发展的社会目标是：全面提高个体的人的素质，实现整体的社会进步，使社会系统与经济系统和生态系统协同进化。

## 三、可持续发展定义中的重要概念

### （一）需求

《我们共同的未来》给出的可持续发展的原则性定义是："在满足当代人需求的同时又不损害后代人满足其需求的能力的发展"。这样，"需求"和"限制"便成了可持续发展的两个基本概念。可持续发展要求满足全体人民的基本需求，并向全体人民提供实现美好生活愿望的机会。

(1)需求具有本能性。需求是人与生俱来的本能。"物稚不可不养也，故受之以需。需者，饮食之道也"(《易传·序卦传》)。"饥而欲食，寒而欲暖，劳而欲息，好利而恶害，是人之所生而有也"(《荀子·非相》)。

(2)需求具有价值性。需求是一个文化范畴的概念，人的消费观决定了人的需求观，而人的消费观又在很大程度上取决于人的人生观、价值观和世界观，因此，不同文化背景、不同宗教信仰、不同生活哲学的人有着不同的需求观。有的人只求衣食上的温饱，有的人则可能永远也不能满足。多少才能算够？何种需求是合理需求？这些都是因人而异的。

(3)需求具有动态性。需求也是一个历史范畴的概念，人类需求由社会、文化条件所确定，受主观、客观因素的影响，是一个动态的变化过程，在不同的时期和不同的文化阶段，旧的需求系统将不断地被新的需求系统所代替。

(4)需求具有区域性。个体需求往往结合成集团需求，在空间上表现出明显的区域差异，如贫困地区主要是粮食、衣服、住房、就业和卫生等基本需求，发达地区则因基本需求已经得到满足，需要更高的生活标准、更高的环境质量，特别是精神生活的享受。

(5)需求具有层次性。人类需求是一个层次系统，可分为三个层次：一是生存需求，即维持人的生命活动，衣、食、住、行等人口再生产的需求，是最基本的需求；二是发展需求，即满足人口健康素质、文化教育素质、社会心理素质提高，适应经济、社会不断发展的需求，是高层次的需求；三是享乐需求，包括满足普遍的追求高生活质量的需求、不同人的心理偏好需求、某些人的特殊需求等，是弹性较大的需求(何敦煌，2002)。

（二）限制

在《我们共同的未来》给出的原则性定义里，“限制”是可持续发展的基本概念，主要是指自然因素与社会因素对满足人类需求所构成的限度和制约。“限度”强调的是极限，是一个过程的末端；“制约”强调的是约束，是一种动态的“限度”。限制既具绝对性又有相对性，既具物质性又有社会性，既具主观性又有客观性，既具内在性又有外在性。

(1)限制的绝对性与相对性。限制的绝对性主要是指地球上的资源总量和生态容量具有极限性，如“地球是一个有限的系统，空间、资源和再生潜力都有限，它能支持的负荷有上限”（欧文·拉兹洛，2004b），“能源、物质、水和土地的利用都有不同的限度……知识的累积和技术的开发会加强资源基础的负荷能力，但是最终的限度是有的”。这里的限度都是极限，因而具有绝对性。限制的相对性主要是指人类满足需求的约束条件是可变的，尤其是非物质因素的限制，如“由目前的技术状况和环境资源方面的社会组织造成的制约以及生物圈承受人类活动影响的能力造成的制约”（世界环境与发展委员会，1997）。这里的制约都是可以随知识技术的进步和组织管理水平的提高而变化的，具有相对性。

(2)限制的物质性与社会性。《增长的极限》对可持续发展中的“限制”概念贡献最大，不仅其书冠以“极限”之名，而且许多章节也是以极限为名的，它指出，世界经济和人口增长需要满足自然物质和社会服务两类要素的需求，相应地，物质因素和社会因素对需求的满足构成限制（丹尼斯·米都斯等，1997）。按可持续发展系统要素划分，自然物质和社会服务的限制大体包括人类活动强度与人口规模限制、资源承载能力与再生能力限制、环境净化能力与恢复能力限制、经济技术支撑能力限制、社会组织管理决策能力限制等（龚胜生，1999a）。但是，社会服务的限制追根溯源是自然物质的限制所决定的。

(3)限制的客观性和主观性。限制的客观性是一定时空条件下，客观因素对满足人类需求的能力构成限制，例如，自然资源禀赋不足，现有技术条件下无法利用资源，现有组织管理水平下无法获取产品与服务。限制的主观性是人类在认识各种客观限制的基础上自觉采取行动对需求加以限制。需求与人的欲望直接相关，除了基本的生存需求外，人的消费观对需求的量具有重大影响。《老子》曰：“罪莫大于可欲，祸莫大于不知足，咎莫大于欲得，故知足之足常足矣”。这是说，贪得无厌的需求招致罪祸，是不可持续的，只有知足的需求才可以持久的满足，才可以持续发展。因此，人类自觉限制需求对可持续发展具有决定性作用。

(4)限制的外在性和内在性。限制的外在性是外界环境对人类需求的限制，主要是地球生态系统的限制，包括资源生产能力的限制、环境纳污能力的限制和生态承载能力的限制等。外在性限制都是客观性限制。内在性限制是来自人本身及人类社会的限制，包括经济条件的限制、技术条件的限制、组织管理的限制和认识能力的限制等。广义进化论的创始人欧文·拉兹洛将人类的内在限度分为个人的限度、文化的限度和政治的限度，并且认为在可持续发展进程中，人类的内在限度比地球的外部极限更重要，因为我们在地球上遇到的极限与我们自己的观念和立场这些内在的限度息息相关，而且现代社会的压力和危机其根源也在于我们人类自身的局限和缺点，因为我们现代人只是“半成品”，还远远没有达到完美的程度（欧文・拉兹洛，2004b）。

### （三）发展

发展是事物由小到大、由简到繁、由低级到高级、由旧物质到新物质的运动变化过程。这个过程具有目标指向性，应该符合人的需求的变化（潘玉君等，2005）。因此，发展是令人向往的社会目标的向量（Pearce et al.，1988）；发展是自然-社会-经济复杂系统中的行为轨迹，它使复杂系统朝着日趋合理与更为和谐的方向进化（Niu et al.，1993）；发展是调整生物圈，应用人力、财力、生命和非生命资源来满足人类的需要，并提高人类生活质量。除经济增长之外，发展同时还意味着社会、文化和精神上的进化（Beder，1993）。

《大英百科全书》这样解释“发展”一词：“虽然该术语有时被视为经济增长的同义语，但发展一般用来叙述一个国家的经济变化，包括数量上和质量上的改善”。这说明经济增长是发展的重要组成部分，但是，发展并不等同于增长。一方面，增长一般是指数量和速度的增加或体积的增大等，并不强调增加的质量和是否可持续，而发展则不仅重视数量与速度的增加，并且强调增长的质量和可持续性，更重视增长的质的改善（佩鲁，1987）。另一方面，发展也不一定意味着增长，因为发展还隐含价值观的判断，它可以是思想观念的转变，通过经济、政治、文化和生态的结构改变或者技术的突破，发展是可以变得可持续的（Munn，1989）。

发展的前提是生存，没有生存就没有发展。发展的科学度量包括三个表征。一是发展的动力表征，即一个国家或地区的发展能力、发展潜力、发展速度及其可持续性；二是发展的质量表征，即一个国家或地区的自然进化、文明程度、生活质量及其需求的满足程度；三是发展的公平表征，即一个国家或地区的共同富裕程度及其对于贫富差异和城乡差异的克服程度（牛文元，2007）。

发展是可持续发展的核心，可持续发展的前提是发展。进一步满足人们的需求和欲望是发展的主要目标，它包含经济上和社会上的有效变革。和平与安全、经济发展、社会发展、保障和平与发展的国家统治是与发展相关的四个重要观念。社会和经济的发展离不开和平，经济和社会发展本身又是相互关联的，教育、健康和相关的社会发展有助于经济的良好运行（Dernbach，1998）。

### （四）生物多样性

生物多样性是生态系统、生物物种和生命基因多样性的综合，是生态系统结构复杂性的体现，也是生态系统功能稳定性的保证（Robinson et al.，1990）。它包括地球上所有植物、动物和微生物物种及其所拥有的基因，各物种之间及其与生存环境之间的相互作用所构成的生态系统及生态过程（赵济和陈传康，2004）。生物多样性包括有三个层次的多样性:基因多样性、物种多样性和生态系统多样性。

生物多样性是地球上的生命经过几十亿年发展进化的结果,是人类社会赖以生存和发展的物质基础,是人类可持续发展的重要物质保障,但是,它们的潜力还远远没有被人类所认识。一个基因可能关系到一个地区的兴衰,一个物种可以影响到一个地区的经济命脉,一个生态系统可能改变一个地区的面貌,因此,保护生物多样性就是保护人类自己,保护人类的未来。

(五)生态完整性

了解生态完整性首先要了解生态系统。生态系统是一定区域内所有植物、动物、土壤、水、气候、人和生命过程相互作用的整体(Haynes et al.,1998)。生态系统处于不断的进化和发展中,生态学家常常以能量和物质流作为描述工具,从整个生态系统的特性出发来描述一个区域的生物地理过程(Golley,1996)。生态系统具有许多特性:生态系统保持能量和物质,这意味着能量和物质既不被创造,也不被破坏;生态系统是耗散的,耗散意味着能量和物质从高级到低级、从更多组织形式到更少组织形式的连续退化;生态系统储存信息;生态系统是开放系统;生态系统是成长的、有限的和有差异的;生态系统是复合的反馈系统;生态系统能够自我平衡;生态系统有适应能力和自组织能力;生态系统具有内聚力(Straskraba,1994)。

完整性是"未受损害的、良好的状态",表示"全体、全部或健全"(De Leo and Levin,1997)。1972年,美国的"清洁水行动"确定其目标为"恢复和维持国家淡水的化学的、物理的和生物完整性",第一次用"生物完整性"来描述淡水生物系统的状态,以替代水化学指标测量污染排放和土地利用对水环境的影响(James,2006)。

"生态完整性"是在生物完整性概念基础上发展起来的,是生态系统完整性的简称。从狭义上讲,生态完整性包括生态系统的健康性、生物多样性、稳定性、可持续性、自然性、野生性以及美誉度;从广义上说,生态完整性是物理的、化学的和生物完整性的总和。一个生态系统只要能够维持所有内部和外部的群落过程和属性;能够保持结构的复杂性、功能的多样性;能够维持自组织能力、抗干扰能力和稳定性,那么它就具有完整性。因此,生态完整性实质上是对生态系统功能的表述。

生态完整性主要从三个层面来考察其组织状态:一是系统的组成成分是否完整;二是系统的组织结构是否完整;三是系统的功能是否健康。前两个层面是对系统组成的完整性的考察,后一个层面是对系统成分间相互作用及其过程的完整性的考察(Kay,2001)。如果一个生态系统是稳定的和可持续的,那么它就是健康的和免受"痛苦综合征"的,即如果它是活跃的,且保持其结构、活力和自组织能力与时而变,那么,它对压力是具有抗性的(Costanza,1994)。

(六)可持续性

可持续性是对自然系统演化过程和经济社会发展过程的功能性判断,如果这些过程可以永续下去,那么它们就是可持续的。可持续性最初用于描述生态系统的演化，在可持续发展系统里，则同时用来描述生态的、经济的和社会的演化过程。

从生态系统的演化过程看，可持续性意味着基本生态过程和生命保障系统的维持、基因多样性的保持，以及物种和生态系统的可持续利用（IUCN et al.，1980）；意味着资源、物种和污染等要素的稳定状态的维持（Opschoor and Reijnders，1991）。从经济社会的发展过程看，可持续性意味着资源存量的不下降；意味着人造资本替代自然资本后资本总量的恒定（Markandya and Pearce，1988）；意味着环境与经济的整合以及代内公平和代际公平（Breitmeier，1995）；意味着一定自然系统的生产潜力能够在具体的管理实践下持续下去（Carpenter，1995）。简言之，可持续性意味着几项可保持性：单一自然资源的可保持性；某处整个资源系统的再生能力的可保持性；人类福利（包括后代的福利）社会结构和自然过程之间的关系的全面可保持性（欧文·拉兹洛，2004b）。

根据其持续能力的高低，可持续性一般分为弱可持续性和强可持续性。判断弱可持续性的标准是：当代人转移给后代人的资本总存量不少于现有存量（Solow，1974）。资本总存量是生产资本存量、自然资本存量和人力资本存量三者之和。生产资本又称人造资本，自然资本也称环境资本。只要后代人所能利用的资本总存量不少于当代人的，就意味着发展是可持续的，前提是自然资本和其他资本之间可以完全替代。后来，有人在此基础上作了补充，认为可持续性发展路径不仅需要维持必需的生产能力，而且还必须保持环境服务和生态多样性的最低水平（Hartwick，1987）。

事实上，自然资本与其他资本之间是不可完全替代的，例如，在自然资源耗尽的时候，人造资本、人力资本再多，也是无法发展的。因此，要实现真正的可持续发展，自然资源（至少是关键性的自然资源）的存量必须保持在一定极限的水平之上，否则就不是可持续的发展路径（布兰查德和费希尔，1998）。这就提出了发展的第二个判断标准：强可持续性。强可持续性的发展路径不仅要求在代与代之间保持总资本的存量水平，而且还必须在代与代之间维持自然资本的存量水平，即要求一个不减少的环境资本存量（Qizibash，2001），个别极端的甚至排除自然资本和人造资本之间的替代，要求同时保持自然资本和人造资本的存量水平（United Nations Statistical Office，1992）。另外，由于某些自然资源与其他自然资源之间不存在替代性，人类还必须对某些重要的自然资源进行特别的维持，对它们的使用不能超越它们的替代极限以及再生能力（李志青，2003）。

## 第三节　可持续发展的基本原则

可持续发展的原则是一个比可持续发展的定义更加丰富的概念。虽然一些国际组织和国家机构提出了可持续发展的原则，但学术界并没有就可持续发展的原则达成共识。与可持续发展的定义一样，可持续发展的原则也可以根据其系统要素来进行归类。

## 一、关于人类主体的原则

人类行动受人类观念的支配，满足需求和愿望是人类生活的主要目的。人类的消费决定着人类的需求，人类的需求决定着人类的生产，人类的生产又决定着自然资源的消耗和人类的生活质量。不断提高人类的生活质量是可持续发展的一个基本目标，也是人类必须通过主观的努力才能实现的一个目标，从人类主体上看，可持续发展必须体现公平性原则、和谐性原则和责任性原则。

### （一）公平性原则

公平性是指机会选择的平等性和资源分配的公正性。可持续发展要求在各国之间、穷富之间、男女之间、当代人和后代子孙之间公平分享利用自然资源的效益和健康的环境，并使一切环境的、经济的和社会的成本内部化。因此，可持续发展的公平性原则包括三个方面。

一是时间维度的纵向公平，即当代人与后代人之间的代际公平。可持续发展要求在满足当代人需求的同时又不损害后代满足其需求的能力；也就是说，当代人在考虑自己需求与消费的同时，也要对未来各代人的需求与消费负起历史的责任，使每一代人拥有同样选择的机会空间，并确保下一代拥有一个至少和当代人所拥有的一样健康的、多样性的和有生产活力的环境。

二是空间维度的横向公平，即同一代人不同人群之间的代内公平和不同区域之间的区际公平。代内公平可产生代际关系效应，解决好代内公平是实现代际公平的前提，可持续发展要求满足全体人民都可以合理向往的生活需求，特别是贫困人口解决温饱的基本需求，并且要求每个区域在满足本区域需求的同时绝不损害其他区域满足其需求的能力。我们之所以不能促进公众对可持续发展的兴趣，通常是由于国家内部和国家之间忽视经济和社会公正的结果。

三是要素维度的人地公平，即人与自然的公平。人地公平可产生代内关系效应，协调好人与自然的关系是实现代内公平的前提，可持续发展要求人类尊重自然、保护自然、回报自然，而不是一味地征服自然、索取自然、掠夺自然。人类要认识到人与自然的相互依赖性，并坚持与自然以一种健康的、具有支持力的、多样性的和可持续的状态协同共存①。

### （二）和谐性原则

和谐性是指要素之间的关系的协调性。可持续发展的战略旨在促进人类之间及人类与自然之间的和谐（世界环境与发展委员会，1997），从人与自然以及人与人关系上看，可持续发展的和谐性原则至少包括四个方面的内容。

一是促进人地关系和谐。人类是自然的产物，自然是人类的载体，人类社会与自然环境是生命共同体，人与自然关系和谐是人类在地球上可持续生存的前提。

---

① The Hannover Principles Design for Sustainability, Prepared for EXPO 2000

所谓人地关系和谐，就是要协调人类无限需求和地球有限供给之间的矛盾，实现人地公平，把人类的资源消耗和污染排放控制在地球这个生命保障系统的承载力内。

二是促进代内关系和谐。代内关系是决定社会系统结构与功能的“序参数”，社会公平是社会系统有序运行的保障，实现代内公平是协调代内关系和建设和谐社会的必由之路。所谓代内关系和谐，就是要协调不同阶层人群、不同地域群体、不同社会群体在需求满足、发展机会和消费水准等方面的利益关系，实现代内公平，使社会系统在和谐发展的轨道上前进。

三是促进区际关系和谐。区际关系是代内关系在空间上的表现，由于不同的利益集团和社会群体往往占据着不同的地域空间，代内关系通常要通过区际关系来表现，如发达国家与发展中国家的关系。所谓区际关系和谐，就是要协调不同区域之间的空间相互作用，妥善解决人口、资源、环境、经济和社会诸要素的跨界影响和“外部性”问题，实现区际公平，使所有的区域都能扬长避短，互补多赢。

四是促进代际关系和谐。代际关系是可持续发展概念与传统发展概念最本质的区别，代际关系和谐是可持续发展的内在要求。人类社会只有做到世代之间在机会选择和资源分配方面的公平，才有可能实现可持续的发展。所谓代际关系和谐，就是每一代人都要承担起后代子孙享有更好生活质量的道义上的责任，在考虑和安排自己的行动时，都能考虑到这一行动对其以后的三代人、五代人甚至七代人的生存和发展的影响，并能协调好人地关系和代内关系，实现代际公平。

（三）责任性原则

地球是人类的生命保障系统，而我们“只有一个地球”，每个人对这个生命共同体健康的维护都负有不可推卸的责任。《我们共同的未来》指出，人类面临的困境是人类“发展的失败和管理的失败”所致。可持续发展的目标是人，主体也是人，“解铃还需系铃人”，共同的挑战需要共同来应对；共同的责任需要共同来担负。可持续发展要求人类“负责任的生活”，主要包括三个方面的内容。

一是对生命共同体负责。可持续发展要求我们尊重和关心生命共同体，对现在的与将来的其他人和其他生命形式负起道义上的责任，做到自己的发展不以牺牲其他群体和后代人的利益为代价，实现不同社区和利益集团、穷人和富人、当代和后代公平地享有或负担资源利用和环境保护的收益或成本（IUCN et al.，1980）。这是总的要求，隐含代际伦理责任和自然伦理责任。

二是对后代子孙负责。代际关系是一种伦理关系，对后代子孙负责是一种道义上的责任。《世界自然宪章》指出，持续性是所有社会和经济发展的基本原则，后代的幸福是我们当代人的一份社会责任。如果忽视这种道德基础，当代人就可能毫无顾忌地为所欲为。因此，我们当代人要担负起地球“管理员”的职责：在环境和经济管理中兼顾当代和将来世世代代的利益[①]。这是可持续发展要求的代际伦理

---

① 关于环境和经济的曼尼托巴圆桌会议. 1994. http://www.iisd.org/sd/principle.asp? pid=13&display=1

责任。

三是对自然生态负责。人类的生产活动与生活活动都离不开自然生态,也都不可避免地要对自然生态产生影响,极小化这种影响,使人类系统与社会系统协同进化是人类道义上的责任。对自然生态负责其实也是对人类本身负责。在生产方面,例如,由于当前物种和栖息地的大规模的不可逆转的破坏,我们有责任给予世界自然环境和物种保护以最高的优先权(Beder,1993);在建筑方面,我们应承担起所做设计决定对人类福利、自然系统活力和人与自然共存权的影响的责任,把自然视为模范和良师,而不是视为逃避或控制的麻烦①。在消费方面,那些迎合全球消费主义的社会经济学家对于地球资源遭到的损害应负最主要的责任,我们必须建立一个适度消费和绿色消费的负责任的生活的消费者社会(艾伦·杜宁,1972)。

## 二、关于资源利用的原则

自然资源是人类生存与发展的物质基础,人类生产和生活都离不开资源的利用。可持续发展强调保持自然资源存量的恒定或稳定,资源利用要在环境影响可接受的前提下,做到最小化不可更新资源的破坏、不超过地球承载力的范围、减少社会能源的新陈代谢,促进从可选择的资源利用系统中得到长期的资产和财富(Schultink,1992)。具体而言,主要有持续性原则、限制性原则和多样性原则。

### (一)持续性原则

持续性是所有社会和经济发展的基本原则,也是代际公平与代际和谐的内在要求。从资源利用的角度来分析,持续性原则就是要保障资源的可持续生产、可持续供给和可持续利用。

一是保持生态过程的可持续性,保障资源的可持续生产。生态系统是生命保障系统,生态过程是环境生产力的塑造者。环境生产一方面为人类提供必需的生产资料和生活资料,具有资源生产能力;另一方面又为人类提供排放废弃物的“容器”,具有污染消纳能力。保持生态过程的可持续性,就是保持资源生产的可持续性。在这里,可持续性意味着资源、物种和污染等要素的稳定状态的维持(Opschoor and Reijnders,1991);意味着生态系统的生产潜力能够在具体的管理实践中持续下去(Garpenter,1995)。

二是保持资源存量的恒定性,保障资源的可持续供给。每一代人都必须拥有与其生存和发展相适应的资源存量,尽管资源具有替代性,但可持续发展要求每一代人要留给他们的下一代与其现在所拥有的至少是同样多的资源总量,这也是代际公平的第一要义。在这里,可持续性意味着人造资本替代自然资本后资本总量的恒定(Markandya and Pearce,1988)。因此,可持续发展要求人们根据可持续性的条件调整自己的生活方式,在生态可能的范围内确定自己的消耗标准(中国21

① The Hannover Principles Design for Sustainability Prepared for EXPO 2000

世纪议程管理中心,2004)。

三是拓展资源形式的可替代性,保障资源的可持续利用。人类生产和生活都不可避免地要消耗资源,但不能为了保持资源总量的恒定性而禁止使用自然资源。可持续发展经济学认为,自然资源和人造资源、可再生资源和不可再生资源之间都是可以替换的,资源替代是资源可持续利用的重要手段。一般而言,最初的资源替代是不可再生资源替代可再生资源,高级资源替代低级资源,随着以可再生资源为基础的经济和社会的形成,更多的是可再生资源替代不可再生资源,低能级资源替代高能级资源(滕藤和郑玉歆,2004)。

(二)限制性原则

"限制"是可持续发展的基本概念,从资源利用的角度来讲,限制性原则是对资源利用的速率和规模的限制,通过重复利用、循环利用和替代利用,延长资源使用的时间,增加资源供给的能力。从资源性质来划分,限制性原则主要包括两方面的内容。

一是对不可再生资源利用的限制。矿产是不可再生资源,可持续发展要求对存量矿藏的利用速率绝不要超过自然的非常缓慢的沉积过程(IUCN et al.,1991)。如果某种不可再生资源是可以替代的,那么可持续发展要求对该资源的持续利用量不能大于可再生资源在可持续利用的情况下对它的替代量(Daly,1992;Meadows,1992)。

二是对可再生资源利用的限制。生物资源、水资源和大气资源等都是可再生资源,可持续发展要求对可再生资源的持续利用率不能大于更新率。例如,一片森林,一定时期里的采伐量不能超过该时期里树木成长所形成的新的蓄积量。

(三)多样性原则

资源的类型多种多样,资源的功能多种多样,资源满足需求的形式也多种多样。从资源利用的角度讲,多样性原则是资源生产多样性、资源类型多样性和资源功能多样性的总称。

一是保障资源生产的多样性。自然资源,特别是可再生资源,都是环境生产的产物,正是生态系统的多样性决定了资源生产的多样性。但是,人类在资源开发、使用和消耗过程中,总是趋向于简化生态系统的完整性,增加生态系统的脆弱性,减少生态系统的稳定性,降低生态系统的资源生产能力和生态服务能力。因此,保护生物多样性就是保护资源生产的多样性,"保护和提高生物多样性"是可持续发展的一个基本原则(Robinson et al.,1990)。

二是保证资源类型的多样性。资源类型多样性是资源生产多样性的结果,人类在利用资源时,受生产技术和消费倾向的制约,总是有所选择的。可持续发展要求尽可能多地保持资源类型的多样性,增加资源利用的可选择性。例如,能源资源包括煤炭、石油、天然气、水能、太阳能、风能、核能和生物能等,人类不能等将煤炭资源消耗尽后再去利用其他的能源。

三是保持资源功能的多样性。资源的用途是多种多样的,例如,森林既具有生产功能，又具有生态功能；又如一块土地，既能营造森林，辟为草场，开辟农田，又能修建道路，办工厂，建城市。可持续发展要求在利用这些资源时，不能只取其一，而舍弃其余，要尽可能多地发挥资源功能的多样性，提高资源利用的综合效益。

## 三、关于环境生态的原则

《周易》曰："地势坤，君子以厚德载物"。生态环境是地球的生命保障系统，由于人类活动对生态环境的影响是逐渐的、滞后的和长期的，可持续发展强调预防人类活动对生态环境的影响，保护生态系统的完整性，修正生态系统的损伤，提高生态系统的承载力。因此，就环境生态而言，可持续发展的原则主要有预防性原则、完整性原则和修正性原则。

### （一）预防性原则

生态环境是精细平衡的，生态系统忍受人类活动的干扰和冲击是有限度的。可持续发展的预防性原则，就是要求人类在采取某项行动前，全面评估该项行动对生态系统的长期影响，通过政策决策和措施方法的预防来避免或最大限度地减少对生态系统的不利影响。

一是政策决策的预防。政策是行动的指南，因此政策决策的预防是一切预防的基础。可持续发展"要求我们防范、避免或减轻政策、项目和决策对环境（包括人类健康）和经济的重大的不利影响"①；"政策的制定应该慎之又慎，要把举证的责任放在技术和产业发展上，让它们来证明它们在生态上是可持续的"（Beder，1993）；人类应该追求"没有遗憾"的政策（Schmidheiny，1992）。通俗地讲，就是要通过法律法规来防患于未然，不要走"先污染、后治理"和"先破坏、后修补"的老路。

二是措施方法的预防。一旦决定采取某项行动后，在实施过程中还要及时采取措施来防止重大的、不可逆转的环境退化。我们对许多年以后社会所达到的状况很难有一个确切的了解，但是，这种科学上的不确定性不应该成为我们不采取预防措施的借口。为了保护环境，世界各国应该视其能力广泛采用预防方法，及时采用措施来防止环境退化②。

### （二）完整性原则

生态系统完整性是生态系统要素完整性、结构完整性和功能完整性的总和。生态系统的可持续性取决于其完整性，保持生态系统完整性是一个可持续发展的基本生态原则（Engels J R and Engels J G，1990）。

一是保持生态要素的完整性。系统要素越复杂，系统的稳定性和抗干扰性就越强。生物多样性是生态系统要素完整性的指征，保护生态系统、生物物种和遗传

---

① 关于环境和经济的曼尼托巴圆桌会议. 1994. http://www.iisd.org/sd/principle.asp?pid=13&display=1

② Agenda 21，Principle 15

基因等生物多样性是保护生态系统完整性的基础。

二是保持生态结构的完整性。生态系统的结构是其要素之间相互作用、相互依赖、相互影响所形成的组织结构，大气循环、水体循环和养分循环等基本生态过程的健康是生态系统结构完整性的指征。可持续发展要求“必须小心谨慎地管理土壤和营养的循环，以保持或提高生态系统的完整性”(Robinson et al.，1990)。

三是保持生态功能的完整性。结构决定功能，生态系统功能的完整性取决于生态结构的完整性，取决于基本生态过程的健康性，而生态承载力是生态系统功能完整性的重要指征。我们认为，生态承载力是资源生产力、环境纳污力和灾害破坏力的综合函数，保护生态系统功能的完整性，首先是限制，将人类的资源利用和污染排放控制在生态承载的能力范围内；其次是提高，通过技术发展提高资源利用率并减轻自然灾害的损失提高生态承载的能力。因此，可持续发展既要求依据环境承载力对物质资源的利用和废弃物的产出加以限制，也要求通过技术发展和精细管理来提高生态系统的承载力。

### (三)修正性原则

生态系统是一个有机系统，譬如人身，既要防病于未然，也要治病于既得，预防性原则与修正性原则双管齐下，相得益彰。所谓修正性原则，就是努力将受损的或退化的环境恢复到健康的和有益于使用的状态，主要包括两个方面的内容。

一是对生态系统的修复。人类不合理的土地利用方式破坏基本的生态过程和简化复杂的生态系统的结构，从而破坏生态系统的完整性和稳定性，降低其资源生产和生态服务的能力。例如，湖沼湿地的疏干、动物栖息地的毁坏、生物多样性的锐减、水土流失和荒漠化，等等。生态修复就是要通过修复生态系统的生态过程和生态结构进而恢复生态系统的功能。

二是对环境污染的治理。生态系统具有一定的纳污能力，但是存在限度，超过了限度就会破坏其稳定性与完整性。预防性原则可以减少环境污染，但不可能杜绝环境污染，可持续发展要求人类必须减少空气、水、土壤的污染和“废物流”(Robinson et al.，1990)，将排污量控制在污染物被循环、吸收或无害化处理的总量范围内(Daly，1992；Meadows，1992)。

## 四、关于经济发展的原则

经济是人类个体发展和社会整体进步的动力。可持续发展要求满足所有人的基本需求，提高人的生活质量，同时保护生命的自然基础，因此，就经济发展而言，可持续发展应该遵循增长性原则、质量性原则和高效性原则。

### (一)增长性原则

可持续发展理论不是“零增长”理论，相反认为经济增长是发展的重要组成部分。所谓增长性原则，就是把经济增长视为生态与社会可持续发展的驱动力，通过经济增长实现社会财富的增长和生活质量的提高。

一是社会财富的增长。可持续发展要求满足所有人的基本需求，并向所有人提供实现美好生活愿望的机会，因此，为了满足人类日益增长的物质文化需求，所有社会都必须努力扩大它们的财富规模。这里的财富可以理解为自然资本、人造资本和人力资本的总和。

二是人均福利的增长。可持续发展是以人为本的发展，强调经济发展的结果必须使人均福利与时俱增，换句话说，就是必须可持续地提高人类的生活水平，而这有赖于人类在保护自然资本和生物多样性基础之上的收入的可持续增长。

（二）质量性原则

可持续发展是有质量的发展，是人类福利在质量上的增加而不是资源产量在数量上的增长，这是可持续发展的一个关键目标（Beder，1993），也是可持续发展模式区别于传统发展模式的重要特征。所谓质量性原则，就是经济的发展既要能改善人类生活质量，又要能保护生命的自然基础。

一是能够改善人类的生活质量。国际环境组织认为，发展是一个能够促使人类认识潜能、建立自信、实现美满生活的过程，发展的真正目的是要改善人类的生活质量。“改善生活质量”，这是可持续发展的一个重要原则。所谓有质量的生活，包括长寿和健康的生活、教育、满足生活标准所需要的资源、政治自由、人权保障、远离暴力，等等。

二是能够保护生命的自然基础。可持续发展认为，经济系统和生态系统是相互兼容的，经济发展和环境保护不是彼此对立的，人类在发展经济的同时应该保护生命的自然基础，协调物质生产与环境生产之间的关系，建设一个生态上可持续的经济体系。

（三）效率性原则

经济发展既是一个投入—产出过程，也是一个成本—收益过程，经济效率事实上也是衡量发展质量的重要指标。所谓效率性原则，就是要极大限度地提高经济生产率和需求满足率。

一是经济生产的高效性。资源使用效率是经济生产效率的基础，在澳大利亚主流环境组织所提出的可持续发展原则中，资源使用效率被认为是制定经济政策的主要目标，因此，给环境价值和自然资源赋价也被认为是可持续发展的重要原则，其中自然资源的价格包括资源使用和提炼过程中的全部社会成本和环境成本（Beder，1993）。简单地说，就是必须将环境成本和社会成本计入生产成本。

二是需求满足的高效性。经济生产的效率不等于需求满足的效率，需求满足的效率除与经济生产的效率直接相关外，还与资源配置和社会公平有关。需求满足的高效性主要是根据人们基本需求得到满足的程度来衡量，因此是人类整体发展的综合、总体的高效（中国21世纪议程管理中心，2004）。

## 五、关于社会进步的原则

社会是人类发展的组织依托，社会进步是人类发展的终极目标。可持续发展的结果会促进人类社会和自然生态协同的进化，这种进化不是“物竞天择”的自然进化，而是人类调节的广义进化。就社会进化而言，可持续发展的原则主要有参与性原则和全球性原则。

### （一）参与性原则

人类共同的挑战，需要人类共同来面对。公众参与不仅是建设民主政治的重要途径，更是建设和谐社会的重要法宝。可持续发展的参与性原则主要包括两方面的内容。

一是社区参与决策。可持续发展要求有一个确保那些有影响力的居民参与决策的政治体系。澳大利亚主流环境组织将“社区参与”作为可持续发展的重要原则，认为“强有力的社区参与是促使当前社会向生态可持续社会平稳转型的极其重要的前提条件”(Beder，1993)。这是因为，个人与集体的大多数创造性和生产性的活动都发生在社区，而社区和居民小组为人们采取有益于社会的行动和表达他们的诉求提供了最便捷的方法，通过适当的委任、授权和告知，社区可以对影响他们的决策作出贡献，并在创建以安全为基础的可持续社会过程中发挥不可替代的作用(IUCN et al.，1991)。

二是公众参与行动。公众参与行动可分为三个层面：第一个层面是公众对环境宣传教育的参与；第二个层面是公众对环境的自觉友善行为；第三个层面是公众发挥广泛的民主监督作用，包括对破坏环境行为的监督和对环境执法的监督。早在1994年，加拿大《关于环境和经济的曼尼托巴圆桌会议》就提出“所有曼尼托巴人承担起维持环境和经济的责任，在决策和行动过程中，每个人都要本着以搭档和协作的精神负起责任来”①。这就要求公众分担责任，并参与到可持续发展的行动中。可持续发展的公众参与应该具有居民、社区、专家和技术团体的广泛代表性，确保能够获取形形色色的价值观的认知，并确保决策者参与到行动中，以保证决策与行动之间的紧密联系。

### （二）全球性原则

在全球化的今天，每个人都有两个国家，一个是自己的祖国，另一个就是人类共享的地球。地球是一个有机的整体，她的整体健康取决于她的部分健康。所谓全球性原则，就是要求所有政府部门用全球的思维来制定政策并采取行动，共同维护地球生命保障系统的可持续性。

一是“地方行动，全球考虑”。澳大利亚主流环境组织把“全球视野”作为可持

---

① 关于环境和经济的曼尼托巴圆桌会议. 1994. http://www.iisd.org/sd/principle.asp?pid=13&display=1

续发展的原则之一，指出政府不仅要关注臭氧层空洞这样的全球性环境问题，而且不能将环境破坏转嫁给其他国家。为此，他们又提出了“外部平衡”的原则，指出国家经济必须带来平衡，因为外部不平衡会导致自然资本耗竭和生态可持续经济损害的压力(Beder，1993)。国际环境组织也要求我们地方开始行动，负担起全球的责任，因为环境没有边界，省区与国家之间具有生态上的依存性。

二是“胸怀祖国，放眼世界”。国际环境组织指出：“现在没有一个国家是自给自足的。如果我们要达到全球的可持续性，必须在各国建立一个坚实的联盟。世界的发展水平参差不齐，必须帮助低收入国家可持续地发展并保护他们的环境。全球的和共享的资源，特别是大气、海洋和共享的生态系统，只有建立在共同目标和共同决心的基础上才有可能管理好。关怀地球的伦理在国际、国家和个人的尺度上都适用。坚持可持续性，所有国家都能从中获益，否则，所有国家都将会受到威胁”(IUCN et al.，1991)。

## 本章小结

20世纪中叶以来，随着科学技术的突飞猛进和社会生产力的极大提高，人口剧增、资源消耗、环境污染、生态破坏和南北差距扩大等问题日益突出，引发了人们对传统发展模式的反思和对未来发展模式的探索。可持续发展思想就是在这种背景下应运而生的。《寂静的春天》标志着可持续发展思想的萌芽，《我们共同的未来》标志着可持续发展思想的成熟，《21世纪议程》标志着可持续发展思想从理论走向实践，《可持续发展执行计划》标志着对全球可持续发展实践的评估。

可持续发展是一个复杂的巨系统。要了解可持续发展的基本内涵，必须从可持续发展系统的要素来考虑，从人口、资源、环境、经济和社会等要素的发展过程和发展结果来把握。可持续发展是一种全新的发展理念，是一条崭新的发展道路，是一个创新的发展模式。生态完整、经济发展、社会进步是可持续发展缺一不可的三大目标。

可持续发展定义中的核心概念是需求、限制、发展以及生物多样性、生态完整性、可持续性。可持续发展战略的实施，在时间尺度上以“代”为单位，一般为3～5代，即50100年，空间尺度则视区域大小而定，可以是全球的、区域的(超国家的)、国家的和地方的。

可持续发展原则是一个比可持续发展定义更加丰富的概念，国际学术界并没有就可持续发展的原则达成共识。根据可持续发展系统的要素来分析，可持续发展实践需要遵循人类主体、资源利用、环境生态、经济发展和社会进步等方面的诸多原则。公平性、和谐性、责任心是人类主体的原则，持续性、限制性、多样性是资源利用的原则，预防性、完整性、修正性是环境生态的原则，增长性、质量性、效率性是经济发展的原则，参与性、全球性是社会进步的原则。

## 思 考 题

1. 可持续发展思想形成的全球背景。
2. 可持续发展思想发展的重要里程碑。
3. 可持续发展的内涵与实质。
4. 可持续发展的核心概念。
5. 可持续发展的基本原则。
6. 全球人口、资源、经济、环境方面的最新变化。

# 第二章　可持续发展系统

**本章导读**

系统论是科学研究的重要方法论。大家知道，系统的基本单元是要素，要素组成结构，结构决定功能。上一章在介绍可持续发展定义和原则时，曾经多次提到"可持续发展系统"的概念，并且提到可持续发展系统是一个复杂的巨系统。

那么，什么是可持续发展系统?它的复杂性和巨大性表现在哪些方面?换句话说，可持续发展系统的要素有哪些?这些要素相互联系、相互影响形成了怎样的结构?这些结构又是如何决定它们的功能?下面本章将从要素、结构和功能三个方面来剖析可持续发展系统。

- 可持续发展系统的要素
- 可持续发展系统的结构
- 可持续发展系统的功能

## 第一节　可持续发展系统的要素

人口、资源、环境、经济和社会是可持续发展系统的五要素，实质上也是可持续发展系统的五个子系统。如果将资源、环境两要素合并为生态要素，将人口要素融入经济、社会要素之中，这五个要素又可以综合成生态、经济和社会三个子系统；如果将经济、社会子系统整合为人类系统，则可持续发展系统还可以分为人类系统和生态系统两个子系统。

### 一、人　　口

可持续发展是以人为本的发展，人既是可持续发展的主体，也是可持续发展的归宿。人口要素是可持续发展系统中起"序参数"作用的智力支持系统。

#### (一)人口的概念

(1)人口的定义。人口是个集合概念。《辞海》认为："人口是居住在地球上或某个地区的人的总和，是一切社会存在和发展的必要前提，人口的生产受社会生产方式及人们的生活方式制约。"人口生活在特定社会、特定地域，具有一定数量和质量，并在自然环境和社会环境中同各种自然因素组成复杂的关系(钱易和唐孝炎，2000)。

(2)人口的特性。人作为社会经济活动的主体，既是可持续发展的目的，又是可持续发展的动力。人口规模、人口结构、人口素质以及人口分布等都是人口的特性。适度的人口规模、优良的人口素质、合理的人口结构，有利于人口与资源、环境、经济和社会的协调发展，从而推动可持续发展；而人口规模过大，人口素质不高，则会成为可持续发展的障碍（赵丽芬和江勇，2001）。

（二）人口要素

(1)人口规模。人口规模即人口总数，是指在一定时间点上一个国家或地区有生命的个人的总和。它是人口基数和人口增长率的函数。适应可持续发展要求的人口规模，一方面不应该成为经济发展和人们生活质量提高的障碍；另一方面也不应该对资源和环境造成不可克服的压力。

人口容量是指一定自然资源及经济社会条件下，一个国家或地区所能容纳的最高人口数量。人口容量的大小与环境承载力的大小有直接的关系，所以也称人口承载量。在一定时空范围内，当人口规模大于人口容量时，就会出现人口压力，对资源、环境构成威胁；当人口规模小于人口容量时，一般不会出现人口压力，人口与资源、环境的协调就具备了先天基础。当然，这并不意味着人口规模越小越好，可持续发展系统要求的是适度人口规模。

人口增长是人类自身生产的结果。人口增长是指数增长，人类需求的增长也是指数增长，这是人口压力产生的真正根源。当每个人的消费标准给定以后，人类总的需求就与人口规模成正比。过快的人口增长导致人口规模的膨胀，从而导致地球上自然资源的迅速耗竭。中国古代《韩非子》就指出："今人有五子不为多，子又有五子，大父未死而有二十五孙。是以人民众而货财寡，事力劳而供养薄。"

(2)人口质量。人口质量又称人口素质，是人口思想素质、身体素质和文化素质的总和。人口的思想素质是指人的思想道德水平，可从社会号召力、凝聚力和社会活力中体现出来；人口的身体素质是指人的健康体能水平，可由运动能力、发育状况、疾病状况、死亡率和出生预期寿命等反映出来；人口文化素质是指人的文化知识水平，可通过高等教育人口比重、在校大学生人口比重、人口文化水平构成、文盲率、科研人员比重、专业技术人员比重、技工的技术等级构成、社会管理水平和生产管理水平以及劳动者的创造性能力等来衡量（北京科学技术委员会，1997）。身体素质是人口素质的自然属性，思想素质和文化素质是人口素质的社会属性。

(3)人口结构。人口结构又称人口构成，是国家或地区在一定年度内的人口构成状况，或各特征人口数占人口总数的比例。人口结构可分为人口的自然结构、经济结构、社会结构、质量结构和地域结构五大类，每个大类又包含不同的小类。人口的自然结构包括人种、性别、年龄三种结构；人口的经济结构包括人口的产业、行业、职业、收入分配和消费类型等结构；人口的社会结构包括人口的阶级、民族、宗教、语言和婚姻家庭结构；人口的地域结构包括自然地域结构、行政地域结构、城乡结构；人口的质量结构包括人口的身体素质结构和文化结构（刘长茂，1991）。人口结构具有相对稳定性，是制定经济长期发展规划的重要条件。人口结构受经济发展的影响，反过来又影响经济的发展。

（4）人的观念。人的观念是人的思想素质的重要组成部分，在可持续发展系统里，有特别重要的意义。观念是人类对待自然与社会各类事物的总的态度和情感，与人的世界观、人生观、价值观密不可分。人的行动受人的观念支配，观念的改变至关重要。可持续发展要求我们改变传统的人生观、世界观、价值观，形成有利于可持续发展的生产观和发展观，其中最关键的是要改变传统的自然观和消费观，因为自然观决定我们对于自然的态度，消费观决定我们对于资源的需求。当前人类面临的危机，从根本上说是一场意识危机，因为问题的根源在于我们的思想、我们的态度和我们的价值观。

## 二、资　　源

这里所说的资源仅指自然资源。自然资源是人类生产、生活的来源和生存、发展的依靠，可持续发展定义中的核心概念“需求”和“限制”主要是针对资源而言的，资源要素是可持续发展系统的基础支持系统。

### （一）资源概念

（1）资源的定义。《辞海》认为：“资源是资财的来源，一国或一定地区内拥有的财力、物力、人力等物质要素的总称。资源分为自然资源和社会资源两大类。”资源概念是一个历史范畴，随着科学水平的提高、生产技术的进步和经济社会的发展，先前尚不知其用途或未被利用的物质要素，逐渐被人类开发利用，从而成为新的资源。对于自然资源，《大不列颠百科全书》的定义是：“人类可以利用的自然生成物以及生成这些成分的环境功能。前者包括土地、水、大气、岩石、矿物及其群集——森林、草地、矿产和海洋等，后者则指太阳能、生态系统的环境机能、地球物理化学的循环机能。”联合国环境规划署的定义是：“在一定时间、地点的条件下，能够产生经济价值的、以提高人类当前和将来福利的自然环境因素和条件的总称。”简言之，自然资源是指在一定经济技术条件下，自然界中对人类有用的一切物质和能量（包浩生，1993）。

（2）资源的分类。根据根本属性，可将资源分为自然资源和社会资源（或人文资源）（图 2.1）；根据空间分布，可将资源分为遍在性资源和局地性资源。在可持续发展系统里，由于资源要素仅指自然资源，其资源分类实际上只是对自然资源的分类。地理学根据自然资源的形成条件、组合状况、分布规律及其与地理环境各圈层的关系，将自然资源分为土地资源、水资源、气候资源、生物资源和矿产资源等五大类。经济学根据自然资源在使用过程中质和量的改变程度，以及它们的生产性和效用性，将自然资源分为可再生资源（或可更新资源）和不可再生资源（或不可更

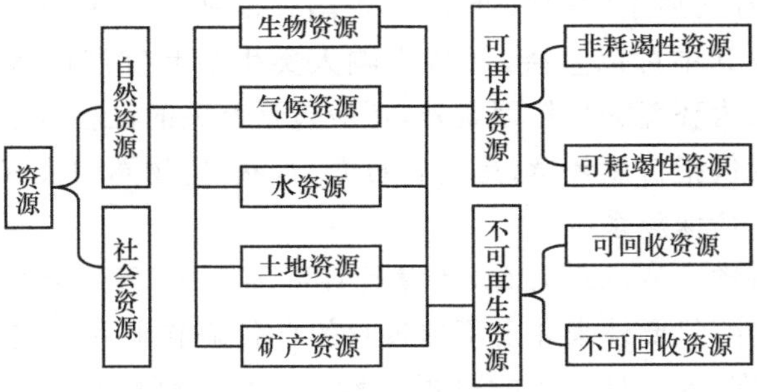


图 2.1 可持续发展系统里的资源分类

新资源)两大类。水资源、气候资源、生物资源属于可再生资源,矿产资源属于不可再生资源,土地资源从其可更新的本质看应属于可再生资源,但由于其更新速度过于缓慢,大多归到不可再生资源。进一步划分,可再生资源又可分为可耗竭性资源(如土地资源、生物资源)和不可耗竭性资源(大气资源、水资源等),不可再生资源又可分为可回收资源(如矿产资源)和不可回收资源(如能源资源)。

(二)资源要素

(1)可再生资源。可再生资源又称可更新资源。《辞海》认为:"可更新资源是通过天然作用或人工经营,能为人类反复利用的各种自然资源。如生物、水、土壤等资源,是人类生活和生产的物质基础。"《中国大百科全书》将其定义为:"可再生资源是通过天然作用或人工经营能为人类反复利用的各种自然资源,主要是土地资源、水资源、气候资源、生物资源等。"可再生资源最大的特性是能够自己生产自己,或者自己繁殖自己,循环往复,无穷无尽。在资源经济学里,可再生资源又称流动性资源。

(2)不可再生资源。不可再生资源又称不可更新资源。《辞海》认为:"不可再生资源是经人类开发利用后,在相当长的时期内不可能再生的自然资源。主要指各种金属和非金属矿物、化石燃料等需经过漫长的地质年代才能形成的资源。"《中国大百科全书》将其定义为:"不可再生资源是人类开发利用后,在现阶段不可能再生的自然资源。主要指经过漫长的地质年代形成的矿产资源,有人认为需要漫长岁月才能形成的土壤也属于不可再生资源。"不可再生资源最大的特性是不具备自我繁殖能力,如果连续使用,在地壳内的储存就会逐步减少,乃至完全耗竭。在资源经济学里,不可再生资源又称储存性资源。

## 三、环　境

可持续发展系统里的"环境"特指自然的生态环境。生态环境是一切生命形式的载体,在可持续发展系统里,环境要素起着生命保障系统的作用。

(一)环境概念

(1)环境的定义。《辞海》认为:"环境是围绕着人类的外部世界,是人类赖以生存和发展的社会和物质条件的综合体。"《中国大百科全书》将其定义为:"环境是围绕着人群空间,及其中可以直接、间接影响人类生活和发展的各种自然因素的总体,但也有些人认为环境除自然因素外,还应包括有关的社会因素。"在可持续发展系统里,环境要素仅指自然环境,是由岩石圈、水圈、生物圈和大气圈构成的生态环境,它是地球的生命保障系统。

(2)环境的特性。从承载力看,环境具有可再生性、可修复性和递增性。生态系统具有抗干扰性,只要外来冲击不超过它的自我调节能力,生态系统就能保持其结构和功能的稳定,这就是环境的可再生性。环境的可修复性源于生态系统的稳定性,生态系统的稳定性是附属于组成生态系统的种群受到干扰后回到某种平衡态的倾向,稳定性越好,回到平衡态的倾向越强,反之亦然。环境承载力不是固定不变的,人类通过生态环境建设和资源结构升级来提高环境承载力(滕藤和郑玉歆,2004)。

(二)环境要素

(1)环境系统。环境系统又称生态系统,系统中水、大气、生物和土壤等环境成分相互联系、相互依赖,形成多种多样的环境结构,如圈层性、地带性、节律性和等级性等,不同的环境结构承担不同的职能和作用,如为人类及其他生物提供栖息地、生产资源、消纳废物。

(2)环境质量。环境质量即环境素质的优劣程度,是指环境总体或环境成分对人类生存、繁衍和社会经济发展的适宜程度,它是人类根据自己的价值取向对环境整体或部分功能的评价。一般包括对大气质量、水体质量和生态环境质量的评价。

(3)环境价值。这是一个与环境伦理和环境功能有关的概念。环境伦理学认为,环境具有工具性价值和内在性价值。所谓工具性价值,是指环境能被人类用来实现其目的的手段和工具,即对人类的有用性;所谓内在性价值,是指环境与生俱来的固有的功能,即存在的价值。奥尼尔在《内在价值的种类》一文中指出:内在价值可以理解为是工具性价值的对立物;可以指自然事物的内在属性和结构;可以指不依赖于评价者评价的客观价值(朱坦,2001)。

(4)环境承载力。承载力概念源于生态学,最初用以衡量特定区域在特定环境条件下可维持某一物种的最大种群数量。《辞海》所下的定义是:"环境承载力是指在一定生活水平和环境质量要求下,特定区域环境所能承载的最大人口数量,或者说所能容纳的经济增长和社会发展的限度。"我们认为,环境承载力是对环境生产力的综合衡量,而环境生产力是资源生产力、污染消纳力、灾害破坏力的总和。资源生产力是指特定区域环境的资源供给能力,包括资源的赋存规模和更新能力;污染消纳力是指特定区域环境消纳污染的能力,又称环境自净能力或环境容量,即对污染物的容许承受量或负荷量;灾害破坏力是自然灾害对资源生产力和环境纳污力的损失和抵消。在区域环境系统内,资源生产力越高,环境纳污力越强,灾害破坏力越弱,环境承载力也就越高。

## 四、经　　济

经济是人类满足需求实现美好生活的手段。在可持续发展系统里，经济要素起着动力支持系统的作用。

### （一）经济概念

（1）经济的定义。“经济”术语源于希腊语，意为“管理一个家庭的人”。我国在4世纪初开始使用“经济”一词，它是经邦济世、经世济民等词的简化。经济学界对于“经济”的解释多种多样，但在可持续发展系统里，“经济”是与资源利用和物质生产紧密联系的一个概念，我们综合西方经济学的有关解释，将经济定义为：经济是为了满足人类的需求，人类社会有选择地使用自然界和前辈所提供的稀缺资源，生产有价值的商品（包括物品和服务）并将它们分配给不同的个人，力求以最小的耗费取得最大的效益的物质资料的生产、交换、分配和消费过程。

（2）经济的特性。一是基础性，经济是政治、法律、哲学、宗教、文学和艺术等上层建筑赖以建立的基础。二是竞争性，自然资源是稀缺的，经济是把稀缺资源配置到各种不同的相互竞争的用途和需求上，并使它们得到最大满足。三是节约性，经济是人们生产和生活过程中人、财、物和时间等资源的节约和有效利用。四是财富性，经济是国家、企业、个人财富的度量，如国民生产总值、社会总产值、企业的成本与效益、个人的收入与支出等。

### （二）经济要素

（1）农业。农业是以有生命的动植物为主要劳动对象，以土地为基本生产资料，依靠生物的生长发育来取得动植物产品的社会最基本的物质生产部门。农业为人们提供粮食、副食品和工业原料，是人类衣食之源和生存之本。狭义的农业仅指种植业或农作物栽培业；广义的农业包括种植业、林业、畜牧业、副业和渔业。在可持续发展系统里，农业是广义的农业。农业的特点是：经济再生产与自然再生产交织，具有强烈季节性和地域性；生产时间与劳动时间不一致；生产周期长，资金周转慢；产品大多不便运输和储藏，单位产品价值较低。

（2）工业。工业是采掘自然物质资源和对生产原材料进行加工或再加工的社会物质生产部门。工业为国民经济各部门提供原材料、燃料和动力，为人民物质文化生活提供工业消费品，是国家经济自主、政治独立、国防现代化的根本保证。工业可分为采掘工业和加工工业，又可分为重工业和轻工业。工业生产的特点是消耗自然资源，排放废弃物，因此，“清洁生产”是工业可持续发展的努力方向。

（3）服务业。服务业是为社会生活和生产服务、拥有一定设施、设备或工具、提供劳务的国民经济部门，有服务产业和服务事业之分。以增值为目的提供服务产品的生产部门和企业集合叫服务产业；以满足社会公共需要提供服务产品的政府行为集合叫服务事业。在我国现行国民经济行业分类中，除农业、工业和建筑业等实物生产部门之外的所有产业部门都归属服务业，包括交通运输、仓储和邮政业、信息传输、计算机服务和软件业、批发和零售业、住宿和餐饮业、金融业、房地产业、租赁和商务服务业、科学研究、技术服务和地质勘察业、水利、环境和公共设施管理业、居民服务和其他服务业、教育、卫生、社会保障和社会福利业、文化、体育和娱乐业、公共管理和社会组织、国际组织等15个部门。服务业生产的是服务产品,服务产品具有非实物性、不可储存性和生产与消费同时性等特征。

## 五、社　　会

社会是人类生活的共同体,社会制度、科学技术、文化特质是社会系统中的关键要素。在可持续发展系统里,社会要素起着组织支持系统的作用。

### (一)社会概念

(1)社会的定义。"社会"一词源于拉丁语,意为"伙伴"。在中国古代,"社"是土地神,"社会"就是祭祀时的集会。在可持续发展系统里,社会特指人类社会,是人类生活的共同体。在共同体内部,各成员之间联系紧密,具有比较复杂的组织结构、相对集中的价值取向、共同认同的文化特征、比较健全的职能分工。社会具有整合个体,形成合力的整合功能;保持交往,发展关系的交流功能;规范行为,调节秩序的导向功能;继承传统,开启未来的承启功能。

(2)社会的特性。一是组织性,社会是具有独特文化特质和价值取向的人群相互联系构成的一个组织系统。二是生产性,生产活动是一切社会活动的基础,任何社会的生存和发展都离不开生产活动。三是区域性,任何社会都占据一定的空间范围,有明确的区域界限。四是动态性,像自然界有自然规律一样,人类社会也有社会规律,也是不断发展变化的。五是调节性,社会系统和自然系统一样具有稳定性和抗干扰性,更为重要的是,社会系统还具有主动性和创造性,能自觉调整自身与环境的关系。

### (二)社会要素

(1)社会制度。制度是要求大家共同遵守的办事规程或行动准则。美国经济学家道格拉斯·诺斯(1994)认为:"制度是个社会的游戏规则,更规范的讲,它们是为人们的相互关系而人为设定的一些制约。制度构造了人们在政治、社会或经济方面发生交换的激励结构。"制度并不总是有效率的,有效率的制度一是能够使每个社会成员从事生产性活动的成果得到有效保护,从而使他们获得一种努力从事生产活动的激励;二是能够给每个社会成员发挥其才能的最充分的自由,从而使整个社会的生产潜力得到最充分的发挥。制度包括正式规则、非正式规则和这些规则的执行机制三种类型。正式规则又称正式制度,是指政府、国家或统治者等按照一定目的和程序有意识创造的一系列法律法规,以及由这些规则构成的社会等级结构,它们共同构成人们行为的激励和约束;非正式规则是人们在长期实践中无意识形成的,具有持久的生命力,并构成世代相传文化的一部分,包括价值信念、伦理规范、道德观念、风俗习惯及意识形态等;实施机制是为了确保正式和非正式规则得以执行的相关制度安排,它是制度安排中的关键一环。这三部分构成完整的制度内涵,是一个不可分割的整体。可持续发展系统要求人类社会建立导向可持续发展的制度框架。2002 年 9 月在约翰内斯堡世界可持续发展首脑会议上,联合国秘书长安南强调:“地方、国家和国际各个层次上有效的可持续发展制度构架,是全面执行《21 世纪议程》的关键”。

(2)科学技术。科学技术是物质生产发展程度的表征尺度。在可持续发展系统里,科学技术对人口、资源、环境和经济诸要素都起着不可或缺的作用。关于人类和地球行星未来的争论,有很多是关于科学技术的。对于技术解决人类困境的前途,有三种不同的观点:一是技术悲观主义。把人类困境的出现归罪于科学技术的高度发达和应用,认为科学技术是全球性问题的罪魁祸首,并且导致社会和人的异化(滕藤和郑玉歆,2004)。二是技术乐观主义。把科学技术当救星,相信现代科学技术可以解决人类在资源、环境方面所面临的一切困境,不承认人类发展的极限。三是技术修正主义。认为技术进步只能解决局部的问题,不能解决所有的问题,而且任何新技术都有副作用,例如,在技术上“要消灭一切污染是不可能的”(丹尼斯·米都斯等,1997)。还有,技术上的解决办法主要考虑自然科学技巧的变革,而不考虑人类价值和道德观念的变革,因此,技术进步既不可能克服社会关系中的各种矛盾,也不可能克服制度内部固有的矛盾。可持续发展要求正确看待科学技术的作用。

(3)文化特质。文化特质是社会意识的细胞。《辞海》认为:“文化广义上是指人类在社会实践过程中所获得的物质、精神的生产能力和创造的物质、精神财富的总和;狭义上是指精神生产能力和精神产品,包括一切社会意识形态、自然科学、技术科学和社会意识形态。”文化特质是一种文化的基本特征和最小分析单位。它可以是物质的,也可以是非物质的或抽象的。每一文化特质都有其特殊的意义、历史或社会背景以及在整个文化系统中的功能。对文化特质的研究有助于理解一个群体或社会文化。在可持续发展系统里,人与自然关系认识的文化特质有特别重要的意义。

文化可分为物质文化、制度文化和精神文化三种类型。在可持续发展系统的社会要素里,文化仅指精神文化,它是一定社会的政治和经济的反映,同时对一定社会的政治和经济施加巨大影响。文化是一种历史现象,文化的发展具有继承性;文化是一种意识形态,文化的功能具有阶级性;文化由不同的人类集团创造,文化的主体具有民族性;文化的内容与形式丰富多彩,文化的表现具有多样性;文化总是一定空间上的人类集团的精神财富,文化的分布具有地域性。

## 第二节 可持续发展系统的结构

系统结构是系统要素的组织关系,要素之间相互联系、相互影响形成系统的结构,因此,要素关系是系统结构的纽带。可持续发展系统的结构是由可持续发展的基本关系构成的层次结构。

## 一、可持续发展系统的基本关系

可持续发展是一条一直到遥远的未来都能支持全球人类进步的新的发展道路，协调人类之间以及人类与自然之间的关系是可持续发展战略的最高宗旨（世界环境与发展委员会，1997）。人类与自然之间的关系即人地关系，是社会系统和自然系统的相互作用；人类之间的关系是社会系统内部的关系，包括每一代人内部的代内关系和各代人之间的代际关系，其中代内关系往往表现为区域人类集团间物质、能量、信息的交流，因而大多表现为区际关系。

### （一）人地关系

#### 1. 人地关系运行机制

（1）人对地的作用。人对地的作用是人类系统通过各种社会经济活动对自然系统施加的影响，可分为三个层次。

第一个层次是对自然资源（主要是可再生资源）的直接利用。直接利用不改变资源性状和结构，是人类社会初期对自然环境的主要作用方式，如采集、狩猎野生动植物资源，选择天然建筑材料构木为巢，选择天然山洞穴居野处等。在人口十分稀少的采狩经济时代，资源的直接利用保持在再生能力内，并不构成自然系统的威胁；只有到农业经济时代和工业经济时代，由于生产技术提高、人口激增，资源的直接利用才开始对自然系统构成危害。

第二个层次是对自然资源（主要是不可再生资源）的改造利用。改造利用一般要改变资源性状和结构，对人类进步作用很大，但容易造成自然系统的破坏。如矿产资源开发对人类进步产生强大推动作用，但又造成岩石裸露、泥沙淤积、水土污染和环境疾病等危害；土地资源开发促进农业区域、城市聚落、交通网络等人文景观的形成，但同时造成生物多样性锐减、水土流失和土地荒漠化等环境问题。

第三个层次是对自然环境和自然规律的适应。人类对不能直接利用和改造利用的自然系统要素和自然规律往往表现出自觉或不自觉的顺从与适应，如适应不同自然条件形成不同生产方式，适应季节变化发展季节农业。适应本身对自然系统并不构成危害，但适应往往和利用、改造密不可分。人所具有的利用、改造、适应作用，是“改造论”、“适应论”等人地关系理论的实践基础。

（2）地对人的作用。地对人的作用是自然系统对人类系统的影响。过去普遍认为自然系统是一个被动的实体，只有当人类作用它时，它才反作用于人而表现出反馈作用。今天看来，其实不然，自然系统也是具有能动性的，无论人类利用、改造、适应它否，它都会按照自己的运行规律影响生活在其上的人类，如地震、火山爆发等。因此，自然系统对人类系统的影响除反馈作用外，还有不以人的意志为转移的固有影响。固有影响是“地理环境决定论”产生的根源；反馈作用则是“人地关系协调论”生发的土壤。

自然系统的反馈往往滞后于人类系统施加的影响，且一般具有消极破坏作用。“我们不要过分陶醉于我们对自然界的胜利，对于这样的胜利，自然界都报复了我们。每一次胜利，在第一步都确实取得了我们预期的结果，但是在第二步和第三步却有了完全不同的、出乎预料的影响，常常又把第一个结果取消了”（恩格斯，1972）。恩格斯这段话可以说是对自然系统反馈作用的精辟论述。

地对人的作用方式有“渐变”和“突变”两种。渐变方式一般表现自然系统固有的宏观影响和对人类积渐行为的反馈，前者如地方病区域的形成，后者如土地荒漠化下社会经济的衰退。突变方式一般表现自然系统固有的中观或微观影响，如地震、台风等自然灾害，反馈作用则较少以突变方式表现。

**2. 人地关系一般类型**

(1)自然主宰型。自然主宰型指自然力在人地关系矛盾中占据极重要地位而成为矛盾主要方面的人地关系类型，仅存在于人类文明历史早期的采狩经济时代和农业经济时代初期。该阶段人类在自然面前显得相当渺小，人地相互作用的规模和强度也较小，自然是人类敬畏和学习的对象（黄鼎成等，1997），人与自然保持一种低层次的和谐关系，他们对自然生生不息的循环不造成任何持久的损害。“地理环境决定论”和“天人合一”思想是该阶段主要的人地关系思想。

(2)人类主宰型。人类主宰型指生产力在人地关系矛盾中占据极重要地位而成为矛盾主要方面的人地关系类型，存在于农业经济时代中后期和工业经济时代。该阶段人类利用、改造、适应、认识自然的能力大大提高，人地相互作用的规模和强度逐步加大，自然逐步成为人类征服、抗拒和破坏的对象，同时人类也遭受自然强大的反馈和报复的痛苦。“人定胜天”的“生产力决定论”和“人能胜天，天亦胜人”的“或然论”思想是该阶段的主要人地关系思想。

(3)人地协调型。人地协调型指生产力与自然力在人地关系矛盾中相互协调、动态优化的人地关系类型，是最近几十年来的后工业经济时代和正在迈入的知识经济时代所要求的人地关系类型。该阶段人类日益强烈地感觉到，人类活动对自然系统的破坏越来越严重地威胁人类未来的生存和发展，呼吁人类摆正自然的位置，人类活动不要突破生物圈的承受能力，把自然视为调适的对象，使“人类事物同自然规律相协调”（世界环境与发展委员会，1997），走人与自然关系协调的可持续发展之路。“协调论”与“和谐论”的人地关系思想赋予古老的人地关系以崭新的历史意义。

**3. 人地关系协调原则**

(1)地球伦理原则。从自然系统演变过程看，人是自然的产物，“我们连同我们的肉、血和头脑都是属于自然界，存在于自然界的”；但人又是能动的，“能够认识和正确运用自然规律”（恩格斯，1972）。这一特点决定人对自然负有道德责任，人地关系协调有赖于建立“全球性伦理道德”（世界环境与发展委员会，1997）。人类属于自然的一部分，人类与所有其他物种一样，是永恒生态规律的对象，与自然协调一致的生活是赋予人类开发创造力和休息、娱乐的最佳机遇；人类文明根源于自然，人类文化必须建筑在对自然的极度尊重上，人类事物必须在与自然的和谐平衡中进行(王伟等，1995)。

(2)限制消费原则。消费方式、人口增长、技术变化是造成地球生态系统迅速变化的三大因素。人类的可持续发展“需要一种能够创造舒适的、非消费的、对人类可行的、对生物圈又没有危害的，把技术变化和价值观变革相结合的生活方式”。人类如果不从物质消费转向非物质消费，即使在稳定人口数量和使用清洁高效技术方面取得巨大成就，人类需求仍会超过地球自然系统的承载极限(Durning，1992)。可持续发展要求把人类满足需求的消费标准限制在生态可能的范围内，并使所有人都有机会能够合理地向往这样的标准。

(3)提高潜力原则。人口增长和技术变化是影响人地关系的重要参数。人口增长意味着人类需要向地球索取更多的资源，在人口不断增长的情况下，要使人类的生活标准和福利水平持续发展，除改变消费观念与消费方式外，还必须促进技术进步，以提高资源的利用率和生态系统的生产潜力。技术是人地相互作用的中介，也是人类提高生产潜力的保障。可持续发展要求人类进行知识积累和技术开发，利用知识进步加强资源基础的负荷能力，扩大可利用资源的范围，提高自然系统的生产潜力，把自然资源的效用和生产率提高到最大限度；同时限制人口增长，控制人口增长对资源的影响，使人口数量和增长率与不断变化的生态系统的生产潜力相协调。例如，农业过程中的水资源利用，缺水地区的灌溉工程要最大限度地提高单位体积水的生产率，水量充足地区要最大限度地提高单位面积土地的生产率。

(4)减少破坏原则。从人类价值观看，人地相互作用会得到良好和不良两种产出。良好产出对人类进步具有促进作用，是人类期望得到的结果；不良产出对人类进步具有阻抑作用，如环境污染、生态灾害，这些都是人类不希望得到的结果。从生态经济学看，不良产出是“负值”，良好产出是“正值”，两者具有抵消作用。可持续发展系统要求“减负加正”，使良好产出最大限度地大，不良产出最大限度地小，达到人地关系地域系统整体效益的最佳。“加正”是指提高自然系统的生产潜力和人类系统的智慧潜力，“减负”则是把人类活动对自然生态系统(大气、水、土壤、生物等自然因素)的不利影响以及自然生态系统对人类活动的不良反馈减少到最低程度。例如，工业过程要“更有效地利用资源，更少地产生污染和废物，更立足于可再生资源而不是不可再生资源，最大限度地减少对人体健康和环境的不可逆转的影响”(世界环境与发展委员会，1997)。

图 2.2 是可持续发展系统人地关系协调模式图。在该模式中，人类系统由人口、经济、社会子系统组成，自然系统由资源、环境子系统组成，人口、资源、环境、经济和社会是可持续发展系统的五要素(刘传祥等，1996)。人类系统和自然系统相互作用构成人地相关系统，人地相互作用后得到良好和不良两种产出，人类通过投入可控资源(良好产出)，治理环境污染与环境灾害，使不良产出减少到最低程度；

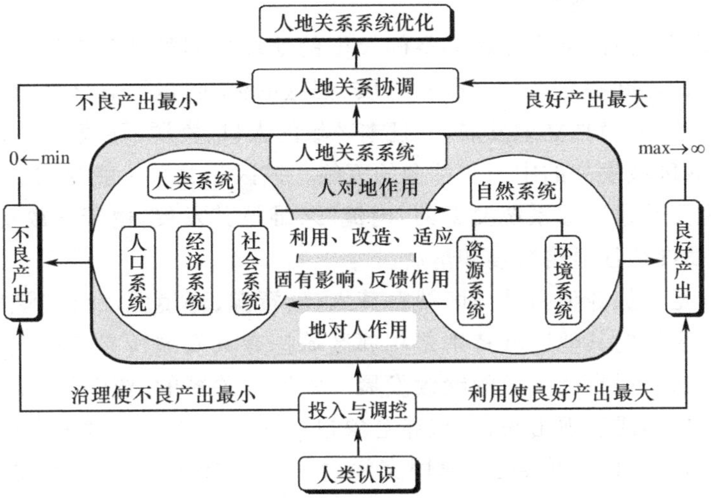


图 2.2 可持续发展系统人地关系协调模式图

通过发展战略选择，对人地系统进行调控，提高资源生产率，使良好产出提高到最大限度，最终实现人地关系的协调和人地关系系统的优化。

(二)区际关系

**1.区际关系运行机制**

(1)空间相互作用。地球表面物质分布的不均衡导致空间发展历史的不同步，这种不均衡和不同步共同作用形成地理空间的区域性。区域是内部具有均质性和内聚性的地理空间(陈传康，1990)。无论何种空间尺度的区域，在相异性和不均衡性作用下，区域间总会形成物质、能量和信息等空间梯度，并在梯度力作用下产生空间相互作用。空间相互作用是通过物质、能量和信息等有形或无形的“流”来实现的，“流”是区域联系的纽带和区域平衡的杠杆。在可持续发展系统里，区际关系就是区域间人口、资源、环境、经济和社会等要素的传递和流转(刘盛佳，1995)。因此，区际关系的空间相互作用机制，本质上也就是空间“流”的机制。

(2)空间协调互补。从系统论讲，区域是自然-经济-社会的复合系统，区际关系是人地关系地域系统之间的关系，包括区域自然系统间和区域人类系统间的关系。但是，区域自然系统的空间相互作用是按照自然规律与自然法则来运行的，区域人类系统的空间相互作用则按照社会规律和社会法则运行，这样的结果，一方面，造成空间相互作用的结果不一定都是人类所期望的；另一方面，使得区际关系复杂化和无序化。因此人类必须根据生存与发展的需要对各种空间流的结构、流量、流向和流速等进行调控，使之有序，使之协同，使之既能满足区域人类“需求”，又不突破区域自然“限制”，使区域之间优势互补、协同发展，从而缩小地区差距，促进地区平衡。

**2. 区际关系一般类型**

(1)封闭型。封闭型指在相同空间尺度的地域之间彼此没有联系或者联系甚微,特别是彼此之间缺乏人口、资源、物质、信息的流动,以至各区域仅仅依赖本区域的人口、资源、环境独立地发展,一旦本区域的人口、资源、环境发生重大恶变,就有可能造成该区域发展的中断和社会的灭绝。该区际关系一般存在于社会发展的低级阶段,主要通过区域系统要素的"内流"来维持其发展,由于开放功能缺乏,区域经济社会发展往往显得缓慢和落后。

(2)掠夺型。掠夺型指某一区域在其人口、资源、环境无法维持该区域的发展时,采取强制手段向其他区域特别是相邻区域掠夺其发展所必需的人口、资源、环境和空间,从而求得自己区域的继续发展。该区际关系的"流"具有单向性和强制性,往往以战争形式表现出来,其掠夺对象也往往是限制其继续发展的关键因子,如奴隶国家间对人口的掠夺、封建国家间对土地的掠夺、现代国家间对资源的掠夺等。

(3)转嫁型。转嫁型指某一区域在其人口、资源、环境、经济和社会等要素成为其区域继续发展的巨大障碍时,采取不正当手段向其他区域转嫁其障碍因子,采取"甩包袱"的方式来求得其区域的继续发展。该区际关系的"流"也是单向性的,但不一定具有强制性,可以"投资"和"合作"方式表现,也可以战争方式表现,转嫁的对象主要是发展的障碍因子,如人口压力、环境污染、经济危机和社会危机等。

(4)互补型。互补型指两个以上区域在其人口、资源、环境、经济和社会不能满足各自发展的需要时,通过区域间的互通有无和取长补短,获取发展所必需的要素,从而在彼此互利互惠的情况下获得共同发展。这种区际关系的"流"具有双向性,主要以协作方式表现,体现了区际关系的和谐、协调与公平,不仅关系双方都获取进一步发展的关键因子,增强了继续发展的能力,而且不对任何一方构成危害,因而是一种可持续的区际关系。

**3. 区际关系协调原则**

(1)公平分配资源原则。资源分配的不公平产生许多问题,不公平的土地所有制结构会在占有的最小块土地上导致过度的资源开发,并进而造成环境与发展两方面的危害;资源垄断会驱使那些没有参与垄断的人们过度开发稀少资源。可持续发展要求代内社会公正,强调区域之间资源分配的公平。公平分配有限资源是可持续发展系统的内在要求,也是缩小地区之间的发展差距,促进区域平衡的关键。

(2)维护共同利益原则。区域虽有自己的特点,但都是地球系统不可分割的组成部分。自然系统的空间作用并不尊重行政管理权限,例如,上游流域的土地利用方式会直接影响下游流域农场的径流量;工厂排放的烟尘和有毒物质会影响附近居民的身体健康;一个管辖范围内的能源政策会造成另一个管辖范围内的酸沉降;一个国家的捕捞政策会影响另一个国家的捕捞量。自然和经济在空间上的相互依赖性正在日益加强,经济、环境和安全领域的相互依赖性从根本上改变了国家主权的含义，全球的公共资源不可能由任何一个国家单独管理。任何一个国家都没有足够的力量独自对付整个生态系统受到的威胁；对环境安全的威胁只能由共同的管理及多边的机制来对付。只有加强区域合作，维护共同利益，才能避免以邻为壑，求得区际关系的和谐、协调与公平。

(3)补偿跨界影响原则。当今世界，区域边界已变得具有渗透性，区域之间传统的界限也已变得模糊不清，过去被认为完全是各区域自己的事情，如今对其他区域的生态基础产生重大影响。例如，整个人类大家庭将因热带雨林的消失、动植物种的灭绝、二氧化碳的排放及降雨模式的改变而遭受痛苦，也可因森林植被的保护、环境污染的治理、自然资源的适度开发而获益。因此，跨界影响有两种类型：一是"外部经济性"，在此情况下，施利区域有权要求受利区域给予补偿。例如，长江上游封山育林可减少中下游的防洪投入，但可能影响到上游以林业为生的人们的福利，可持续发展要求获得外部经济性的中下游地区给上游地区以经济补偿，使上游人们不至于因停止伐木而降低生活水平。二是"外部不经济性"，在此情况下，受害区域有权要求施害区域给予经济补偿。为此，世界各国应以合理和平等的方式利用跨国界自然资源；预防可能引起或消除已经引起的任何跨国界的环境危害，承担起不损害其他国家人民健康和环境的责任；对任何由跨国界污染引起的危害承担责任并给予赔偿(世界环境与发展委员会，1997)。

(4)优化人地关系原则。可持续发展系统强调共同利益不是要抹杀区域特性；相反，充分尊重和体现区域特点，是促进和维护共同利益的保障。区际关系协调与否虽然直接影响区域人地关系的协调能力，但区域内人地关系是否协调同样会成为区际关系协调的制约因子。如果区域内人地关系不协调，就容易造成贫困、环境压力等"不良产出"的外溢以及资源缺乏和环境污染等跨界影响，并进而造成掠夺式和转嫁式等不可持续的区际关系。这说明可持续发展系统首先必须是一个协调的人地关系地域系统，区际关系的协调和人地关系的协调是互为因果的。

### (三)代际关系

#### 1. 代际关系运行机制

(1)伦理道德机制。代际关系是当代与后代间的纵向关系，与横向的区际关系有很大不同。区际关系是同代人之间的关系，关系双方可以在一起协商；代际关系则不然，客观上当代具有优先权，当代和后代不可能坐到同一个谈判桌上，这就需要从伦理道德上来规范和约束当代的行为。《我们共同的未来》指出，保护自然是当代对子孙后代在道义上的义务的一部分，人类的生存和福利有赖于把可持续发展提高到全球性伦理道德方面的成功；《世界自然宪章》也指出，持续性是所有社会和经济发展的基本原则，后代的幸福是我们当代人的一份社会责任。如果忽视这种道德基础，当代人就可能毫无顾虑地为所欲为。

(2)社会进步机制。社会必须进步，这是人类社会发展的客观要求，也是人类从事各种活动的追求。社会进步以人为主体，人类延续，即代际关系的存在是社会进步的基本前提。代际关系运行除需社会伦理道德规范和约束外，还须遵守社会进步原则的指导。人类进步需满足何种需求，满足需求时需遵守何种自然与社会的法则，这些都是影响人类代际关系的重要因子。可持续发展是一条一直到遥远的未来都能支持全球人类进步的新的发展道路，是人类社会进步的指导原则，代际关系运行必须与社会进步相适应。

**2. 代际关系一般模式**

(1)冷漠型。冷漠型指资源分配当代所占份额过多、后代所占份额过少，后代发展能力受到影响的代际关系。该代际关系表现为当代只考虑满足自己生存与发展的需要，大量开发利用甚至挥霍浪费自然资源，忽视自然生态系统的保护和资源环境基础负荷能力的提高，留给后代的是一个环境严重恶化、资源十分匮乏的生态系统，以至后代很少甚至几乎没有发展的余地，最终可能导致人类社会的停滞和衰退。其伦理模式是：当代留给后代的资源、环境及其他一切财富，都是后代继承的“遗产”，当代与后代是赠与和接受的关系，后代无权对“份额”提出要求。

(2)溺爱型。溺爱型指资源分配当代所占份额过少、后代所占份额过多而影响当代发展能力的代际关系。该代际关系过分强调给后代的发展权利，表现为当代牺牲自己的发展速度和生活质量，把地球资源的大部分甚至全部原封不动地留给后代，虽不构成后代发展能力的危害，但使后代没有寻找替代资源的必要，以至发展在低水平或零增长上维持，最终人类社会也难以进步。其伦理模式是：当代拥有的资源是其祖先存储的环境资本，即使资本再雄厚，当代也只能使用其“利息”，当代和后代同样是受惠者，但客观上后代权重大于当代。

(3)和谐型。和谐型指资源分配当代和后代所占份额比例适当，世代发展权利平等的代际关系。该代际关系表现为当代和后代发展机会和发展权利的平等，即各代人之间的社会公正，它要求当代人把保护自然系统作为对“子孙后代在道义上的义务的一部分”，而后代所获得的资源份额虽然较少，但可保证他们的持续发展基础和开发替代资源的能力，最终使人类走上可持续发展之路。和谐型代际关系是可持续发展系统必须具备的代际关系，其伦理模式是：当代所使用的环境资本是从后代那里“借”来的，当代与后代是借用和偿还的关系(世界环境与发展委员会，1997)。正如玛格利特·撒切尔所说：“任何一代对地球都没有自由保有的权利。我们所拥有的只是租赁权和全部的修补租约。”

**3. 代际关系协调原则**

(1)世代权利平等原则。这是可持续发展的核心思想之一，当代人在满足需求的同时不能损害后代人满足需求的能力，给世世代代以相同的发展机会和平等的发展权利。

(2)最佳可持续产量利用原则。对于可再生资源，可持续发展要求确定生态系统的最高可持续产量，当代人在利用生物资源和生态系统时，应遵循最佳可持续产量的原则，保证再生资源的更新能力不下降。

(3)最小资源耗竭速率原则。对不可再生资源,可持续发展要求考虑资源利用的临界性、使耗竭减少到最小的技术的可利用性、取得替代资源的可获得性,使不可再生资源的耗竭速率尽可能少地妨碍后代人的选择。不可再生资源用一点少一点,对它们的利用会减少子孙后代将来利用的存量,但这并不意味着不能利用这些资源,关键是要在技术进步的前提下保持资源存量的稳定,并使后代有能力得到其他资源的有效替代。

(4)保持自然系统完整性原则。自然系统极其富有和慷慨,但精细的平衡,存在许多不可逾越的界限,超过这些界限,自然系统完整性就会受到威胁。可持续发展要求人类活动严格控制在自然系统的临界阈内,使污染排放和污染净化达到平衡,把不利影响减少到最低程度,保持自然系统完整性和生态平衡,留给后代一个良好的环境资源基础。

(5)优化区际关系原则。时间是在空间基础上的延续,代际关系的协调有赖于代内区际关系的协调。可持续发展强调对各代人之间的社会公正的关注,更强调对每一代人内部的公正的关注。代内区际关系产生的后续影响,犹如父辈之间的恩怨留给后辈子孙的影响,协调代内区际关系是协调代际关系的前提。

总之,协调人与人之间以及人类与自然之间的关系是可持续发展战略的最高宗旨;人地关系、区际关系和代际关系是可持续发展的基本关系;可持续发展系统是人地关系、区际关系和代际关系和谐、协调、统一的自然-经济-社会复合系统;人地关系和区际关系互为因果,同时它们的协调又是代际关系协调的前提;区内的人地关系可产生区际关系效应,区际的代内关系可产生代际关系效应;每种关系都有一定的运行机制和协调原则(图 2.3)。

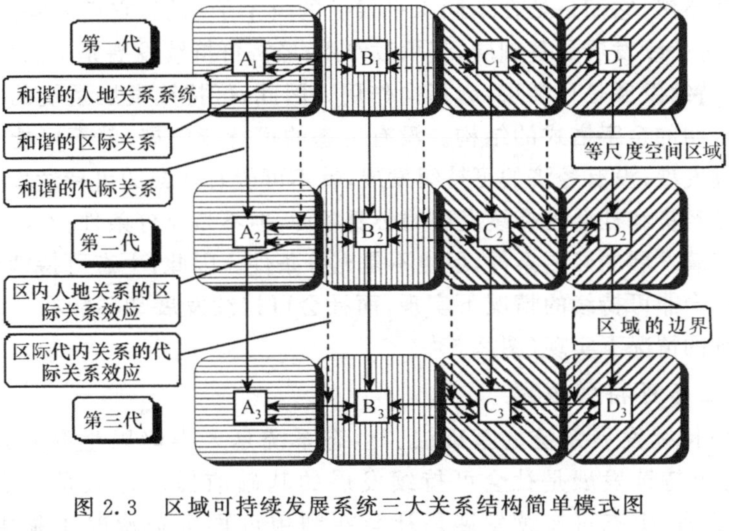


图 2.3　区域可持续发展系统三大关系结构简单模式图

(该模型区际关系仅考虑最基本的相邻区域间的双边关系,跨区域的或多边的区际关系未予考虑;代际关系因考虑当代对后代在资源分配上的优先权,故用单向箭头表示)

## 二、可持续发展系统的基本结构

在可持续发展系统要素中，资源是环境生产的产物，人口是社会组织的主体，因此可持续发展系统被普遍认为是环境、经济和社会的三维系统，而且常常被用一个简单的三环图来说明其系统结构。按照这种认识，当这三维协调一致时，可持续发展就实现了，如果用图形来表示，当三个环形重叠吻合时，系统就是可持续的。另有学者认为，仅仅环境、经济和社会三维还不能反映可持续发展系统的结构，因此把社会维中的制度因子独立出来，构成可持续发展系统的第四维，这样，可持续发展系统就可以表述为一个三角体结构(图 2.4)。在该结构中，制度因子旨在加强参与，经济因子旨在改善竞争，环境因子旨在限制生产量，社会因子旨在确保凝聚力，着重强调从制度上保障决策过程的参与性和实践过程的广泛性(Campbell,2000)。这种结构解析有助于我们把握可持续发展系统的要素，但不便于我们把握要素相互作用形成的整体结构。

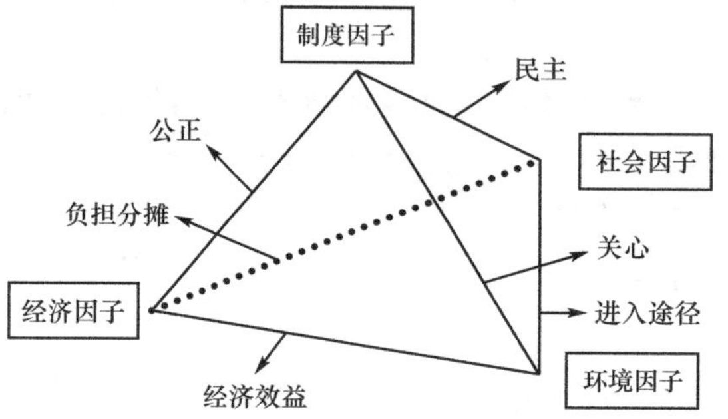


图 2.4　可持续发展系统的三角体结构(Campbell,2000)

可持续发展系统可分为生态可持续发展、经济可持续发展和社会可持续发展三个子系统。一般认为，它们是处在同一水平线上的三个子系统，它们之间是并列关系。其实不然，它们是处在不同水平线上的三个子系统，它们之间是层次关系。其中，生态可持续发展是基础层，起承载作用；经济可持续发展是动力层，起驱动作用；社会可持续发展是目标层，起指向作用。因此，可持续发展系统的结构应该是一个层次分明的金字塔式的结构。没有生态的可持续发展，就不可能有经济和社会的可持续发展；没有经济的可持续发展，就不可能有社会的可持续发展。生态可持续发展是经济和社会可持续发展的必要条件，但不是充分条件；经济可持续发展是社会可持续发展的必要条件，但也不是充分条件。因此，生态可持续发展可在经济和(或)社会非可持续的情况下实现，而社会可持续发展却不能在生态和(或)经济非可持续的情况下实现(图 2.5)。

### (一)生态可持续发展

这是可持续发展系统的基础层。生态系统是人类赖以生存和发展的物质基础，生态可持续发展是社会可持续发展的基础前提。什么是生态可持续发展？有人认为，生态可持续发展是社会在利用可再生资源时不损害资源及资源所需要的环境背景的一种状态(Solomon,1990)。也有人认为，生态可持续发展意味着人类在利用、保持和提高共享资源时必须维持生命所依赖的生态过程，使人类无论是现在还是将来其总的生活质量都能得以提高（Australian Government，1992）。还有人认为，生态可持续发展是保持生物地球物理的可持续性，即保持或改善地球的生命保障系统的完整性（Fuwa，1995）。具体来讲，就是要维持生物圈为未来提供最大化发展选项的能力，包括在文化多样性的框架内为当代及将来世世代代改善经济、社会条件提供选项的能力，同时为生物多样性保持做适当的准备，并通过空气、水、土地资源的保护和合理利用来保持生物圈的生物地球化学的完整性。因此，生态可持续的关键就是要保持生态系统完整性和生物多样性。

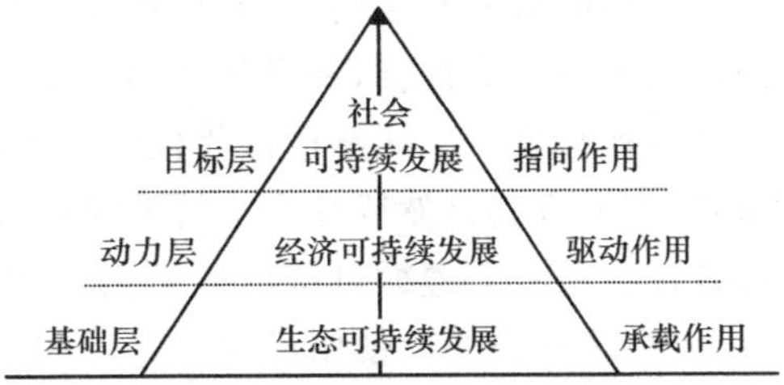

图 2.5　可持续发展系统的层次结构

（二）经济可持续发展

这是可持续发展系统的动力层。经济是社会进步的动力，经济可持续发展是通向社会可持续发展的必由之路。什么是经济可持续发展？有人认为，经济可持续发展与底层穷人物质生活标准的提高有直接的关系，物质生活标准可以通过食品、真实收入、教育服务、保健、卫生和水供应、救急的食物和现金库存等来度量；总体而言，经济可持续发展的基本目标就是通过提供持久和有保障的生计来减少世界穷人的绝对贫困，而所谓持久和有保障的生计，就是要极小化资源的耗竭、环境的退化、文化的中断和社会的动乱（Barbier，1987）。进一步讲，经济可持续发展，广义上是要使资源系统、经济系统和社会系统达到最优化水平，狭义上是要在维持自然资源的服务和质量的前提下极大化经济发展的净利益（Barbier，1989）。还有人指出，人类原始的经济是可持续的，只是随着城市聚落和工业革命的发展，经济发展变得不可持续了，但是我们可以在工业社会里创建一种新的可持续的经济，这种新的可持续的经济建立在以下基础之上：人类未来的存在取决于对地球资源和环境的有限性认识；人类社会必须重新评估资源利用和环境退化的经济成本；全人类必须实现同样的在环境上是可持续的生活标准。从不可持续的经济转变到可持续的经济是一场革命，这场革命的关键是要建立可持续发展的价值观，包括必须通过公共的和私人的先智者向公众传播可持续发展的价值观，必须将可持续发展的价值观转化为所有人的热情和行为，必须制订将可持续发展的价值观有效应用到可持续发展实践的制度（Ruckelshaus，1989）。综上所述，经济可持续发展就是要在维持生态系统完整性的同时，不断提高人类的生活质量。

（三）社会可持续发展

这是可持续发展系统的目标层。可持续发展的终极目标是人类个体的全面发展和人类社会的全面进步，即人类社会的可持续发展。什么是社会的可持续发展？或者说，什么样的社会才是可持续社会？有人认为，可持续社会是一个在其环境极限里生活的自我永续的社会，可持续社会不是一个“零增长”的社会，而是一个认识到增长的极限的社会，并寻找新的增长方式的社会(Coomer，1979)。也有人认为，可持续社会是一个能够世世代代坚持下去的社会，是一个具有远见卓识、灵活而且明智、不损害其自然或社会支持系统的社会(Meadows et al.，1992)。有人认为，可持续社会是一个遵循可持续的生活方式的社会，一个确立人与自然动态和谐的社会，一个建立在主要使用可再生能源和原材料的社会。每一种文明、社会、国家、民族都可以追求它自己的可持续的生活方式，都可以尊重它自己的文化根底、经济条件和环境状态，并且尊重人类集体的智慧(Vavrousek，1994)。还有人认为，可持续社会是一个建立在长期的憧憬基础之上的社会，在这个憧憬里，它必须预见到它所采取的各种行动的结果，并确保这些行动不中断再生物质的循环；它也必须是一个保护后代和关怀当代的社会，它必须避免采用互相抵牾、顾此失彼的目标；它还必须是一个公正的社会，因为财富或特权的巨大不均将引发破坏性的不和谐(Hossain，1995)。综上所述，可持续社会是一个公平正义、人与自然和谐、能够永续维持的和谐社会，社会可持续发展就是要有计划地朝着可持续社会的方向发展，最终实现代内关系、代际关系、人地关系的和谐。

## 第三节　可持续发展系统的功能

系统功能是系统与外部环境相互联系的秩序和相互作用的能力，是系统整体对外界所表现出来的性能。可持续发展系统的功能是发展系统在时间维、空间维、关系维、要素维、综合维所表现出来的秩序和性能，是发展系统自组织和自演化的动力机制。

### 一、可持续发展系统的功能特性

可持续发展系统的功能特性是系统整体在运作过程中对外所表现出来的特性，与可持续发展的原则不能混为一谈。在有的著作和教材里，往往把“公平性”、“共同性”和“持续性”看成是可持续发展的原则，我们认为这是不太合适的，它们应与“区域性”和“协调性”一起构成可持续发展系统的功能特性。

#### (一)持续性

持续性是可持续发展“限制”基本概念要求遵循的时间维原则。可持续发展“不是一条仅能在若干年内在若干地方支持人类进步的道路，而是一条一直到遥远的未来都能支持全球人类进步的道路”(世界环境与发展委员会，1997)。可持续发展要求满足需求，同时也要求人类保护与加强资源基础的负荷能力，即在满足需求时不损害后代满足需求的能力，不超出资源与环境的承载能力，不损害保障地球生命的自然系统，把对大气质量、水和其他自然因素的不利影响减少到最低程度，保持生态系统的完整性，从而达到资源的永续利用和生态、经济、社会的可持续发展。但是，资源基础最终总是有限度的，可持续发展要求人类绝不要突破这样的限度，而且在达到最终限度之前的长时期里,保证公平地分配有限的资源和调整技术上的努力方向。我们知道,“可持续性”一词通常用来指在压力面前维持某种活动的能力,因此,可持续发展系统的持续性原则体现了代际关系的协调与公平,它要求人类在地球资源环境压力面前实现人类社会的全面进步和永续发展。

(二)区域性

区域性是可持续发展系统本质特性要求遵循的空间维原则。时间总是一定空间上的历史,空间总是一定时间里的范围,可持续发展系统的区域性原则和持续性原则犹如时间和空间的关系,既不可分割又不可替代。发展总是一定空间范围里的发展,而发展在空间分布上总是不均衡的。这是因为,区域的自然基础总是存在差异,由自然基础孕育的发展状况和发展水平也必然存在差异;人类社会发展客观上也要求存在合理的空间差异,在一个完全没有空间差异的社会里,物质流、能量流和信息流就会完全停止,社会系统将最终走向消亡。可持续发展要求在不均衡的地球表层及其人类社会之间建立良好的区际关系、促进共同的利益、缩小区域的差异。如果不消除工业化国家与发展中国家之间或国家内部地区之间的经济政治权利不平等和资源分配利用不公平,如果不妥善解决跨界的环境污染问题和公共领域的资源环境管理问题,作为“可持续发展核心”的和平与安全就会受到严重威胁,可持续发展最终将成为泡影(世界环境与发展委员会,1997)。我们知道,区际关系在一定程度上是人类集团代内关系的表现,在此意义上,区域性原则体现了代内关系的公平和协调。正是因为可持续发展系统具有区域性,可持续发展战略的实践才有全球、国家、区域和地方等不同的空间尺度。

(三)协调性

协调性是可持续发展系统功能优化要求遵循的关系维原则。可持续发展系统是由人口、资源、环境、经济和社会等要素组成的协同系统,为使该系统达到整体功能最优,必须使经济社会发展同资源利用与环境保护相适应,协调经济社会发展同人口、资源、环境之间的关系。可持续发展系统必然是一个内在关系协调、整体功能最优的系统。可持续发展系统的协调性原则就是系统内在关系的协调,包括人地关系协调、区际(代内)关系协调和代际关系协调。平常我们所说的生态恶化与环境压力主要是人地关系不协调,贫富分化与地区冲突主要是区际(代内)关系不协调,滥用、浪费“从后代那里借用的环境资本”主要是代际关系不协调。所有这些不协调都是可持续发展的大敌,必须在协调性原则下加以解决。

(四)公平性

公平性是可持续发展“需求”基本概念要求遵循的要素维原则。公平的内容主要是经济政治权利的平等和资源分配利用的公平。有人认为,可持续发展的公平性是“本代人的公平、代际间的公平、资源分配与利用的公平”,其实不然,资源分配与利用的公平只是代内公平和代际公平的表现形式,不能与代内公平和代际公平本身相提并论,可持续发展的公平性应该是代内公平、代际公平和人地公平三者的统一(龚胜生,1999a)。代内公平要求缩小地区之间发展的差距,促进区域间的平衡发展,满足当代全体人民的需求,即当代所有的人都有进入地球资源库的同样的最小水平的路径。代内公平是代际公平所必需的,代际公平必须以代内公平的实现为前提。代际公平要求不损害后代人满足其需求的能力,要留给后代至少同样多的资本库存和发展机会,即每代人都应该通过保持自然和文化资源库的多样性来保持将来各代的选择权;每代人将他们享用过的地球行星质量传给下一代时不能比他们所继承的地球行星质量差(Dernbach,1998)。人地公平要求人类成为自然的朋友和保护者,而不是自然的主宰和破坏者,把自然视为生命有机体,给自然以道德的关怀,在索取自然的同时回馈自然,始终与自然保持和谐的关系。

(五)共同性

共同性是可持续发展系统整体性要求遵循的综合维原则。可持续发展的共同性包括相互关联的三个方面:一是基本原则的共同性。无论何种空间尺度的可持续发展,都必须遵循人类主体、资源利用、环境生态、经济发展和社会进步等方面的基本原则。世界各国或者国家内部,由于地理、历史、经济、社会条件的不同,可持续发展的具体内容和模式可以不一,但其经济和社会发展的目标必须根据可持续发展的原则加以确定,必须从可持续发展的基本概念和实现可持续发展的大战略上共同认识出发。二是总体目标的共同性。世界各国为了当代和后代的利益必须保护和利用环境及自然资源,走可持续发展的新的社会进步道路是人类共同的未来,可持续发展不仅是发展中国家的目标,而且也是工业化国家的目标。三是利益与责任的共同性。生态系统是一个相互依赖的整体,区域性环境与发展问题的影响不只局限于区域内部,而可能影响到全球范围。例如,由各国组成的人类大家庭将因热带雨林的消失、植物和动物物种的灭绝,以及降雨模式的改变而遭受痛苦。尽管人类是在不同的区域里和不同的政治制度下,以不同的措施和途径满足不同的需求,但人类面临的危机是共同的,迎接的挑战是共同的,维护的利益是共同的,因此必须采取共同的行动,承担共同的责任。

## 二、可持续发展系统的三种生产

人类系统和自然系统组成的世界系统,在基本的物质运动的层次上,可以抽象为物质生产、人的生产和环境生产等三种生产活动。这三种生产活动呈环状,联结成一个整体,物质在这个环状结构中循环流动,如果任何一种物质在这个系统的流动受阻,都会危害世界系统的和谐运行与持续发展(叶文虎,2001)。

(一)人的生产

人的生产,指人类生存和繁衍的总过程。该过程消费物资生产和环境生产提供的生活资料,产生人力资源以支持物质生产和环境生产,产生消费废弃物返回环境。

在可持续发展系统里,人的生产的基本参量是人口生产力和物质消费率。

人口生产力是人口数量和人口素质的函数。人口数量和消费水平一起决定社会总消费，地球行星上赋存的自然资源是有限度的，地球生命保障系统所能承载的人口数量也是有限度的。在一定的社会发展阶段和经济技术条件下，当人口规模接近或超出其总的人口承载力时，人的生产就会因生产资料的缺乏导致生存条件恶劣，因生存条件的恶劣导致生命健康受损，最终导致死亡率上升，人口数量下降。因此，社会总消费的过快增长和无限增长是地球系统失控的根本原因。可持续发展系统要求建立一个适度的人口再生产水平，控制适度的人口规模。人口素质不但决定人参加物质生产与环境生产的能力，而且决定人调节人口再生产与物质生产、环境生产之间的关系的能力。协调人与自然的关系、协调区域之间的关系、协调人与人之间的关系，都有赖于人口素质的提高。

物质消费率是指人类消耗生活资料和生活资源的总量和速度，它包含消费水平、消费入口比和消费出口比三个基本变量。消费水平是单位时间内人均消费物质资料的数量，在社会总消费的变动过程中，消费水平提高与人口数量增加具有等效的作用。因此，可持续发展系统提倡适度消费，反对穷奢极欲的消费扩张主义。消费入口比是个人生活所消耗的物质资料中，生活资源与生活资料之比，消费入口比高，意味着社会总消费中取自物质生产的生活资源多于取自物质生产的生活资料。消费出口比是生活资料经人的生产环节消费以后，回用于物质生产的部分与直接返回环境生产的部分之比，消费出口比高，意味着消费废弃物转化为物资生产的资源比例大，成为环境污染物的比例少。可持续发展系统提倡“朴素消费”和“清洁消费”，要求提高消费入口比和消费出口比，减轻对环境生产的压力。

（二）物质生产

物质生产，指人类从环境中索取生产资源并将它们转化为生活资料的总过程。该过程产生生活资料以满足人类的物质需求，同时产生加工废弃物返回环境。

在可持续发展系统中，物质生产的基本参量是社会生产力和资源利用率。

社会生产力代表的是生产生活资料的总能力，资源利用率表示的是环境中取出的资源转化为生活资料的比例。在技术层次上，资源利用率取决于生产资源与生活资料的具体属性、对应的加工环节的技术水平，以及加工废弃物被作为生产资源得到再利用的程度。资源利用率高，则意味着在提供同等生活资料的前提下，物质生产过程所消耗的生产资源少，加载到环境中的加工废弃物也少。在原始文明时期，人类以狩猎和采集方式直接从自然环境中获取生活资料。随着文明的演进，环境的自然品质越来越低，生活资料的属性越来越复杂，加工的环节也越来越多。虽然单个加工环节的技术水平在不断提高，但整体的资源利用率反而不断降低。到了工业文明时代，甚至连人类赖以生存的许多最基本的生活资源也必须以生活资料形式提供，如清新的空气和干净的水等，都需要经过物质生产环节加工。总的说来，社会生产力无限增大、加工环节急剧增多、资源利用率急剧下降，是工业文明在物质生产方面的基本特征。因此，可持续发展系统把科学技术视为第一生产力，它也是提高社会生产力和资源利用率的重要推力。

### （三）环境生产

环境生产指在自然力和人力共同作用下，自然环境对其自然结构和状态的维持与改善。环境是人类社会赖以生存的生产资料和生活资料的载体，环境生产是物质生产和人的生产的物质基础。环境生产能力是判断一个国家或区域的环境质量的重要依据。

提出“三种生产”观的叶文虎教授认为，环境生产的基本参量是资源生产力和污染消纳力。我们认为，从环境承载力和人类价值观判断，这是不全面的，环境生产还应该包括第三个基本参量，这就是灾害破坏力。

资源生产力是指自然环境产生可再生和不可再生资源的能力，包括可再生资源更新率和不可再生资源蕴藏量两个变量。可再生资源更新率与其生长或形成的速率有关，它是指单位时间内某类或所有可再生资源更新的量与基础的量之比，例如，有一片 10 万 $m^3$ 木材蓄积量的森林，在一年的时间里能新增 1 万 $m^3$ 的木材蓄积量，那么，该森林资源的年更新率就是 10％可再生。资源更新率越高，意味着资源生产能力越高，但是，所有可再生资源更新率都是有限度的。由于资源的替代作用，一个地区的不可再生资源蕴藏量也是资源生产力的一个重要参数，例如，中东地区丰富的石油资源对中东国家的人口承载力和可持续发展能力的提高贡献了相当高的份额，这是有目共睹的。在可持续发展系统里，当物质生产过程从环境中索取自然资源的速率超过环境的资源生产力时，就会导致资源库存的降低，并削弱可持续发展的能力。可持续发展不仅要求人类通过保护环境、保持生态系统完整性，以保护环境的资源生产力，而且要求人类建设环境、保护生物多样性、增强可再生资源更新率，以提高资源的生产力。

污染消纳力是指自然环境同化、吸收、降解人类生产和生活过程中所排放的污染物质的自净能力。环境具有容器的功能，接受从物质生产返回的加工废弃物和从人的生产返回的消费废弃物，通过自然的、物理的、化学的和生物的过程来消解这些废弃物。环境的污染消纳力，无论是消纳的总量还是消纳的速率，都是有限度的。当环境所接受的废弃物的种类和数量超过其污染消纳力后，环境品质就会急速降低。人类建设环境，改善生态，就是要提高这样的限度。

灾害破坏力是指自然环境固有的和对人类活动反馈所形成的自然灾害对环境生产力的损失或抵消。自然灾害不仅可以从基础上降低环境的资源生产力和污染消纳力，而且可以从实效上抵消环境的资源生产力和污染消纳力，更有甚者，自然灾害还可以毁坏物质生产和人的生产的生产成果，加重环境的资源消耗与环境污染的负担。因此，在可持续发展系统里，防灾减灾是保护环境生产力的重要内容和任务。

可持续发展系统的三种生产模型如图 2.6 所示。

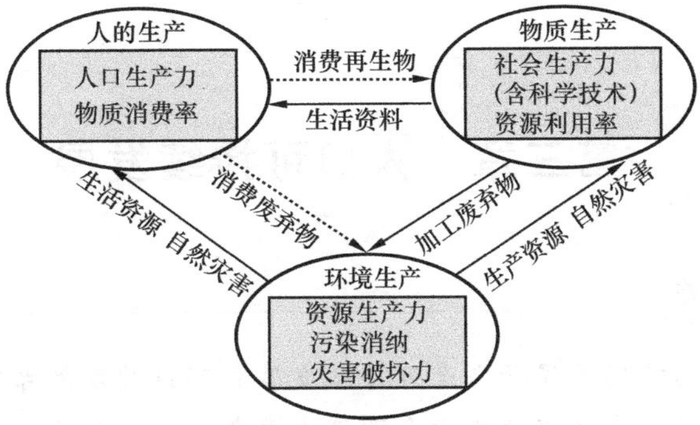


图 2.6 可持续发展系统的三种生产模型(龚胜生,2000)

# 本章小结

可持续发展系统是由人口、资源、环境、经济和社会五个要素组成的生态-经济-社会复合系统。在这个系统里,人口为智力支持系统、资源为基础支持系统、环境为生命保障系统、经济为动力支持系统、社会为组织支持系统。

可持续发展的最高宗旨是协调人与自然以及人类之间的关系,人地关系、代际关系和区际(或代内)关系是可持续发展的基本关系,可持续发展系统是人地关系、代际关系、区际关系的和谐系统。可持续发展系统也是一个层次系统,具有层次分明的金字塔式结构,结构的底层是基础层——生态可持续发展,起承载作用;结构的中间层是动力层——经济可持续发展,起驱动作用;结构的顶层是目标层——社会可持续发展是,起导向作用。

可持续发展系统具有时间维的持续性、空间维的区域性、关系维的协调性、要素维的公平性和综合维的共同性等功能特性。人的生产、物质生产、环境生产是可持续发展系统的运行模式。人口生产力和物质消费率是人的生产的基本参量,社会生产力和资源利用率是物质生产的基本参量,资源生产力、污染消纳力和灾害破坏力是环境生产的基本参量。

## 思 考 题

1. 可持续发展系统的五大要素。
2. 可持续发展系统的内在关系。
3. 可持续发展系统的层次结构。
4. 可持续发展系统的功能特性。
5. 可持续发展系统的三种生产。

# 第三章　人口可持续发展

**本章导读**

上面两章回答了什么是可持续发展和可持续发展系统，力图让大家对可持续发展这个概念在理论上有个总体的把握。我们已经知道，可持续发展不是一个简单的新概念，而是由人口、资源、环境、经济和社会组成的，生态–经济–社会复合的，人地关系、代际关系、区际关系和谐的复杂的巨系统。可是，要全面了解一个系统的结构和功能，还必须对系统的组成部分进行剖析，分析各部分在整体中的作用。因此，从这一章开始，本书将逐一分析人口、资源、环境、经济和社会这五个要素在可持续发展系统的作用。可持续发展是以人为本的发展，实施的主体是人，实施的目的也是人。现在，就让我们从人口要素开始吧！

人口要素是可持续发展系统里牵一发而动全身的参数，人口、资源、环境、经济和社会都有不可分割的关系。那么，人口要素是怎样影响可持续发展的呢？可持续发展对人口的数量、素质、结构以及人的观念又有怎样的要求呢？这就是我们在本章需要了解的问题。

- 人口数量与可持续发展
- 人口素质与可持续发展
- 人口结构与可持续发展
- 人的观念与可持续发展

## 第一节　人口数量与可持续发展

人是社会经济活动的主体，我们追求可持续发展，也就是追求人的可持续发展（钟水映和简新华，2004）。人口数量问题是可持续发展系统的最基础性的问题。从地球整体看，可持续发展问题的提出，很大程度上根源于人口数量的变化。

### 一、可持续发展对人口数量的要求

有的国家和地区人口增长过快，给经济社会发展造成了极大的压力，有的国家和地区则因人口负增长给发展前景蒙上了阴影。可持续发展系统要求适度的人口规模。

### (一)人口数量与环境资源压力

社会的存在与发展离不开一定数量的人口。尽管人口数量对社会发展不起决定作用,但数量的多寡可以促进或延缓社会的发展(王信领等,2000)。如果人口数量过少,劳动力资源短缺,社会有效需求不足,经济社会发展就会缓慢甚至停滞;相反,如果人口数量过多,人口增长过快,人类对资源的消耗和环境的破坏加快,人类社会的可持续发展同样会受到威胁。现在,可持续发展面临的问题主要是人口过多的问题。

(1)人口过多与环境压力。经济学家通常用下面的公式衡量人口增长对环境的压力,即

$$I=P\cdot A\cdot T$$

式中:$I$ 表示对环境的影响;$P$ 表示人口数量;$A$ 表示消费水平;$T$ 表示单位产出对环境造成的负效应(环境污染与资源消耗),与生产技术有关。

这个公式的意义是:不同的人群以他们不同的消费方式和掌握的不同技术对环境造成不同的影响。在人均消费水平和生产技术相对稳定的情况下,环境的影响则主要来自人口数量的增长;而不断提高生活质量是可持续发展的基本目的,因此人均消费水平总的趋势是不断提高的,这更加重了人口数量对环境的压力,例如,富国每个人对环境的破坏是穷国每个人的 7.5 倍(王军,1997)。现在,在世界的许多地区,人口过多已经成为环境恶化的根本原因。

(2)人口数过多与资源压力。人类的生存和发展都离不开对资源的需求的满足,人口数量过多和人口增长过快,必然导致对资源的过度消耗,加重资源枯竭的危机。更何况,由于生活水平的提高,人均资源消耗量还会不断提高。人口数量和人均资源消耗量共同产生乘数效应,加快了资源耗竭的速率。据联合国提供的资料,1960~1985 年世界人口由 30 亿增加到 48 亿,增长了 60%,而同期世界能源消耗却增长了 130%,为人口增长率的 2 倍多。现在地球上有 67 亿人口,未来还将增加 50 亿~60 亿,如果有 80 亿人以目前工业化国家 10 亿人口的方式生活,人类将需要两个地球这么大的行星资源。因此,“我们不能像以前那样生活:我们必须改变”(欧文·拉兹洛,2004a),将人口增长率维持在资源环境和经济力量所能承受的水平,使人类的需求保持在一定的环境承载力范围之内,保持适度的人口规模,是实现可持续发展的一个必要条件(聂华林等,2007)。

### (二)可持续发展的适度人口

人口过多和人口过少都不利于可持续发展,那么多少人口才是可持续发展所要求的呢?这就是“适度人口”。

(1)适度人口思想的由来。在西方,古希腊哲学家亚里士多德认为,“最完美最美丽的国家,就是能够维持人口数目使之不超过一定限度的国家”。至于近代,人口学家马尔萨斯提出了“两个公理”(人的食欲与性欲是必然的)与“两个级数”(食物呈算术级数增长与人口呈几何级数增长)的原理,奠定了适度人口的理论基础。

**专栏 3.1 世界重要的人口会议**

1989 年，在荷兰首都阿姆斯特丹举行的"国际 21 世纪人口论坛"发表了《阿姆斯特丹宣言》，强调我们将致力于在人口数量、资源和发展之间建立一种可持续的关系，让后代过更美好的生活。

1992 年，在印度尼西亚巴厘岛举行的第四届亚太人口会议发表了《关于人口与可持续发展的巴厘宣言》，将人口与可持续发展确定为 21 世纪的发展目标和发展战略。

1994 年 9 月，在埃及开罗召开的联合国人口与发展大会将可持续发展列为中心议题，特别强调了可持续发展问题的中心是人和以人为本的可持续发展观。

1910 年，瑞典经济学家维克塞尔在日内瓦国际马尔萨斯主义者联盟会议发表讲演时，第一次提出了"适度人口"概念，后来他在《适度人口》一书中将适度人口定义为"人口达到其数量稍许增加就会导致繁荣不再增加而是减少的那一点"。1929 年，英国经济学家坎南在《经济理论评论》中提出了类似的定义："在一定时期，或者在特定的条件下，或其他条件保持不变，总有一个可以称之为获得最大收益的点，此时人口数量刚好如此恰当地适应环境，以致无论是多于或少于此时的人口，收益都会下降，这时的人口规模就是适度人口。"1952 年，法国人口学家索维在《人口通论》一书中定义："适度人口就是一个以令人满意的方式，达到某项特定的目标的人口。"在我国，适度人口的思想萌芽也很早，战国时期韩非子所谓的"人民众而货财寡，事力劳而供养薄"就包含有朴素的适度人口思想。20 世纪 80 年代后，随着我国人口问题的突出和可持续发展研究的兴起，适度人口问题受到学界特别的关注。可持续发展的适度人口问题，已经成为可持续发展研究的重要领域。

(2)适度人口的内涵。适度人口一般是指在一定目标和条件下区域能够供养的最优人口数量，其大小不仅取决于区域各种自然、经济的承载力和区域人口对这些承载力的需求水平之间的平衡，也取决于不同的研究目标。简言之，适度人口是针对某项特定目标而言的最佳人口。持续发展要求把人口规模控制在其对资源、环境的需求和利用不超过其再生和更替的水平的范围之内，避免由于人口数量压力而造成现有人口生活质量的下降，或者为保持和提升人口生活质量而超过临界点地对资源和环境的滥用。在一定时空范围内，保持在这种状态下的人口规模就是可持续发展所要求的适度人口。可持续发展的适度人口包含人口数量、质量、结构和分布等多要素全面适应时代发展的适度，主要包括：人口数量和人口增长率的适度；人口素质的不断提高和完善；人口结构与分布的日趋合理(原新，1994)；人口观念科学和公众参与的适度(任宪友，2003)。

## 二、可持续发展对适度消费的要求

消费规模取决于人口规模和消费水平，人口规模的适度本质上是要人口对环境的消费需求与环境对人类的供给能力之间的平衡，也就是人口的消费压力与环境的承载能力之间的平衡。因此,可持续发展的适度人口问题在很大程度上就是适度消费问题。

### (一)传统消费模式的特征

在社会生产过程中,生产居于支配地位,对消费水平、消费方式和消费结构起决定作用;消费则是生产的目的和归宿,对生产起延缓或促进作用。只有在消费中产品才能成为现实的产品,并创造出新的生产需要,不同的消费模式会对生产有不同的影响。传统的消费模式具有以下不可持续发展的特征。

(1)传统消费模式是一种“消费至上”模式。传统消费模式把消费作为生活的最高目的,甚至是唯一目的,这时人们的消费不再仅仅是为了满足生活、生产的需要,而是为了炫耀、为了消费而消费,正常的消费就变成了异化消费(蔡拓,1999)。这意味着人的多种需求被简化为单一的物质需求,物质生活水平的提高成为唯一的追求,挥霍性消费、野蛮性消费的普遍存在,人类日益沦为经济的动物和消费的机器,失去了精神的家园和人文的追求,走向发展的歧途。

(2)传统消费模式是一种“线性消费”模式。它由资源到产品再到商品,消费之后成为废物被抛弃,消费量越多,资源消耗越多,废弃物越多,环境越退化(徐长山,2001)。这种资源消耗与环境退化的双重后果破坏了人与自然的和谐关系,对地球生命保障系统构成日趋严重的威胁,使人与自然的关系也变得日趋尖锐。

(3)传统消费模式是一种忽视社会公平的模式。在代内关系上,发达国家和地区为了满足消费对资源的渴求,从落后国家和地区摄取大量资源,这种巨大的资源流加剧了发达国家和地区的奢侈性消费,加快了落后国家和地区的资源枯竭和环境恶化。在代际关系上,当代人为满足其日益增长的奢侈性消费需求,大量消耗各种有限的自然资源,忽视甚至剥夺后代子孙在资源环境方面应该享有的权利。

《21 世纪议程》指出“全球环境不断恶化的主要原因是不可持续的消费和生产模式,尤其是工业化国家的消费模式”,并且“呼吁更加重视消费问题,呼吁各国执行新的政策以鼓励向适当的消费模式转变”。《中国 21 世纪议程》也指出:“人口的迅速增长加上不可持续的消费形态,对有限的能源、资源已构成巨大压力,尤其是低效、高耗的生产和不合理的生活消费极大破坏了生态环境,由此危及人类自身生存条件的改善和生活水平的提高。”由于传统消费模式的不可持续性,因此,人们呼唤可持续发展的消费模式。

### (二)可持续发展的适度消费

《中国 21 世纪议程》指出:“合理的消费模式和适度的消费规模不仅有利于经济的持续增长,同时还会减缓由于人口增长带来的种种压力,使人们赖以生存的环境得到保护和改善。”因此,合理消费和适度消费是可持续发展的内在要求。

(1)适度消费的内涵。适度消费是相对于过度的消费和消费不足而言的,所谓适度消费,是指一个国家或地区的消费水平、消费结构与其生产力水平相适应,与其自然承载力相适应,既不过分节俭,又不奢侈浪费的消费。从纵向看,它是动态的,在不同生产力水平、资源环境状态下，适度消费的量是变化的；从横向看，它是平衡的，既不过分节约物质财富，也不滥用物质财富，既能满足生活需要，又不奢侈浪费。

(2)适度消费的特征。一般认为，适度消费模式具有以下特点(葛新权等，1998)：①适度性。适度消费是人类理性选择的、与一定的物质生产和生态生产相适应的、并能充分保证一定生活质量的消费(张林泉等,2001)。适度消费主张摈弃炫耀消费、攀比消费带来的多余消费，反对奢侈与浪费。②文明性。适度消费提倡文明、高雅的消费活动，并用科学知识来指导和规范人们的消费活动，使人们在消费中促进体质、智力和心理性格的全面发展。适度消费主张不断提高精神消费的比重，满足人们实现自我价值和全面发展的高层次需要。③可持续性。在人与自然关系上，适度消费要求当代人满足消费需要时不超过环境承载力的限制，消费要有利于资源可持续利用，有利于环境保护，有利于生态平衡。从人与人的关系上看，适度消费要求将人类今天的需求和明天的需求、现代人的需求和未来人的需求有机统一，任何人都不应由于自身的消费而危及他人的生存和消费，当代人不应该由于本代人的消费而危及后代人的生存与消费。④人本性。以人为本的发展观及其理论构成可持续发展的理论基础(田雪原，1999)，适度消费的本质是通过调整消费结构与内容，满足人的物质需求、精神需求、政治需求和生态需求等多方面的需求，实现人的全面发展。

(3)适度消费的实现。适度消费要求人们从生态需求出发，用自然科学知识来指导规范消费，实现高度物质文明、精神文明与回归大自然的最佳结合，使消费有益于人的全面发展和社会的全面进步。适度消费符合可持续发展理念，与科学发展观相适应，代表了未来消费发展的方向，因此，要通过经济、行政和法律等多种手段来推动适度消费模式的建立。一方面，要正确地教育和引导消费者，使他们提高生态意识，自觉转变消费观念；另一方面，要用法律法规约束生产者，使他们尽可能多地生产绿色产品来满足消费需要。具体措施有：①宣传教育。建立适度消费模式有赖于消费观念的转变，要通过多种多样的宣传教育形式，促进公众适度消费意识的形成，使消费者积极选择绿色消费，使生产者积极生产绿色产品，使管理者加强对消费结构和消费水平的调控，推动全社会的适度消费。②建章立法。政策法规是影响消费模式的重要因素，适度消费模式的建立，不能单靠生产者与消费者的自觉，还必须依靠政策法规的约束和引导，制定发展绿色产业和适度消费的宏观政策，是建立适度消费模式的重要手段。③开发绿色产品。需求与供给是一对矛盾，加强绿色产品供给，可在一定程度上推进绿色产品消费。因此，加大绿色产品体系的开发力度，推行绿色产品的认证制度，也有利于适度消费模式的建立。

## 第二节　人口素质与可持续发展

可持续发展要解决的问题可以归结为两类：一是解决人与自然之间的矛盾，即解决人类需求的无限性和自然供给的有限性之间的矛盾；二是解决人与人之间的矛盾，即解决满足需求过程中产生的不和谐的代内和代际矛盾。要解决这两类矛盾，人口素质是最关键的因素。

## 一、可持续发展对人口素质的要求

人口素质是人口思想素质、身体素质和文化素质的总和。人口素质是可持续发展能力提高的重要保障，只有不断提高人类自身素质，才能促使人类自觉选择可持续发展道路（郑赝予，1999）。

### （一）身体素质与可持续发展

身体素质包括人们的身体状况及大脑结构机能的状况。人的身体状况不仅会影响到人的思想道德水平、科学文化水平和劳动技能，而且还会影响到一个民族的兴旺发达。身体素质是劳动力资源的重要组成部分，身体素质反映出来的体能是人的技能和智能的基础。对于一个国家或地区，一个人群或一代人，没有好的身体素质，就不可能有好的文化素质和思想素质，就不可能有好的体能、技能和智能。可持续发展要求以人力资源为主要驱动力，实现对自然资源的替代。健康的体魄、强壮的身体，是可持续发展在人口素质方面对人的最基本的要求。

### （二）文化素质与可持续发展

文化素质是指人的科技知识水平，是人的技能、智能和潜能得以发挥的核心素质。世界经济发展的历史，在很大程度上是一部人力资本由数量向质量扩张的历史，而科学技术发展的趋势，就是以高文化素质的劳动者来替代低文化素质的劳动者。特别是人类在经历了漫长的农业社会和工业社会即将进入知识经济时代的今天，知识作为生产要素被列入标准生产函数之中（李京文，1999），文化素质对可持续发展能力的影响尤为明显和巨大。因此，提高可持续发展能力首先必须提高人的文化素质，因为只有如此，才能提高生产水平和管理水平，才能提高资源利用率和减少环境污染，才能促进人与自然和谐和人与人的和谐。所谓“科教兴国”、“人才强国”和“素质立国”，其实都是强调人的文化素质对可持续发展的重要性。

### （三）思想素质与可持续发展

思想素质是指人的思想道德水准，人的观念是人的思想素质的核心部分。可持续发展对人的思想道德素质，特别是对人的自然观和消费观提出了新的要求，要求牢固树立可持续发展的伦理观，把人类的道德关怀从当代人扩展到后代子孙和整个自然界，这包括树立人与自然和谐的生态伦理观，当代群体之间和区域之间公平公正的社会伦理观；当代与后代之间公平公正的代际伦理观。可持续发展的伦理观本质上也是人类的新的价值观，可持续发展不鼓励那些和可持续的生活方式不相容的价值观（IUCN et al.，1980）。

## 二、科学技术与可持续发展

科学技术是人口文化素质的重要体现，是社会生产力中的第一生产力，在可持续发展系统的“三种生产”的循环中，科学技术都起着不可或缺的作用。但是，现代科学技术在将人类文明推到前所未有的高度的同时，也带来了环境污染、生态破坏等威胁人类可持续发展的问题。因此，科学技术与可持续发展是一个双向互动、不断反复、无限发展的过程，科学技术推动可持续发展，可持续发展规范科技进步；经过规范的科学技术进一步促进可持续发展，可持续发展又规范新的科学技术，如此循环往复，螺旋上升。

### （一）科学技术推动可持续发展

人类社会的历史是人类通过科学技术手段，利用自然，改造自然，为自身创造幸福和改善生活的历史。科学技术的进步，不断地提供人类新的知识、新的方法和新的手段，不断地改变人类的生产方式、生活方式和思维方式，不断地提高人类利用自然、改造自然和适应自然的能力，从而不断地推动人类社会的可持续发展。

(1)科学技术通过提高生态承载力来推动可持续发展。第一，通过科学技术进步，人类可以提高资源开发的范围、资源利用的效率、资源更新的速率以及资源管理的水平，从而提高生态系统的资源生产能力和社会系统的资源供给能力。目前，我国人均资源占有量和资源利用率都远低于世界平均水平，这对我国经济和社会的可持续发展构成了极大威胁。因此，必须大力发展科学技术，“开源”与“节流”并举，一方面要不断开发新材料、新能源技术，不断发现、发明新型资源和能源，逐步摆脱现有自然资源对可持续发展的“瓶颈”制约；另一方面要不断改进生产工艺和技术设备，提高资源的利用效率，降低单位产品的资源消耗，最大限度地满足经济社会发展对资源的需求。第二，通过科学技术革新，人类也可以减少污染排放和治理环境污染，防治生态环境恶化，加速生态系统修复，从而提高生态系统的污染吸纳能力。目前，全世界大气污染、水质恶化和土壤质量下降的问题日益严重，治理环境污染，改善生态环境，提高环境的纳污能力已经成为可持续发展的一项紧迫任务。因此，必须大力发展科学技术，“减排”与“治污”并举，一方面要通过技术革新，建立无废少废的循环生产工艺，实现“清洁生产”和“绿色消费”，减少生产和生活过程中向环境的废物排放；另一方面要采用先进技术治理和消除环境中的污染物，不断改善生态环境，保护生态系统的完整性和稳定性。第三，通过科学技术革新，人类还可以预测和预防自然灾害，提高防灾、救灾、减灾的能力，从而减轻自然灾害的破坏力。自然灾害的破坏力能够抵消资源的生产力和环境的纳污力，减轻了自然灾害的破坏力，也就是增加了生态系统的承载力，提高了可持续发展的能力。因此，必须大力发展科学技术，“加正”与“减负”并举，一方面要极大限度地提高资源的生产力和环境的纳污力，从而提高生态承载力；另一方面要极大限度地减少自然灾害对生态承载力的抵消和损失，从而保护生态承载力。科技进步正是通过保护和提高生态承载力来提高人类社会的可持续发展能力的。

(2)科学技术通过提高社会生产力来推动可持续发展。科学技术是人类社会进步的重要支柱，是社会生产的第一驱动力。科技进步不仅可以通过提高生态承载力为人类可持续发展提供良好的生态基础，而且可以通过提高社会生产力为人类可持续发展提供必需的经济支撑。经济的发展取决于生产要素的投入和科学技术的进步，理论上说，生产要素的投入是有限的，而科学技术的进步则是无限的。科技进步对经济发展的促进，主要是通过突破劳动者、劳动对象和劳动工具的约束来实现的。在知识经济时代，科学技术和知识作为生产要素投入到社会化大生产中，不仅大大提高了劳动者的生产效率，而且大大减少了资源的消耗和环境的破坏，对经济和社会的可持续发展起着决定性的作用。一方面，科技进步是人的潜能的不断拓展和发挥，是劳动者不断创造、创新的社会化成果；另一方面，科技进步反过来又能不断拓展人的潜能，造就高素质的劳动者，并通过他们发明和使用先进的劳动工具，促进社会生产力水平的不断提高。因此，有人认为，技术革新是企业可持续发展的根本动力，是国家经济发展的永恒主题和经济增长的重要来源(葛新权等，1998)，更是可持续发展的力量源泉。

### (二)可持续发展规范科学技术

科学技术是一把双刃剑，科技进步具有双重效应。虽然科技进步通过生态承载力和社会生产力的提高能够推动人类社会的可持续发展，但不合理的科技利用也会给人类生存和发展带来灾难性后果。人类既要正确认识技术悲观主义的危害，也要正确认识科技决定论的危害(朱坦，2001；陈昌曙，2000)；要对科技进步加以科学的引导和规范，使科技进步更好地为人类社会的可持续发展服务。

人类既是技术革新的推动者和创造者，也是科技成果的享用者和负面效应的最终受害者。人类如果离开科学发展观和正确的科技观的指导，对科学技术不加节制地盲目开发和滥用，就可能导致一系列严重的社会问题，给人类社会可持续发展带来难以预料的灾难性后果。可持续发展战略是一种努力消除科技进步的负面影响的发展战略，可持续发展对科技进步的规范主要是对技术革新给予方向性的指导。可持续发展观认为，技术革新既要符合不损害地球生命保障系统的环境伦理，又要符合不损害代内公平和代际公平的社会伦理，必须形成有利于生态、经济和社会可持续发展的绿色技术体系，包括清洁生产技术体系和绿色消费技术体系。

在可持续发展观指导下进行技术革新的主要内容是：一是要改进生产工艺和工艺流程，减少资源消耗与废物排放，开发资源节约型产品和环境友好型产品；二是要加强对绿色技术体系的政策引导，加快清洁生产技术和绿色消费技术的革新、开发与利用；三是要加大对绿色技术体系建设的投入，包括资金、软硬件的投入，人力资源的培训与投入，国外先进技术的引进与消化。

## 三、决策管理与可持续发展

决策管理能力是人的素质的重要表现。所谓决策，是人们为了达到某种目的，在两个以上的行动方案中选择一个合理方案的过程。因此，决策过程实质上是一个方案择优过程，择善而从之，择优而用之。从管理学角度看，可持续发展是人类在一个较长时期内发展方向的战略决策，其各项措施最终通过政府的决策行为得以实施。

(一)决策管理是可持续发展的保障

决策管理是国家可持续发展能力建设的重要一环，正确的决策管理有利于可持续发展战略的实施，不合理的决策管理则可能造成资源环境浪费与社会经济不协调。可持续发展的决策管理就是要为可持续发展战略的实施提供政策上的和制度上的保障，即从制度上设计一种经济、社会与自然协调的发展机制，用可持续发展原则指导国家社会经济的中长期规划与各项政策的制定，其目的是要保证决策过程的科学性和决策结果的有效性与可持续性。

可持续发展战略是一项复杂的系统工程，涉及与人口、资源、环境、经济和社会有关各行各业，以致任何单一的部门或行业都不可能独立完成。决策管理是优化人地关系地域系统，协调人与自然的关系和人与人的关系的重要手段；区域可持续发展战略的实施，取决于区域决策者的决策管理能力。建立可持续发展的决策管理机制，是促进区域人口、社会、经济与资源、环境协调发展的关键。

可持续发展战略的实施有赖于公众环境伦理意识的提高，更有赖于政府决策管理水平的提高。可持续发展要求政府部门建立符合可持续发展理念的决策管理机制，推动决策管理的制度化、规范化和程序化，并在“市场失灵”的情况下，通过宏观的决策管理，充分发挥企业的基础作用，引导企业采用绿色技术，进行清洁生产，降低资源消耗，减少环境污染，解决“市场外部性”问题。

当前，我国适合可持续发展的决策管理能力建设已经有了一定的提高，但与可持续发展的要求相比还有较大差距，还不能适应可持续发展的要求，许多决策管理没有体现可持续发展的原则，在管理意识、管理法规建设和决策机制等方面还存在一定的问题，表现在部门利益分割、行动方案滞后、组织机构疲软和综合决策管理机制不够健全等方面。

(二)可持续发展的决策管理的实施

在生态领域，要制定资源节约、环境保护、污染治理的法律法规，从立法上和制度上保护生态系统的完整性；要采取具体的措施进行环境治理和生态修复，从行动上保证生态系统的稳定性；要进行主体功能区规划和生态功能区规划，控制生态脆弱区内不合理的人为扰动，设置自然保护区，保护野生动物的栖息地和生物多样性。

在经济领域，要转变经济增长方式，建立节约型国民经济新体系，将资源与环境成本纳入国民经济核算体系。政府在转变经济增长方式中的决策管理作用在于：政府资助科研活动；政府对市场失灵或不能很好发挥作用的公共性领域如农业、能源和环保等领域的科技进步和成果推广给以政策倾斜；通过政府采购保证企业利润，刺激企业从事研究与开发活动；政府通过法律法规鼓励技术创新和技术转移；政府提供知识产权保护。

在社会领域，要实施社会发展综合决策可持续发展审议制度，加强可持续发展组织管理体系建设，强化政府的调控与管理职能（张林泉等，2001）；要严格控制人口增长，保障公民基本的医疗卫生保健需求、教育需求和自由、民主、平等的政治参与；要努力提高人口素质，加强社会养老保险、医疗保险、失业保险和最低生活保障等各项社会事业的发展。作为一个大国，中国必须承担国际性的责任与义务。可持续发展与人口控制、环境污染等一系列问题，都是今后国际交往特别是争取国际资金援助的主要方面，这要求政府积极加强国际合作与交流，制定一个国家参与全球可持续发展的制度框架，并培养一个公众参与可持续发展建设的民意基础。

## 第三节　人口结构与可持续发展

人口结构是人口再生产的基础，是评价可持续发展能力的重要指标，合理的人口结构是实现可持续发展的必要前提。这是因为，人口结构与人口数量的增长和人口素质的提高关系密切，人口结构可以影响人口再生产模式，从而对人类可持续发展前景产生影响。通过人口结构的调整，人类能够更容易地协调好人的生产、物质生产和环境生产之间的关系，使社会系统、经济系统和自然系统协同进化，确保人类始终行进在可持续发展的道路上。

### 一、人口自然结构与可持续发展

人口的自然结构包括人种、性别和年龄三种结构。人口自然结构由人口的出生与死亡引起，对人口再生产的规模和速度以及国民经济的发展有着重要的影响。在国家和地方尺度上，一般只考查年龄和性别结构。

#### （一）人口年龄结构

人口年龄结构是从年龄角度考查总人口中不同年龄段人口所占比例及相互关系。人口年龄结构既能反映社会经济因素对人口再生产的影响，也能反映人口因素对经济社会发展的潜在影响。人口的年龄构成可分为三大段：014 岁为少年儿童段；1559 岁（或 64 岁）为劳动年龄段；60 岁（或 65 岁）以上为老年人口段。其中，少年儿童段人口和老年人口段人口合称为非劳动年龄人口。老年人口系数、少年儿童系数和人口抚养系数是衡量人口年龄结构的三个常用指标。计算公式为

人口总数＝少年儿童人口数＋劳动年龄人口数＋老年人口数

少年儿童系数＝（少年儿童人口数÷人口总数）×100％

老年人口系数＝（老年人口数÷人口总数）×100％

劳动年龄人口系数＝（劳动年龄人口数÷人口总数）×100％

人口抚养系数＝少年儿童抚养比＋老年人口抚养比

＝（少年儿童人口数＋劳动年龄人口数）÷劳动年龄人口数

＝（少年儿童系数＋老年人口系数）÷劳动年龄人口系数

老年人口系数过高不利于可持续发展。老年人口系数是老年人口数占总人口数的比重。老年人口系数过高导致人口老化。人口老化是老年人口系数随时间的推移不断上升的动态变化过程,它是出生率下降和平均预期寿命延长的必然结果。出生率下降使人口增长速度放慢,儿童少年人口比例降低,老年人口比例升高;平均预期寿命延长,老年人口的绝对数量增加,在人口增长速度稳定的情况下,老年人口比例也会上升。目前国际通行以老年人口比例作为人口老龄化的指标,如果某个国家或地区在某个时点上,60 岁以上人口比例达到 10%以上,或者 65 岁以上人口比例达到 7%以上,则这个国家或地区进入了老年型人口结构,人口开始老化。20 世纪 80 年代到 20 世纪末,我国人口结构由成年型向老年型过渡。1999 年我国 65 岁以上人口比例就已经达到 6.9%,21 世纪以后,被称为"银色浪潮"的人口老龄化速度加快,目前已经正式进入老龄化国家的行列。人口老龄化过程中,劳动年龄人口比重下降,导致劳动力资源不足;劳动人口抚养比的上升,导致劳动力成本加大(田雪原,2006)。

人口抚养系数过高也不利于可持续发展。人口抚养系数又称人口抚养比,是指总人口中非劳动年龄人口数与劳动年龄人口数之比,即少年儿童抚养比和老年人口抚养比之和。人口抚养系数又是老年人口系数、少年儿童系数和劳动年龄人口系数的函数,且与老年人口系数、少年儿童系数成正比,与劳动年龄人口系数成反比。其中,少年儿童系数是少年儿童人口数占总人口的比重,劳动年龄人口系数是劳动年龄人口占总人口的比重。2005 年,我国的人口抚养比已经相当的高,达到了 40.1%,其中少年儿童抚养比为 27.4%,老年人口抚养比为 12.7%。人口抚养系数过高,意味着劳动年龄人口的负担过重,劳动年龄人口创造的财富相当大的份额要被非劳动年龄人口消费掉,不便于资本积累和社会再生产,也不利于人口素质的提高,并因此加大资源消耗和环境污染的压力以及社会分配的不公,从而影响可持续发展及其能力建设。

### (二)人口性别结构

任何区域的人口总体都是由男性和女性组成的。可能有些地区的男性人口多,有些地区的女性人口多;有些年龄的男性人口多,有些年龄的女性人口多。我们把男性人口和女性人口的组成状况称为人口的性别结构。衡量人口性别结构的最常用的指标是人口性别比。总人口性别比是指某一时点上人口总体中男性人口数和女性人口数之比。计算公式为

$$总人口性别比=(男性人口\div女性人口)\times 100$$

性别比大于 100,说明男性人口多于女性人口;性别比小于 100,说明女性人口多于男性人口。一般来说,男女人口的性别结构是基本平衡的,总性别比通常在 100 左右。但不同年龄人口的性别比有较大差异。出生婴儿性别比是指一定时期内(通常为一年)出生婴儿中,男婴与女婴的人数之比。一般表示为每 100 个活产女婴所对应的活产男婴数。计算公式为

出生婴儿性别比=(活产男婴数÷活产女婴数)×100

出生婴儿性别比是决定总人口性别比的基础。所有国家的出生婴儿性别比都大于100,基本上为103~107。在通常情况下,由于各年龄男性人口的死亡率高于女性人口,因此随着年龄的增大,人口分年龄的性别比就越来越低。人口在青、壮年年龄段,性别趋于平衡;在老年年龄段,女性多于男性,因此老年人口性别比低于100。不同时期、不同地区、不同职业的人口性别比,可能有或大或小的差别。

人口性别比对可持续发展的影响是间接的和滞后的。在中国某些农村地区,由于重男轻女思想的作祟,加之超声诊断技术的滥用,导致出生婴儿性别比高达130以上,这给未来人口结构和社会结构都将带来不可预估的影响。

## 二、人口经济社会结构与可持续发展

人口经济结构可根据产业、行业、职业、收入和消费来划分,人口的社会结构可根据阶级、民族、宗教、语言、婚姻和家庭来划分。人口的经济社会结构通过人类的经济社会活动影响可持续发展,这里只简单介绍经济结构中的人口产业结构和人口民族结构。

### (一)人口产业结构

人口经济结构是国家制定人口经济政策的重要依据。人口产业结构是人口经济结构的基础,它是经济活动人口分布于国民经济各个部门从事各种经济活动所构成的比例关系,这一比例关系主要取决于社会经济的发展水平,并对社会经济的发展具有反作用。第一产业的农业和第二产业的工业都是物质生产部门,其生产发展都是以环境的承载和资源的消耗为基础的,特别是耕作业、林业和渔业等农业部门,采矿业、建筑业、制造业和化工业等工业部门,不仅要从环境摄取自然资源,而且还向环境排放废弃物,是威胁人类可持续发展的主要根源。可持续发展是一种新的发展模式,它追求从物品向服务的转变,因为这样会有更多的人口从事服务业,而不是农业和工业。因此,可持续发展的人口经济结构应是大部分人口从事服务业,且第三产业的从业人口比例大于第二产业从业人口的比例,第二产业从业人口的比例大于第一产业从业人口的比例。如果大部分人口从事农业生产,不仅反映出经济水平的落后,而且也是不利于可持续发展的。目前,发达国家人口产业结构已完成了由第一产业人口比重占50%以上的“传统型”向第一产业人口比重占15%以下的“现代型”的转变,不少国家第一产业人口比重甚至低于10%,美、英等发达国家更低至3%左右(石人炳,2003)。

### (二)人口民族结构

人口社会结构是国家制定协调社会关系、构建和谐社会的宏观政策的依据。人口民族结构是人口社会结构的基础,它是人口总体中各民族人口所构成的比例关系。民族是文化的结晶,不同的民族有着不同的文化特征,民族多样性是文化多样性的载体,正是文化的多样性让我们的世界绚丽多姿,丰富多彩。可持续发展要求保持文化的多样性，因此也要求保护民族的文字、语言、信仰、宗教和习俗等文化特质，特别是保护少数民族和土著民族的独特文化及其所生息繁衍的自然环境，因为他们千百年来形成的对待自然的态度和与自然和谐相处的方式是人类宝贵的文化遗产。

民族问题是社会发展总问题的一部分。民族问题是涉及政治、经济、社会和文化等诸多方面的世界性问题，民族矛盾不仅会引发战争冲突，影响代内关系，而且可能破坏环境，影响人地关系和代际关系。解决民族问题，关键是要实现民族平等和民族团结，实质是要协调人与人的关系，实现社会公正。可持续发展要求民族团结与协和。目前，世界上几乎所有国家都有两个或两个以上民族居住，不存在纯粹意义上的单一民族国家。中国是一个具有民族多样性的国家。中华民族是一个拥有五十六个民族的大家庭，各民族文化特质鲜明，但又统一于中华文化这个主流。各民族人口在地理空间上交错而居，呈大杂居、小聚居的分布状态，而少数民族多分布在生态保持良好的边陲地区。中国可持续发展战略的实施，不仅要解决民族之间的平等与团结问题，而且要解决少数民族地区的环境与发展问题。

## 三、人口空间结构与可持续发展

人口空间结构又称人口地域结构，是人口在一定地理范围内的不同区域之间构成的比例关系，它是人口迁移、流动、繁衍的结果，而且随着社会的发展不断发生着改变。调整人口的地域结构，是可持续发展系统协调区域内部人与自然的关系以及区域之间关系的一个重要途径。可持续发展要求人口的空间分布与区域的环境承载力相适应，实现人口与资源、环境的协调发展。

### （一）全球人口分布

2008 年，世界人口已达 67 亿，其中绝大多数生活在发展中国家。联合国人口与发展委员会 2001 年发表的调查报告指出，世界较发达地区的人口密度为 22 人/$km^2$，而欠发达地区的人口密度为 59 人/$km^2$，几乎是发达地区的 3 倍。目前，世界人口主要分布在：西部和中部欧洲，特别是英国、法国、比利时、卢森堡、德国和意大利；北美东中部，即美国东部和加拿大东南部地区；南亚次大陆，包括巴基斯坦、印度、孟加拉和斯里兰卡；亚洲的远东部分，特别是中国东部、朝鲜和日本等地区①。以上四个地区的人口密度都超过 100 人/$km^2$。世界人口的这种地域结构，还将长期存在并可能进一步强化。世界人口地域结构的形成与区域开发的历史有着密切的关系，对于制定全球可持续发展战略的制度框架具有不可忽视的意义。

### （二）我国人口分布

著名地理学家胡焕庸在 1935 年发表了题为《中国人口之分布》的论文，第一次明确概括出了中国人口分布的特点："今试自黑龙江之瑷珲，向西南作一直线，至云

---

① http://www.uzz.edu.cn/dlx/ie—classroom/environment/wykj/main02001.htm

南之腾冲为止，分全国为东南与西北两部，则此东南部之面积，计四百万平方公里，约占全国总面积之百分之三十六，西北部之面积，计七百万平方公里，约占全国总面积之百分之六十四；唯人口之分布，则东南部计四万四千万，约占总人口之百分之九十六，西北部主人口，仅一千八百万，约占全国总人口之百分之四，其多寡之悬殊，有如此者。"这就是著名的"胡氏瑷珲-腾冲线"。70多年来，虽然我国东南部和西北部的绝对人口数和人口密度都有了很大的提高，但它们之间的比例关系并没有太大的变化，"胡氏瑷珲-腾冲线"至今仍是体现中国人口地域结构的基本分界线。同世界人口分布的总趋势一样，中国人口分布也具有三个明显的趋向性：趋向沿海；趋向低平地势；趋向暖湿气候。正是这些趋向性综合导致了中国东南部和西北部人口分布的悬殊差异①。

我国人口分布东南稠密而西北稀疏的人口地域结构是地理环境影响下人口繁衍、迁移、流动的趋向性结果，是历史发展的必然，因而也是合理的，我们不必要也不可能改变这种宏观的人口地域结构，但是，了解这种人口的地域结构对于构建区域和国家可持续发展的政策体系是十分必要的。尤其是在西北部，许多地区生态环境脆弱，人口负荷超过了环境的承载力，严格控制人口增长，努力提高人口素质，加强环境保护和生态建设，已经成为我国西北部区域可持续发展的紧迫任务。总之，我国作为世界人口最多的国家，尽管人口自然增长率已经降低到了较低水平，但由于人口基数大，每年净增人口数量仍以千万计，无论是西北部还是东南部，在今后相当长的时期内，严峻的人口压力仍然是我国实施可持续发展战略的严重挑战。

## 第四节　人的观念与可持续发展

观念是人类对待自然与社会各类事物的总的态度和情感，与人的世界观、人生观、价值观密不可分。观念支配行动，改变人的观念是改变人的行动的前提，可持续发展要求改变传统的人类中心主义观念，将自然生态纳入道德关怀的范畴，树立正确的生态文明观、绿色消费观和清洁生产观。

### 一、生态文明观

生态文明是人类继农业文明、工业文明之后的新的文明形式，其核心是协调人与自然的关系。树立人与自然和谐共处、社会系统与生态系统协同进化的生态文明观，是可持续发展系统对提高人口思想道德素质的总的要求。

#### (一)生态文明的内涵

"生态文明"是个新概念。关于生态文明的内涵，学术界尚未取得一致意见。下面是几种较有代表性的有关"生态文明"的定义或描述：

---

① http://web.playedu.cn/RESOURCE/CZ/CZDL/DGJC/3/ZGDRK/472_SR.HTM

——生态文明是指人类在改造客观世界的同时，又主动保护自然生态，改善和优化人与自然的关系，建设有序的生态运行机制和良好的生态环境，所取得的物质、精神和生态成果的总和。生态文明是一种尊重自然、利用自然、保护自然、与自然和谐相处的文明形态。它继承和发扬农业文明和工业文明的长处，强调自然界是人类生存与发展的基础，人类社会在自然界的基础上与之相互作用、共同发展，强调人与自然必须协调共处，人与生存环境必须协同进化（程样国和黄平槐，2007）。

——生态文明以尊重和维护生态环境为主旨，以可持续发展为根据，以人类未来的继续发展为着眼点，强调人与自然环境的相互促进、共处共荣。生态文明落实在生态经济、生态文化、生态环境建设中。生态文明是要在把握自然规律的基础上积极能动地利用自然、保护自然，繁荣物质文明；生态文明要求人类尊重和爱护自然，树立生态观念，以此促进人与人、人与社会的和谐共生和全面协调可持续发展（杨国昕，2007）。

——生态文明以尊重和维护自然为前提，以人与人、人与自然、人与社会和谐共生为宗旨，以建立可持续的生产方式和消费方式为内涵，以引导人们走上持续、和谐的发展道路为着眼点。生态文明强调人的自觉与自律，强调人与自然环境的相互依存、相互促进、共处共荣，既追求人与生态的和谐，也追求人与人的和谐，而且人与人的和谐是人与自然和谐的前提。可以说，生态文明是人类对传统文明形态特别是工业文明进行深刻反思的成果，是人类文明形态和文明发展理念、道路和模式的重大进步。

——生态文明是指人类遵循人、自然、社会和谐发展这一客观规律而取得的物质与精神成果的总和；是指人与自然、人与人、人与社会和谐共生、良性循环、全面发展、持续繁荣为基本宗旨的文化伦理形态。

综上所述，生态文明是目前人类最高级的文明形式，它以建设人与自然以及人与人关系协调的可持续性社会为目标，强调文明进程中生产方式和消费方式的可持续性，以及社会系统与生态系统的协同进化。

### （二）可持续发展的生态文明观

生态文明观是人们对于生态文明所抱持的态度、情感、看法和观点，简言之就是生态文明的理念。人们只有树立了生态文明的理念，才有可能参与生态文明的建设。生态文明是以建设可持续性社会为目的的，因此，生态文明观与可持续发展的关系是“知”与“行”的关系，而绿色消费观和清洁生产观是两个核心的生态文明理念。

文明是个历史范畴，生态文明阶段是人类经历农业文明和工业文明之后进入的一个新的文明阶段。在这个阶段里，不但人类个体要得到全面发展，社会整体要得到全面进步，而且支撑人类社会发展的地球生态系统也要协同进化，持续繁荣。生态文明理念下的物质文明，必须致力于消除人类社会经济活动对生态系统完整性和稳定性构成的威胁，逐步形成与生态承载力相协调的生产方式与消费方式，不断提高人类的生活质量；生态文明理念下的精神文明，必须提倡认识自然、尊重自然、保护自然，建立与可持续社会要求相适应的环境伦理，以及资源节约和环境友好的生活方式；生态文明理念下的政治文明，必须尊重利益和需求的多元化，保护民族和文化的多样性，保障公众的民主参与和社会的公平公正。

与传统的农业文明观和工业文明观相比，生态文明观既是伦理价值观的转型，也是生产方式和消费方式的转型。生态文明观认为，自然系统是一个有机的整体，不仅具有为人类所用的功利价值，而且具有其与生俱来的内在价值，人和所有其他生命形式一样都是依存于自然系统的，因此人类必须尊重自然，崇尚生命，与自然界的其他生命共享一个地球。生态文明观还认为，人类应负责任地生活，摒弃工业文明那种从原料→产品→废弃物的单行道式的生产方式，以及那种以物质主义为原则以高消费为特征的穷奢极欲式的生活方式，致力构建一个在生态承载力范围内生存和发展的生活方式。总之，“我们行动的结果应当有利于自然的进程……这种进程包括实践中进行的物理的、生物的和社会的过程。在这个无所不包的意义上，我们必须与自然和谐地生活，然后才能起到我们的作用，同时实现我们自己(的价值)”(欧文·拉兹洛，1989)。

## 二、绿色消费观

人的行为受人的思想观念控制，社会大众的行为受社会意识控制。可持续发展系统的基本矛盾是人类社会需求的无限性和地球资源供给的有限性，要建立可持续的生活方式，必须树立大众的绿色消费意识，限制人类社会不合理的需求。

### (一)绿色消费的内涵

随着社会生产力的发展，人们改造自然的能力越来越强，人类从“为生存而斗争”逐渐演变成“为享受而斗争”(马克思和恩格斯，1979)，以致人类的需求无节制地恶性膨胀，自然资源被过度消耗，生态环境被漠然对待。反观历史，展望未来，可持续发展要求绿色消费。

绿色消费是一种综合考虑环境影响、资源效率、消费者权利的现代消费模式，主要包括三方面的内容：在消费内容上，消费具有节材、节能、易回收、易分解、安全无毒、无污染的物品和服务；在消费过程中，注重对垃圾的处置，尽量减少环境污染；在消费观念上，引导人们在追求生活方便、舒适的同时，注重环保，节约资源和能源，自觉抵制和不消费那些破坏环境或大量浪费资源的商品，实现可持续消费。因此，绿色消费又称可持续消费，是一种避免或减少环境破坏，崇尚自然和保护生态的适度消费模式。绿色消费不仅追求满足当代人的消费需求和健康安全，而且追求满足后代子孙的消费需求和健康安全。

绿色产品是绿色消费的对象。对绿色产品进行归类相当困难，但对非绿色产品进行规类似乎容易得多。1987 年在英国出版的《绿色消费者指南》中将绿色消费定义为避免使用下列商品的消费:①危害到消费者和他人健康的商品;②在生产、使用和丢弃时,造成大量资源消耗的商品;③因过度包装,超过商品本身价值或过短的生命周期而造成不必要消费的商品;④使用出自稀有动物或自然资源的商品;⑤含有对动物残酷或不必要的剥夺而生产的商品;⑥对其他国家尤其是发展中国家有不利影响的商品。

(二)可持续发展的绿色消费观

绿色消费是一种超越自我的高层次的理性消费,是带着环境保护意识的消费活动,它是对传统观念的反叛,它体现了人类崭新的道德观、价值观和人生观。可持续发展的绿色消费观必须遵循和体现“5R”的理念:①节约资源,减少污染(reduce);②绿色生活,环保选购(reevaluate);③重复使用,多次利用(reuse);④分类回收,反复循环(recycle);⑤保护自然,万物共存(rescue)。

绿色消费对于可持续发展的意义在于:①有利于人与自然的和谐共处。人是万物之灵,不是万物之神,人类只有与自然和谐共处才能获得生存,才能谋求发展。绿色消费理念的建立有助于人们认识自然、尊重自然、保护自然,改变传统的生活方式,实现人与自然的和谐。②有利于经济发展的可持续性。人们过去往往把发展等同于经济增长,且以牺牲环境为代价,导致人类的经济活动“有增长无发展”,甚至是“恶的增长”。绿色消费理念的建立有裨于绿色技术体系和绿色产品体系的建立,摒弃过去那种依靠自然资源消耗获得经济增长的发展模式,增强经济增长的可持续性。③有利于人类生活质量的提高。物质生产力的提高为人类创造出了更多的物质财富,也满足了人类更多的物质欲望,但人们却没有因此获得更多的幸福感。这是因为,人们在创造物质财富的同时也在污染环境,在享受丰富的物质产品的同时也要忍受环境污染的危害。绿色消费理念的建立有利于社会公民把自己的切身利益与其所生活的环境融合起来,认识到保护环境就是保护自己的切身利益,从而自觉地保护环境,自觉地节俭消费。

## 三、清洁生产观

清洁生产是绿色消费的孪生概念,没有绿色消费的需求,就不可能有清洁生产的出现。正是全球性的绿色消费的需求,引发生产领域的革命,导致生产观念的更新和清洁生产理念的诞生(梁琦,1995)。清洁生产观是人类对工业生产过程中产生的环境污染的负面作用逐渐认识后做出的反应和行动,是环境保护战略由被动反应向主动行动的一种转变。

(一)清洁生产的内涵

有关清洁生产的由来和内涵,我们在第五章“工业可持续发展”中还要详细谈到,这里只简单地介绍一下概念。

“清洁生产”是由联合国环境规划署工业与环境规划活动中心(UNEPIE/

PAC)在1989年首先提出的,它是指将整体预防的环境战略持续应用于生产过程、产品和服务中,以增加生产效率和减少人类及环境的风险(United Nations Environment Programme, 1989)。不难看出,清洁生产的内容是清洁的产品、清洁的生产过程、清洁的服务。也有人认为,清洁生产的内容是清洁的原料和能源利用、清洁的生产过程、清洁的产品。

(二)可持续发展的清洁生产观

实现可持续发展,必须对不可持续发展的现象追根溯源,釜底抽薪,从源头控制不可持续现象的发生。对此,联合国《21世纪议程》明确指出:"全球环境不断恶化的主要原因是不可持续的消费与生产方式,尤其是工业化国家的这种方式……应建立国内政策构架,鼓励转向较可持续的消费和生产方式(United Nations, 1992)。"由此可见,实施可持续发展战略必须有可持续的消费方式和生产方式作支撑,这就是绿色消费和清洁生产。

可持续发展的清洁生产观是一种新的创造性的思想,它要求在社会化大生产过程中遵循和体现"三个极化"的原则:自然资源和能源利用的最合理化;经济效益的最大化;对人类和环境危害的最小化。总之,物质生产过程是人类满足各种层次需求的必需过程,培养清洁生产的社会意识对可持续发展战略的实施具有十分重要的意义。

## 四、环境伦理观

人类社会越进步,道德关怀的范畴越宽泛。环境伦理是人类进步的产物,是人类将对自身的道德关怀扩展到大自然的产物。摆正自己的位置,承认自然的价值,树立人与自然平等的环境伦理观念,是可持续发展对人的素质的要求。

(一)环境伦理的内涵

伦理是处于道德最底线的一种人与人之间的关于性、爱以及普遍自然法则的行为规范。在社会博弈中,伦理是约定俗成的"非正规约束"。1997年9月,由24位前国家或政府首脑组成的国际行动委员会发布了一份人类责任环球宣言,呼吁建立新的基于共同价值的伦理学:"因为全球相互依赖,要求我们必须彼此和谐生活。人类需要规则和限制。伦理学是使集体生活成为可能的最低标准。没有伦理学及其带来的自我约束,人类将回到适者生存。世界现在需要可以在上面立足的伦理基础"(欧文·拉兹洛,2004b)。这个伦理基础就是环境伦理。

环境伦理又称生态伦理或地球伦理,是关于人与自然道德关系的看法和行为规范。环境伦理是可持续发展要求建立的一种全新的社会伦理,它的"新"主要体现在将道德关怀的范畴从人延伸到人类赖以生存的自然环境,认为人类是大自然的道德代理人,承认我们不仅对其他人,而且也对自然有责任;承认大自然具有内在的存在价值,承认一切形式的生命有独立于它们与人类价值和利益关系的自身的价值;关注自然权利和对环境的公正,将人与自然关系的协调视为人类的道义上的责任；保持人类主要需要和需求所需的资源与自然的生命支持循环圈和生命保障系统之间的动态平衡。

1997年颁布的《地球宪章》是环境伦理精神的体现，它提出的18条原则中相当部分是环境伦理的内涵。如：

——尊重地球和一切生命。

——维护地球，保护和恢复这个行星的生态系统的多样性、完整性和美丽。

——可持续地生活，提倡和采取那种尊重和确保人权以及地球再生能力的消费、生产和再生产方式。

——以慈悲心对待一切生物并且保护它们免受残忍和疯狂的摧毁。

——不要对他人的环境做你不愿对自己环境做的事情。

### （二）可持续发展的环境伦理观

可持续发展的环境伦理观是社会可持续发展的制度建设的重要内容，它以“非正规约束”的形式与环境法规的“正规约束”一道保障社会可持续发展的实施。关于这点，我们在第七章“可持续发展的制度建设”中还要论述，这里我们只说明可持续发展的环境伦理观的主要特点。

(1)可持续发展的环境伦理观以人与自然和谐为目的。它强调人与自然关系的协调，而这种协调是人的道德责任，它要求人类担负起自然保护者和道德代理人的责任，建立起可持续发展的环境伦理规范。

(2)可持续发展的环境伦理观以人与自然的整体为中心。它既不是“人类中心主义”的伦理，也不是“自然中心主义”的伦理；它把人类系统和自然系统看成是生命共同体，要求人类对其进行整体的观照；它承认自然生态的存在价值或内在价值，也承认人类的能动作用；它既给当代和未来的人类以道德关怀，也给人类赖以生存和发展的生命保障系统以道德关怀，从这个意义上说，它是“生态中心主义”的伦理。

(3)可持续发展的环境伦理观以环境公正为观照的核心。它认为环境公正是人与自然关系和人与人关系协调的保障，环境公正包括国际环境公正、国内环境公正和代际环境公正。国际环境公正意味着各地区、各国家享有平等的自然资源的使用权利和可持续发展的权利；国内环境的不公正会加剧环境的恶化，造成生态危机，并最终殃及邻国和全球；代际环境公正就是要保证后代人具有与当代人一样平等的发展机会，使后代人拥有至少和当代人一样的资源基础和环境基础。

(4)可持续发展的环境伦理观以人类思想变革为进化的重点。人类世界和物质世界、生物世界一样都在不断的进化过程中，人类必须认识到他们所面临的困境不是来自地球，而是来自人类自身。因此在解决这些问题时，需要重新设计的不是我们周围的世界，而是我们自己的思想和行为。这是因为，“思想是我们这个世界的一种重要的催化剂，它们不仅是技术创新的源泉，更是社会进步的源泉”(欧文·拉兹洛，2004b)。因此，可持续发展的环境伦理观对可持续社会建设具有十分重要的意义:第一,“道德代理观”的建立,有利于人类自觉尊重、维持、保护大自然,减少环境污染和生态破坏;第二,“环境公正观”的建立,有利于限制自然资源的滥用,实现自然资源的代内和代际公平;第三,“环境有限观”的建立,有利于人类将社会活动控制在环境承载力内,维持生态系统的可持续性;第四,“环境价值观”的建立,有利于树立正确的环境意识,建立环境友好型的可持续社会。

## 本章小结

可持续发展是以人为本的发展,我们追求可持续发展,也就是追求人的可持续发展。人口要素是可持续发展系统中起核心作用的要素。人口数量、人口素质、人口结构和人的观念对可持续发展都有重大影响。

在人口数量方面,人口过多和人口过少都不利于可持续发展,但现在面临的主要是人口过多的问题。有些国家和地区,人口过多已经成为环境恶化的根本原因。保持适度的人口规模,是实现可持续发展的必要条件。适度人口是在一定目标和条件下区域能够供养的最优人口数量。人口压力问题实质上是消费需求问题,适度人口问题本质上是适度消费问题。适度消费是区域消费水平、消费结构与其生产力水平和自然承载力相适应的消费,它具有适度性、文明性、可持续性和人本性的消费特征。

在人口素质方面,科学技术是第一生产力,科技进步通过提高生态承载力和社会生产力来推动可持续发展,可持续发展对技术革新的方向给予指导和规范;技术革新既要符合可持续发展的环境伦理,又要符合可持续发展的社会伦理。决策管理能力既是人的素质的重要表现,也是国家可持续发展能力建设的重要环节,可持续发展要求加强对生态领域、经济领域和社会领域的决策管理。环境意识是人们关于自然资源与生态环境的自然观、资源观、价值观的综合反映,提高环境意识,教育要先行,政府要引导,形式要多样。

在人口结构方面,人口自然结构中,老年人口系数和人口抚养系数过高都不利于可持续发展,出生婴儿性别比的畸形发展对未来人口结构有着不可预估的影响。人口经济结构中,可持续发展追求从物品产业向服务产业的转变,高比例的人口从事服务业比高比例的人口从事农业和工业更有利于可持续发展。人口社会结构中,民族多样性是文化多样性的载体,可持续发展要求保护民族的文化特质,特别是保护少数民族文化及其生存的自然环境。人口地域结构中,世界人口集中于发展中国家,以及我国人口分布集中于东南半壁的状态还将长期存在,这对制订可持续发展战略的制度框架具有重要意义。

在人的观念方面,树立生态文明观是可持续发展对提高人口素质的总的要求。生态文明以建设人与自然以及人与人关系协调的可持续性社会为目标,绿色消费观和清洁生产观是其核心理念。绿色消费是一种综合考虑环境影响、资源效率、消费者权利的现代消费模式,绿色消费有利于人与自然的和谐共处,有利于经济发展的可持续性，有利于人类生活质量的提高。清洁生产将整体预防的环境战略持续应用于生产过程、产品和服务中，以增加生产效率和减少人类及环境的风险，它追求自然资源和能源利用的最合理化，经济效益的最大化，对人类和环境危害的最小化。

## 思考题

1. 适度人口与适度消费。
2. 科学技术与可持续发展。
3. 决策管理与可持续发展。
4. 人口结构与可持续发展。
5. 生态文明与生态文明观。
6. 绿色消费与绿色消费观。
7. 清洁生产与清洁生产观。
8. 环境伦理与环境伦理观。

# 第四章　资源可持续发展

**本章导读**

上一章讨论了可持续发展系统里最活跃的要素——人口，分析了人口数量、人口素质、人口结构以及人的观念与可持续发展的关系，介绍了可持续发展对人口要素的相关要求。本章将探讨可持续发展系统里的资源要素。这里的资源要素仅指自然资源。从历史角度考察，人类发展的历史实际上就是人类开发利用自然资源的历史。那么，自然资源与可持续发展有着怎样的关系？自然资源代际分配的内在机理是什么？要回答这些问题，我们首先必须对资源特性和资源开发史有个概括性的认识，然后对资源经济学的基础理论有比较详细的了解，对自然资源的可持续利用有比较全面的认识。

- 自然资源的特性
- 资源开发与人类发展
- 资源经济学基础
- 自然资源的可持续利用

## 第一节　资源特性与资源开发

自然资源是在一定时间、地点的条件下能够产生经济价值，以提高人类当前和未来福利的自然环境因素和条件。在可持续发展系统里，资源是维系人类系统和生态系统相互作用的物质流，是提高人的生活质量和社会福利的物质来源。

### 一、自然资源的主要特性

自然资源是环境生产的产物，存在于地球环境中，从环境生产角度看具有禀赋的有限性和分布的区域性。自然物质之所以成为资源，是因为它们对人类有用，从人类利用角度看，自然资源具有效用的多样性和质量的可变性。

（一）资源禀赋的稀缺性

任何“资源”都是相对人类“需求”而言的。所谓资源禀赋的稀缺性，是指自然资源供给相对于人类需求在数量上的不足。人类的需求是无限的，而自然资源的供给是有限的。因此，资源的稀缺性又称有限性，包括资源禀赋的有限性、资源利用的有限性和资源范围的有限性（毛志峰，2004）。

（1）绝对稀缺。绝对稀缺即自然资源绝对数量上的短缺，是指当自然资源的总需求超过总供给时所造成的稀缺。自然资源的绝对稀缺源于庞大的人口总量及其资源消耗水平，如庞大的人口总量导致了我国自然资源的绝对稀缺。我国土地面积居世界第三位，但是由于人口规模过大，人均耕地面积只有世界平均水平的1/3，人均森林面积不足世界平均水平的1/6，人均草原面积不足世界平均水平的1/2，人均矿产资源也只有世界平均水平的 1/2(田雪原，2000)。此外，从世代延续的角度看，人类的发展是无限的，而很多自然资源使用过后就不能再生，这也体现了自然资源的绝对稀缺性。

(2)相对稀缺。相对稀缺即自然资源结构上的短缺，可分为总体资源结构性短缺、同类资源结构性短缺和开发利用条件结构性短缺。总体资源结构性短缺是指在全部自然资源中，某些关键资源的不足，这是资源类型结构的不完善所致。同类资源的结构性短缺是指在具有较强替代性的同类自然资源中，优质与劣质的质量结构不均衡的问题。例如，我国化石燃料中，石油、天然气等优质能源所占比例偏低，而煤等劣质能源所占比例偏高。开发条件的结构性短缺是指自然资源开发利用的难度大和成本高。例如，我国一些总量较大的矿产资源(铁、磷等)大多为贫矿，开采和利用的难度大、成本高。

### (二)资源分布的区域性

自然资源的形成服从一定的地域分异规律。资源分布的区域性是指自然资源在地域空间上的非均衡性与差异性。自然资源是人类社会发展的物质基础，资源分布的区域性在很大程度上决定了可持续发展的区域性。

(1)单个资源的区域性。有些资源在某些地方密度大、数量多、质量好，易于开发利用；在另一些地方则密度小、数量少、质量差，难以开发利用。例如，世界石油资源的分布是北半球多于南半球，东半球多于西半球，煤炭资源的探明储量也是北半球多于南半球。我国自然资源的分布也具有明显的区域性：水资源是南多北少；森林资源集中于东北和西南；石油与煤炭集中于东北与西北，而经济较发达对能源需求大的东南部地区却严重缺少这些资源。

(2)资源组合的区域性。物质生产需要多种自然资源，对于特定区域而言，考虑各类资源的组合，尤其是那些不便于长途运输的自然资源的组合具有重要意义。例如，农业生产不仅需要丰富的水资源，还需要适宜的气候资源、土壤资源等，只有水、土、光、热资源组合适宜，才可能具有农业发展的优势。资源组合的区域差异较为普遍，例如，黄土高原土壤资源丰富，但水资源不足，一定程度上约束了该区域的农业生产；华南地区水热条件好，但土壤质量不高，同样影响了农业生产。

### (三)资源效用的多样性

资源效用的多样性是指自然资源为人类利用的途径的多样化和价值的多样化。自然资源最基本的属性就是它对人类的有用性。例如，煤既可作燃料，又可作化工原料。一条河流，可用以农业灌溉，也可用作水力发电，还可开辟水路交通和旅游通道。资源效用的多样性要求：第一，注重自然资源的综合开发和利用；第二，注重自然资源之间的替代和互补，利用相对丰富的自然资源弥补稀缺资源，减少稀缺资源的消耗；第三，全面考虑资源利用的真实成本，这是因为资源的多功能性与稀缺性相结合使得对任何资源的利用都会出现机会成本问题，即以某种方式利用自然资源而放弃以其他方式利用这项资源可能产生的最大收益。

**专栏 4.1　机会成本**

在一个稀缺性的世界，我们不得不做出选择，选择一种东西意味着放弃其他东西，所放弃的选择被称为机会成本。

我们的时间或收入是有限的，当你决定是上大学还是工作、是购买汽车还是投资房地产时，在每一种情况下，你不仅考虑了这些选择的直接花费，而且你可能还会对各种选择进行权衡，权衡的依据是什么呢？你可能会考虑：当选择上大学时，会损失多少工作收入；当选择购车时，会损失多少投资收益。这些损失的收益，就是你选择上大学、购车的机会成本。

萨缪尔森举了一个在国立黄石公园附近开采金矿的成本的例子说明机会成本。开采者声称，由于黄石公园的门票收入机会不受影响，因此金矿开采的成本很低。但经济学家会说，用货币收入来衡量成本太狭隘了。试问伴随金矿开采而来的噪音、水和空气的污染、环境的恶化是否真的不会影响黄石公园独特而宝贵的价值？尽管货币成本可能很小，但事实上考虑到野生动物和自然生态价值的丧失，机会成本可能更大。

考虑一下，你是否有机会成本？机会成本有多大？

资料来源:保罗·萨缪尔森和威廉·诺德豪斯，1999

### （四）资源质量的可变性

资源质量的可变性即资源质量的动态变化性，是指自然资源的质和量相对于人类的开发利用总是处于不断变化的状态。对于不可再生资源，人类利用总是趋向于降低其数量和质量，这是因为人类开采不可再生资源时总是首先开采那些品位高的富矿，随着高品位矿藏的逐渐减少，人类利用的难度和成本不断增加。相对而言，可再生资源的数量和质量较为稳定，这是因为生态系统具有一定自组织和自稳定能力，资源的更新率相对的稳定，但一旦对生态系统的干扰超出其抗干扰能力，可再生资源的质量也会发生变化，如森林大火可导致森林资源的质量产生质的变化，环境污染可导致水资源的质量降低。可再生资源质量的变化可以是良性的，也可以是负面的。人工造林可使森林资源数量增加，质量改善；过度砍伐可使森林资源数量减少，质量退化。

## 二、资源开发与人类发展

### （一）自然资源与人类需求的满足

自然资源的概念是相对于人类需求而言的，人类的所有需求只有通过占有和使用一定数量与质量的自然资源才能得以满足。人类究竟有多少种需求？1987年，美国人本主义心理学家马斯洛把人类需求由高到低分成五个层次：生理需求、

**专栏 4.2　马斯洛需求层次**

生理需求，是指人类维持生存的需要，即衣、食、住、行的基本需要。所谓“民以食为天”，人类生存与发展的首要条件就是得以温饱，这是人类最低限度的需求。

安全需求，是指避免生理和心理方面受到伤害所需要的保护和照顾的需求。如免受剥削、免于失业的需求以及希望人类赖以生存的自然资源不要枯竭、自然环境不要退化的需求等。

社会需求，即感情的需求、社会交往的需求，是指人希望被社会上某些群体或他人所接受，使其在精神上有所归属。叶落归根、回归自然、游山玩水、体育娱乐皆属此类。

尊重需求，是指通过自己的才华与成就获得他人的尊重，即要求他人给予尊敬、赞美、赏识和承认地位的需求。

自我实现的需求，指实现自己理想和抱负、自己的价值、取得成功的需求。

安全需求、社会需求、尊重需求以及自我实现的需求。一般来说，只有当较低层次的需求满足以后，才会出现较高层次的需求。在这五个层次的需求中，前两种纯属于物质方面的需求，后三种属于精神方面的需求。人类无论是物质需求还是精神需求的满足，都需要相当的物质基础。这是因为，精神需求间接上均与物质要求有关，要获得归属感、获得他人尊重、实现自我价值，除了涉及个人能力、价值观、社会制度等非物质因素外，也必须有一定的物质装备和经济基础。满足人类需求的物质产品从何而来？追根溯源，都是来自自然资源，因此，自然资源是满足人类各层次需求的基本源泉。

### （二）人类开发自然资源的阶段特点

人类社会发展史是自然资源的开发史。不同历史阶段，人类对自然资源需求的不同以及生产技术的不同，导致自然资源开发在种类、数量、规模、范围上的不同（表 4.1）。

**表 4.1　人类开发利用自然资源的阶段特点**

| 社会发展阶段 | 文化时期 | 人类技术水平 | 新增的自然资源种类 |
|---|---|---|---|
| 狩猎-采集社会 | 旧石器时代 | 粗制石器、钻木取火 | 燧石、树木、鱼、兽、果 |
| | 新石器时代 | 精制石器、刀耕火种 | 栽培植物、驯化动物 |
| 农业社会 | 青铜器时代 | 青铜斧、犁、冶铜技术、轮轴机械、灌溉技术、木结构建筑 | 铜、锡矿石、耕地、木材、水流 |
| | 铁器时代 | 铁斧、犁、刀、冶炼技术、齿轮传动机械、石结构建筑、水磨 | 铁、铅、金、银、汞、石材、水力 |
| | 中世纪 | 风车、航海 | 风能、海洋水产 |
| | 文艺复兴期 | 爆破技术 | 硝石（炸药与肥料） |
| 工业社会 | 产业革命期 | 蒸汽机 | 煤的大量使用 |
| | 殖民时期 | 火车、轮船、电力、炼钢、汽车、内燃机 | 石油 |

续表

| 社会发展阶段 | 文化时期 | 人类技术水平 | 新增的自然资源种类 |
| --- | --- | --- | --- |
| 工业社会 | 第一次世界大战前后 | 飞机、化肥 | 铝、磷、钾 |
| | 第二次世界大战前后 | 人造纤维、原子技术 | 稀有元素、放射性元素；石油和煤不仅作为能源，也作为原料 |
| | 20世纪50年代后 | 空间技术、电子技术、生物技术等新技术 | 更多的稀有金属、半导体元素、遗传基因 |

资料来源：中国自然资源委员会，1986

资源是个历史范畴，现在也许一钱不值的东西，在我们后代子孙那里有可能成为无价之宝。采狩经济时代，土地、水不被看作资源。随着农牧业的兴起和灌溉技术的发展，土地、水成了资源；在石器时代，铜不是资源；在青铜器时代，铁不是资源；生物技术兴起以前，生物基因未被当作资源，但它现在是重要的资源。20世纪50年代以前，石油都采自陆地，而现在人类已经在海洋开采石油。"洪水猛兽"曾被看作灾难，但现在已作为资源发电。另一方面，由于技术发展、替代品的出现等原因，以前很宝贵的资源现在已经没什么价值。例如，以前作为燃料用的植物，现在已被燃烧值更高、更清洁环保的能源所替代。

## 第二节　资源经济学基础

人类经济活动是以物质生产为中心的，而物质生产是以自然资源的开发和利用为基础的，因此，资源经济学是可持续发展研究的重要内容。

### 一、资源可获得性度量

资源可获得性是指人类可利用的自然资源的规模。在资源经济学里，自然资源通常分为两类：一类是流动性资源，相当于可再生资源，是指那些在短暂的、与人类相关的时间间隔内可以自然更新的自然资源，包括大气、水、动植物、风能和潮汐能等。随着观测手段的丰富、观测精度的提高、观测网点的加密以及数据处理技术的迅速发展，人类对流动性资源的估算日益准确。另一类是储存性资源，相当于不可再生资源，是指所有的矿藏和土地，它们经过千百万年才形成，在人类历史时期内其供给是固定的。由于对整个地球物理过程的认识、地质构造理论和地球起源理论尚欠完善，而且在深部探测技术方面还有待提高，人类对储存性资源存量的认识还处于较低水平(朱迪·丽丝，2002)。

#### (一)不可再生资源的度量

要度量不可再生的储存性资源，首先要依据地质学原理、开采的技术可行性和经济可行性对其进行细分(表4.2)。

**表 4.2　储存性资源蕴藏量构成分类表**

<table>
<tr><td colspan="5">最终可采资源</td><td rowspan="4">不可开采资源</td></tr>
<tr><td colspan="3">查明的资源</td><td colspan="2">未查明资源</td></tr>
<tr><td colspan="2">探明储量</td><td rowspan="2">推断储量</td><td rowspan="2">远景资源</td><td rowspan="2">理论资源</td></tr>
<tr><td>测出储量</td><td>证明储量</td></tr>
</table>

资料来源：Tietenberg，2000

(1)资源基础。资源基础即资源蕴藏量，是指地壳中资源的自然拥有量。通常用矿物的元素丰度乘以地壳的总重量(一般用 1km 或 1mile[①] 深单位面积的地壳总重量)来估算。它是对不可再生资源的潜在可获得性的度量(表 4.3)。资源基础虽然表明了自然资源存量的理论上限，但不能用来预测资源的可获得性。任何关于资源可获得性的估算都不能脱离人类的知识和技术，目前人类技术还没有发展到能将地壳中的所有元素都开采出来作为资源利用的程度。因此，对储存性资源可获得性的估算一般采用探明储量、推断储量、远景储量和理论储量等概念。随着人类知识、技术的发展，它们在资源基础中的比重会逐渐增大。对于特定储存性资源来说，当开采成本超过资源价值(经济耗竭)时，或达到资源基础的自然极限(自然耗竭)时，这种增长过程便会终止，经济耗竭总是先于自然耗竭。

**表 4.3　20 种重要矿物元素的资源基础估算**　　单位：t

| 矿物 | 资源基础 | 矿物 | 资源基础 |
|---|---|---|---|
| 铝 | $2.0\times10^{18}$ | 铜 | $1.5\times10^{15}$ |
| 镉 | $3.6\times10^{12}$ | 金 | $8.4\times10^{10}$ |
| 铬 | $2.6\times10^{15}$ | 铁 | $1.4\times10^{18}$ |
| 钴 | $6.0\times10^{14}$ | 铅 | $2.9\times10^{14}$ |
| 硫 | $9.6\times10^{15}$ | 锡 | $4.1\times10^{13}$ |
| 镁 | $6.7\times10^{17}$ | 磷 | $2.9\times10^{16}$ |
| 锰 | $3.1\times10^{16}$ | 钾 | $4.1\times10^{17}$ |
| 汞 | $2.1\times10^{12}$ | 铂 | $1.1\times10^{12}$ |
| 镍 | $2.1\times10^{12}$ | 银 | $1.8\times10^{12}$ |
| 钨 | $2.6\times10^{13}$ | 锌 | $2.2\times10^{15}$ |

资料来源：朱迪·丽丝，2002

(2)探明储量。探明储量指已经查明，在当前需求、价格和技术条件下具有经济开采价值的矿产资源藏量。探明储量具有不确定性，首先是利润最大化追逐的影响。资源价值取决于生产者的判断和利润要求，如果只把能带来高收益的矿区视为具有经济开采价值的矿区，就会大大降低探明储量的数字；反之，则增大。其

① 1mile＝1.61km

次是勘探政策的影响。只要投入相应的资金和劳动，一般都有可能找到新的矿藏，但采矿企业在已经掌握足够储量且能满足相当长时期的盈利需求时，往往不愿意在勘探上大量投资。最后，技术、知识和工艺的可获得性；需求水平，包括人口数量、收入水平、消费习惯以及政府政策等；开采成本；资源产品的价格；替代品的可获得性与价格，包括某些资源循环利用的费用等，所有这些都可影响探明储量。探明储量包括测出储量和证明储量，测出储量是指矿藏已被密集勘探，能够确定其范围、质量和地质特征的地方的那部分探明储量；证明储量是指通过部分勘探资料和地质学分析来证明勘探不足的地方的探明储量。

(3)推断储量。推断储量是指已经查明但以现有技术开采是不经济的储量，虽然矿藏位置已经确定，但未经勘探，储量数字只能根据地质条件推断。探明储量和推断储量的分界线在不同时期、不同地方可能不一样。在20世纪初期，金属含量小于10%的铜矿石是不会被冶炼厂采用的，因此品位低于10%的矿藏不被列入探明储量。20世纪40年代后，由于技术的发展和需求的增加，含量仅为1%的矿藏也被当作探明储量，而现在，即使含量仅为0.4%的铜矿也是值得开采的。

(4)远景资源。远景资源是尚未查明，但可望通过勘查和试探性开发发现它们的资源。例如，渤海已生产出相当数量的石油和天然气，但并非全部潜在储油层都做了钻井勘探，因此这是一个存在远景资源的地区。远景资源范围通常根据生产的增长率和探明储量的增长率进行外推，也可以依据钻进单位深度的发现率进行外推。这些外推都有一个假设条件，就是假设曾经影响发现率和生产率的所有变量都保持不变。但现实中价格、技术等因素都是极不稳定的，所以不同时期会有较大的差别。

(5)理论资源。理论资源是指被认为具有充分有利的地质条件，但尚未勘查的地区可能会发现的矿藏。其估计方法是根据已勘查地区的发现模式进行外推，假设目前尚未勘查的地区像条件类似的已开发地区一样，具有资源潜力并将带来利润收益，但不确定性很大，因为已经被开采的都是规模较大、地质条件较有利、通达性也较好的地质构造。当开发推进到自然和社会条件较差的地区时，是不大可能实现预期的资源潜力和利润收益的。

(6)最终可采资源。探明储量、推断储量、远景资源和理论资源的综合统称为最终可采资源。由于估算的复杂性以及技术、市场、政策等因素的不确定性，探明储量、推断储量、远景资源和理论资源都具有不确定性，因此，对最终可采资源的估计也具有不确定性。

### (二)可再生资源的度量

度量可再生资源的可获得性，通常以可再生资源在一定时期内可生产有用产品或服务的能力或潜力为基础。

(1)最大资源潜力。最大资源潜力是指在理想条件下，流动性资源提供有用产品或服务的最大理论潜力。人们估算过许多种流动性资源的最大资源潜力，数字显示前景美好。例如,从太阳取得的理论总能量是目前实际获取量的1000万倍以上;而对于生物、土地、海洋资源总潜力的估算表明,如果最大潜力得以发挥,那么按目前的人口数量,地球每年可为每一个人生产出大约40t食物,这是实际需要的100倍。还有一种估算可再生资源潜力的方法,就是根据发达地区已经实现的生产能力来推算不发达地区和未开发地区的生产潜力。美国总统顾问委员会曾做过一个估算,认为根据地球的自然条件,即使利用现有技术,全世界可耕地总面积也可接近66亿$hm^2$(朱迪·丽丝,2002)。显然,这些估算都只是理论上的,现实是难以达到甚至是不可能达到的。

(2)可持续能力。可持续能力是指可再生资源实际上能够长期提供有用产品或服务的最大能力。以渔业资源为例,从理论上讲,通过控制捕捞活动,使每年的捕鱼数和鱼类的再生量之间达到某种平衡,可以维持鱼产量的长期稳定,这就是渔业资源的可持续能力。在人类捕捞初期,人类的捕捞量低于再生量,鱼类的持续产量是逐渐上升的,鱼群数及其生物生产率也可以有一定的增长;但是,一旦捕捞数量超过最大持续产量,持续产量就开始下降;当达到临界点时,鱼群就耗竭到不能维持再生的地步了(图4.1)。

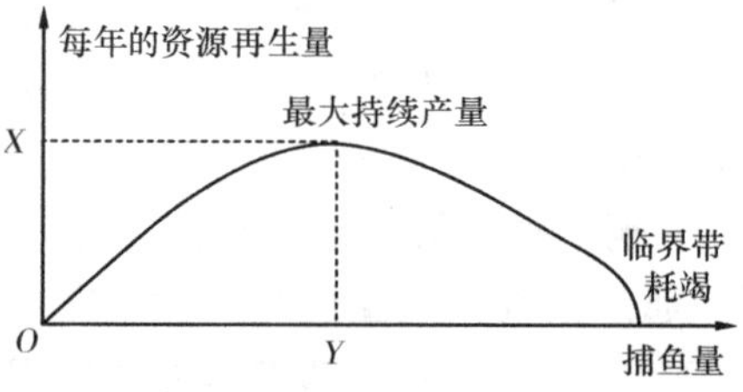


图4.1 渔业资源的持续产量曲线
(OX为与最大捕捞量相适应的最大资源再生量
OY为与资源再生量相适应的最大捕捞量)

(3)吸收能力。吸收能力是可再生的流动性资源对人类排放的各种废物的分解能力,即环境的自净能力,是环境媒介吸收废物而又不导致环境退化的能力。环境系统具有一定的自净能力,但如果废物排放的速率超过了分解能力,或者所排放的物质是不可降解的,或需要经过漫长时间才能降解,那么环境恶化就不可避免了。因此,将废物排放量控制在资源的吸收能力限度内,是利用资源吸收能力的一个基本原则。

(4)承载能力。承载能力又称负荷能力,是指一定范围内的土地(或生境)可持续供养的最大人口(或种群)数量。该概念最初是指一定面积的草场可以长期维持的牲畜头数,后来著名生态学家奥德姆借用该概念来确定区域人类居住的极限,联合国粮食及农业组织提出了土地人口承载力概念和计算方法。承载能力可分为三个层次:一是生存承载能力(survival capacity),即有足够的食物保证生存,但既不能保证所有个体的茁壮成长,也不能保证种群的最优增长;二是容限承载能力(tolerance capacity),它在很大程度上是基于密度方面的考虑,在容限水平上,地域限制迫使种群中的多余个体外迁,或对某些基本需要(如食物和繁殖机会)实行限制;三是最适承载力(optimum capacity),即有充分的营养保证绝大多数个体茁壮成长。

## 二、资源价格理论

劳动价值学说认为，价格是由价值决定，价值由社会必要劳动时间决定；自然资源是天赐之物，不是劳动产品，没有物化劳动，因此也没有价值和价值货币化表现的价格。这种理论认识导致了社会实践中“资源无价、原料低价”的价格政策，成为生态破坏、环境污染和资源枯竭的重要根源。随着自然资源的日益稀缺和可持续发展思想的普及，“资源有价”的思想逐渐被广泛接受。各国政府开始重视自然资源的核算，试图通过建立自然资源的货币账户，使资源环境变化在宏观经济分析中得到准确的体现，为政府在环境与发展关系方面的决策提供正确科学的依据。

### （一）资源价格的依据

自然资源具有效用性和稀缺性，是资源具有价值和价格的依据。

(1)自然资源效用性。自然资源效用性是资源价格的内在依据。自然资源以现成的形式满足人类的需要，天然具备向人类提供生产、生活资料和场所的属性与功能。资源对人类生活与生产活动的使用价值和物质性效用，是其形成或转化为经济资源的基础，也是赋予其价格的依据。

(2)自然资源稀缺性。自然资源稀缺性是资源价格的外在依据。自然资源的效用性构成自然资源价格的内在依据，但并不是所有具有效用性的自然资源都要赋予其价格。那些普遍存在的可供人类永续利用的自然资源，如大气和阳光，目前尚无必要赋予其价格，只有那些具有有限性或稀缺性的自然资源才需要以正确的价格来反映其稀缺程度。人类活动造成资源数量减少、自然条件退化和生态平衡破坏，加剧资源的稀缺性。

### （二）机会成本定价法

自然资源的定价方法有影子价格法、替代价格法和补偿价格法等。其中机会成本定价法涉及资源利用的环境代价以及未来影响，比较符合可持续发展理念。

机会成本定价的原则是资源价格应该反映出资源利用的全部成本，包括资源的“开采或获取成本”，开采、获取、使用过程中相关的“环境成本”，由于今天的使用而被迫放弃未来收益的“使用者成本”。如果某种资源是以可持续方式获取和利用的，它的存量就会基本保持稳定；如果是以不可持续方式获取和利用的，它的存量就会逐步减少，而且，资源一旦消耗，后代人就丧失利用该资源获取收益的机会，这种因不可持续的利用方式而造成的未来效益的损失被称为“使用者成本”。

开采或获取成本用边际成本(MC)来衡量，边际成本是指使用追加的单位资源所带来的新增成本。环境成本用获取或使用追加的单位资源而造成的外部损害来估算，即用边际外部成本(MEC)来衡量。边际使用者成本(MUC)是折耗成本，一般用对未来消费必用资源的替代成本来衡量，其估算式为

$$\mathrm{MUC} = (P_{\mathrm{b}} - C)/(1 + r)^t$$

式中：$P_{\mathrm{b}}$ 是替代技术的价格；$C$ 是开采或获取成本；$r$ 是贴现率；$t$ 是替代技术发生

的时间。这样自然资源的定价公式为

$$P = MC + MEC + MUC$$

**专栏 4.3　自然资源定价的其他方法**

1.影子价格法

影子价格是用线性规则方法计算出来的反映资源最优使用效果的价格，或者表示资源在完全自由竞争市场中的供求均衡价格。影子价格为计算价格。影子价格法用微积分描述资源的影子价格，即当资源增加一个数量而得到目标函数新的最大值时，目标函数最大值的增量与资源的增量的比值，就是目标函数对约束条件(即资源)的一阶偏导数。影子价格法用线性规划方法求解资源的最优利用时，即在解决如何最大化有限资源的总产出的过程中，得出相应的极小值，其解就是对偶解，极小值作为对资源的经济评价，表现为影子价格。影子价格可以弥补和矫正资源的市场价格或国家颁布的流通价格，有利于合理组织生产和使用资源，但局限性也很大：一是在计算过程中的对偶性问题主要是针对物质生产和流通范围；二是所需资料和数据量大，计算复杂，在实际工作上困难很多。

2.替代价格法

替代价格法是指不可再生资源的价格应该根据发现、开发和获取其替代资源的成本来确定。需要注意的是，自然资源的替代价格常常是在某种自然资源使用将尽，人们研究、开发替代物质的机会成本，并参照对社会经济发展的作用，以价格形态给出的。如此给出的自然资源的替代价格，由于研究、开发的途径和方案不一样，变动幅度往往较大，并且缺乏确定性。因此，替代价格只能作为确定不可再生资源价格的参照，或作为预测不可再生资源价格的重要参数。

3.补偿价格法

自然资源价格，尤其是可再生资源的价格，可以依据开发、补偿的资源费用来确定。可再生资源具有一定的再生、恢复和更新能力，但这是有限度的。目前，人类开发利用自然资源的规模和速度已经大大超过了自然资源自身恢复的能力，要使其继续再生、恢复和更新，就必须予以人为或人工的协助，这种人为、人工协助的耗费称为“补偿费用”。它反映了自然资源丧失给人类所造成的损失，本质上就是资源价值的表现，因此可以用补偿费用确定自然资源的价格。

## 三、资源核算理论

自然资源的经济核算，是建立在资源价格明确的基础之上的，因此必须全面反映资源开采、利用、处置的代价及其对后代的影响。这里将把自然资源核算置于国民经济核算的整体框架中，从国民核算的角度认识自然资源核算。

### (一)现行国民核算体系的缺陷

传统的以国内生产总值(GDP)和国内生产净值(NDP)等指标为代表的国民核算体系(SNA)使人们难以整体把握资源、环境与经济发展的关系，导致发展决策忽视对资源与环境的保护。传统的国民核算体系存在以下缺陷：

(1)没有真实反映环境防御支出。防御费用包括被经济活动侵占、恢复或补偿环境损失所发生的一切费用,如削减污染的支出、防止土壤侵蚀的支出、清除废物的支出、城市化带来的负效应、不健康的工作环境所引起的间接费用等。在传统的国民核算体系中,这些活动通常被看作是增加的投资或消费,并作为对经济产出的贡献加入GDP,最终导致GDP等指标的虚长。以环境污染为例,有三种处理方式:一是由政府出钱消除污染,这就意味着政府购买最终物品和劳务,从而提高经济产出;二是由污染企业自己消除污染,同样的开支被看作是中间产品费用,因而不会直接导致经济增加值上升;三是政府和企业都不消除污染,受污染的居民因健康损害而增加医疗费用,医疗费用被视为最终消费支出,从而导致GDP上升。很显然,第一种和第三种情况的核算结果是不合理的,甚至是荒谬的。现行国民核算体系在反映环境防御支出问题上的缺陷一方面是忽视了那些不合乎要求的产出(如污染),另一方面又不给有益环境的投入(如企业消除污染的行为)赋予任何价值。

(2)没有考虑自然资源存量的消耗与折旧。在现行GDP计算中,机械设备和厂房建筑等生产性固定资产不仅有标价,而且按照一定的折旧率随时间而折旧,从而真实反映了其价值逐渐降低的变化过程。但自然资源则不然,不仅没有给其计价,而且也不计其折旧或消耗,以致其价值和损失都没有在国民核算中得到反映。事实上,自然资源的形成与固定资产一样,无论增加还是减少最终都会影响人类福利,因此,国民核算应该考虑自然资源消耗导致资本存量减少的折旧费用。

(3)没有体现环境退化的损失费用。环境是资源的载体,且具有容器和服务的功能,环境退化可导致资源质量和生产力下降。可持续发展的国民核算体系要求体现环境恶化引起的损失费用,但现行国民经济核算体系无法反映环境退化的损失。例如,污染是生产和消费的副产品,人类应该对污染物的数量、污染的损失、削减污染的费用和削减污染的效益等进行核算,但在现行国民核算体系中,无一得到完美的体现。

### (二)绿色国民核算的基本方法

为纠正传统国民核算体系的缺陷,必须建立一种新的与可持续发展战略相适应的绿色国民核算体系,基本方法有平行账户法、卫星账户法和融入账户法。

(1)平行账户法。平行账户法即建立一个具有完整的环境指标体系,且与现行国民核算体系平行的账户。平行账户是根据实物数据建立的一个独立的环境资源存量、流量账户,该账户具有独立性和完整性,不与现行的国民核算体系或传统的核算指标发生任何直接的联系。即现行国民核算体系以及GDP之类的指标将继续保留使用而不作任何改变,伴随和补充它们的是一系列有关资源环境变化的指标。平行账户以美国、挪威和法国等国家开展的自然资源实物核算为典型代表。挪威是欧洲开展自然资源核算较早和较系统的国家之一,1987年发布的自然资源核算报告对其所有的自然资源(森林、土地、水资源、石油、天然气资源及环境资源)进行了核算(表4.4)。

**表 4.4 挪威的实物资源核算表式结构**

| 核算类型 | 结　构 |
|---|---|
| 储量核算 | 期初资源基础储量(开发的和未开发的)<br>　期内开采消耗总量<br>　资源基础调整量(新发现的、重新评估的)<br>　储存量的调整量(新技术、开采费用、运输和资源价格等因素引起的)<br>期末资源基础储量(开采的和未开采的) |
| 开采、转化和贸易核算出口 | 部门净开采量＝部门开采量－部门自身使用量<br>部门净出口量＝部门进口量－部门出口量<br>国内使用存量变化<br>净开采量＋净进口量±存量变化 |
| 消费核算 | 国内使用(最终使用类型,物品) |

资料来源:王金南,1994

(2)卫星账户法。卫星账户与现行国民核算体系的主要框架相衔接,目的是提供各种现行国民核算体系未包括的信息和经济活动。卫星账户并不直接纳入到国民核算体系中,而是利用它们提供一些能用于产生一系列修正指标的补充信息,以扩大传统指标的范围和适用性。联合国统计委员会、联合国环境规划署及世界银行联合推出的卫星账户被称为"整合环境与经济的核算体系(SEEA)"。该核算体系旨在把资源环境信息整合到现行的国民核算体系中去,同时又不对现行国民核算体系的核算框架做任何概念性改变,而是作为卫星账户与国民核算体系的主要框架相连接,利用它们产生一系列修改指标,如"经环境调整的国内生产净值(EADP)"。"整合环境与经济的核算体系"一共由四类独立的指标构成:第一个是GDP,即国内生产总值;第二个是 NDP,是 GDP 减去固定资本消耗的净值;第三个是 $NDP_1$,由 NDP 再减去环境资产的消耗与退化费用所得;第四个是 $NDP_2$,由 $NDP_1$ 中再减去环境保护和恢复的费用和支出所得。该方法能保持 GDP 的完整性,同时又保证政策制定者和公众能够得到新的、更易理解的和综合的可持续经济增长指标。不难看出,$GDP \geqslant NDP \geqslant NDP_1 \geqslant NDP_2$。根据对墨西哥和巴布亚新几内亚的研究,$NDP_1$ 的值平均约为 NDP 的 90%,$NDP_2$ 的值平均约为 NDP 的 90%。

(3)融入账户法。融入账户是把自然资源与环境的价值变化完全反映在国民核算体系中,形成 GDP 的改良型指标,净国民福利(ENW)、绿色 GDP 等。目前,这种方法尚未进入实际操作,这是因为:其一,它必须对现行国民核算体系的核心结构做根本性改变,如对所有自然资源和环境物品赋予货币价值,但将资源和环境货币化并不容易。其二,经济学家和决策者对现行国民核算体系及其指标的使用得心应手,要对 GDP 这样的经典指标进行根本性改变也不现实。不过,随着可持续发展研究的深入,资源与环境价值核算技术将日臻完善,在不久的将来,有望推出最终的绿色国民核算体系。

## 四、资源配置理论

保证当代人和后代人拥有足够的自然资源，是可持续发展的基础。可持续发展要求在同一代人内部和不同代人之间合理配置资源，实现资源分配的代内公平和代际公平。

### （一）代内资源配置

代内资源配置问题是当代区域之间和人群之间的资源合理配置问题，主要包括国际资源配置、国内资源配置和集团资源配置。可持续发展要求代内资源配置的公平合理。

(1)国际资源配置。发展中国家认为，发达国家的人口仅占世界人口总量的30%，却消耗70%以上的自然资源，这就是极大的不公平，强调自己为消除贫困，发展经济，必须拥有和消耗足够的自然资源；发达国家则认为，发展中国家过分依赖自然资源的消耗来促进经济增长，是全球环境问题的根源。可以说是“公说公有理，婆说婆有理”，双方各执一词。现实情形是，大部分发展中国家已经面临资源短缺的压力，少数发展中国家虽然资源富足，但因资源利用技术落后，许多资源又源源不断地被发达国家转移耗用，从而进一步加剧了发展中国家的贫困，以致贫困问题成为世界上最大的环境问题。因此，要实现发展中国家与发达国家在资源配置上的公平，必须进行“南北合作”和“南南合作”。所谓“南北合作”，主要是发达国家对发展中国家进行资金和技术援助，2002年通过的《可持续发展世界首脑会议实施计划》要求发达国家将提供给发展中国家的发展援助额提高到其GDP的0.7%。“南南合作”则主要是发展中国家携起手来，一起解决发展过程中所面临的共同问题及全球问题。

(2)国内资源配置。一个国家内部各地区之间的资源配置类似于国际之间的资源配置，要求在发达地区和欠发达地区之间实现资源的合理配置，协调好区域之间的物质流、能量流和信息流，包括资源、资金、技术、管理和信息等方面合理配置。在特定阶段特定地区，国家可以在特定方面实行倾斜发展的战略，但必须协调区际关系，做到区际公平，绝不能以牺牲国家经济的宏观平衡和政治社会的稳定为代价。因此，在“主体功能区”的规划过程中，应将区域间资源的合理配置作为重点规划内容。

(3)集团资源配置。在经济发展的过程中，任何社会都会逐渐分化为不同的社会群体和利益集团。不同社会群体和利益集团对资源和环境会有不同的需求和态度，可持续发展要求不同利益集团拥有平等获取和利用自然资源来满足其需求的机会。自然环境具有“公共物品”特性，本身也是资源，一个利益集团在消费它的同时，不能阻止其他利益集团对它的消费。如果政府为了一个利益集团的要求改善了自然环境的质量，这时不关心环境质量的利益集团同样会从环境改善中受益，没有任何人能够阻止他们“搭便车”。这或许意味着富者利益集团掌握了权利，由于他们对环境质量的需求比较高，他们就会强迫穷者利益集团也改善环境，尽管穷者对此并不苛求。这似乎违背了穷者利益集团的利益，但是从长远来看，这对可持续发展是有益的。

（二）代际资源配置

环境伦理学认为，未来各代人至少应该拥有与当代人同样的资源基础与生态环境，当代人要自觉担当起在代与代之间合理分配资源的伦理责任，不能为自己的发展和需要而损害后代人满足其需要的条件和能力。在代际资源配置方面，存在两种经济学方式：一种是有利于资源可持续利用的代际补偿方式；另一种是不利于自然资源保护的代际贴现方式。

**1. 代际补偿**

英国环境经济学家戴维·皮尔斯和杰瑞米·沃福德提出通过代际补偿实现代际公平，强调具有代际外部性影响的项目必须以资产或资本的形式补偿后代人。代际补偿的方式有代际基金补偿和资本替代补偿两个途径（戴维·皮尔斯、杰瑞米·沃福德，1997）。

(1)代际基金补偿。为确保后代人利益不会因为当代人的行为而受损，需要有一种机制把资源转交给后代人。现金转换是一种可供考虑的转交机制。假设当代人知道自己所采用的政策会给后代人带来 $X$ 元损失，并且知道这些损失发生在从现在开始到以后的第 $T$ 年（共 $T$ 年）的时间段里，实际利润率为正数 $r$。这时，当代人要给予后代人的补偿基金 $S$ 为

$$S = X/(1+r)^T$$

代际基金方法是复杂问题简单化的方法，一般来说，式中 $X$，$T$ 的值通常是不可知的，$r$ 值也并非一个恒定的常数。不过，在某些特定的情况下，如在参数可知、利率不变的情形下，建立一项代际补偿基金是可行的。

(2)资本替代补偿。可持续发展要求每一代人继承的资本不比他们上一代人所拥有得少，在代际资本交接过程中要保持资本总量的稳定或增加，所谓资本替代补偿就是要保持代与代之间非衰减的资本存量。人类继承和拥有的资本有三种形式：人造资本($K_m$)，如机器、工厂等；人力资本($K_h$)，如知识、技能等；自然资本($K_n$)，指自然资源和自然环境。假设当代人留给下一代人的资本存量为 $K$，那么，$K$ 不应当小于当代人所拥有的资本量，只有这样，下一代人才能利用这些资本存量生产出与当代人相等的福利水平。人类资本存量可以表示为

$$K = K_m + K_h + K_n$$

一般而言，不同资本之间是可以相互替代和转化的，但是，也有些自然资本的功能无法被其他资本替代，如臭氧层等。因此，为了突出不可替代的那部分自然资本，经济学者将 $K_h$ 合并到 $K_m$ 中，用 $K_n{}^*$ 表示那些难于被替代或无法替代的重要的自然资本。这样，人类资本存量又可以表示为

$$K = K_m + K_n + K_n{}^*$$

**2. 代际贴现**

经济学在分析资源跨时间分配的费用和效益时，常用的一个概念是贴现。贴现是指人们对未来收益或费用的折现，折现的比例就是贴现率，通常用在投资项目的成本-效益分析中。通过贴现可以对未来的预期成本或收益进行折现，从而可以比较不同的投资策略的总现值的大小，并选择最佳的投资方式。贴现隐含的前提是：一种资源在今天被消耗掉比它在将来被消耗掉的价值要高。贴现现象的存在主要是因为：①尽早消费的偏好，或者时间偏好，即个人重视现有所得而不是未来所得；②资本具有生产力，现有价值 1 元的资源可以在未来产生大于 1 元的物品和服务，因而，厂商为了得到现在价值 1 元的资源而情愿在未来支付 1 元多的成本。

将贴现应用到代际资源配置上，意味着当代人将会减少给定的未来所得或所失的权重，低估将来的成本或收益，从而产生两个不利于代际公平的结果：一是它使得当代人把成本负担转嫁到后代人身上；二是它排除了后代人继承自然财富的可能性。例如，假设从现在起，存放核废料所造成的放射性污染会持续 50 年，50 年后的环境与健康损失为 1000 亿元，假设贴现率为 5%，则其现值为 1000 亿元÷$(1+0.05)^{50}=87.2$ 亿元。这意味着，50 年后的 1000 亿元的现值还不到其原值的 1/10。因此，选择贴现率对代际资源管理意义重大。大多数环境经济学家认为，贴现率越高，越是鼓励当代人尽早消费自然资源，不可再生资源会消耗的更快，可再生资源的存量也会逐渐减少。理论上讲，低贴现率有利于自然资源保护，但如果自然资源控制在私人手中，而私人贴现率又高于社会贴现率的话，自然资源的消耗同样会加速，因此，低贴现率也不能杜绝资源退化问题的发生，企望通过调整贴现率来反映后代人利益、实现代际公平的设想，很难具有可操作性。

**专栏 4.4 贴 现 原 理**

贴现率是动态分析的重要概念。由于动态效率不仅考虑当前的成本和效益，而且考虑时间对成本和效益的影响，贴现率就是一个将未来价值转化为现值以便与当前净效益进行比较的指标。我们以一个简单的例子了解贴现原理。

货币是有价值的，今天手里的 1 元钱比明天到手的 1 元钱要具有更高的价值，因为今天的 1 元钱如果存入银行，加上利息，明天就会得到比 1 元更多的钱。假如年利息为 10%，今天贷出 100 元，一年之后的今天就会变成 110 元。反过来，如果利率为 10%，明年到手的 110 元的现值仅为 100 元。我们可以用 $110/(1+0.1)$ 求出一年之后的 110 元的现值为 100 元。同样，我们也能够通过 $121/(1+0.1)^2$ 求出两年之后的 121 元钱的现值为 100 元。

总结以上例子，未来第 $n$ 年得到的一次性的净效益的现值由以下公式确定：

$$\mathrm{PV}(B_n)=B_n/(1+r)^n$$

式中：$r$ 为利率；$B_n$ 为第 $n$ 年得到的净效益。计算现的过程被称为贴现，这时 $r$ 称为贴现率。

## 第三节　自然资源的可持续利用

不同类型的自然资源，具有不同的可持续利用含义。在人类历史上，不可再生资源的数量基本保持稳定，故其可持续利用问题实际上是最优耗竭问题。至于可再生资源，由于具有再生、恢复、更新能力，故其可持续利用问题主要是利用速率和规模的问题。任何资源可持续利用的分析都不能脱离市场经济的轨道，我们这里对自然资源可持续利用的分析主要是从经济学角度进行的。

### 一、不可再生资源的可持续利用

不可再生资源的可持续利用包括两个方面：一是利用可再生资源替代不可再生资源；二是不可再生资源在不同时期的合理配置。

#### （一）不可再生资源的可替代性

不可再生资源不是绝对必须的，总能找到替代品（朱迪·丽丝，2002）。人类可以有意识的通过技术进步，寻找到不可再生资源的替代资源，从而实现不可再生资源的可持续利用。

(1)直接替代。当传统来源的矿物变得稀缺时，人们会努力发展技术从替代来源中提取它。例如，美国发展了从高岭土、碳质页岩、线虫石和霞石之类的非铝矾土矿中提取铝的技术，英国发展了从油页岩和沥青砂中生产商业性石油的技术。同样，一种矿物，可能被其他材料直接取代。如果不考虑当前尚且存在的技术和费用可行性问题，我们很难找到一种根本没有替代品的不可再生资源。例如，铝、不锈钢、塑料都是铜的替代品，铝已经普遍占据了高压输电线市场，铝和不锈钢也已经大大取代了铜餐具。

(2)技术或资本替代。综合利用技术可以大大降低资源需求量。有线通信需要大量的铜和铝，但随着微波技术和通信卫星的发展，通信业对它们的需求已经大大减少。19世纪中期生产1t生铁需要消耗8t多焦炭，现在已经降低到不到0.5t。这些情况都说明，可以在不降低生活标准或放慢增长速度的条件下减少不可再生资源的消耗。

(3)回收替代。对废旧金属的回收利用可在很大程度上替代矿产品的使用。目前，美国已能把汽车质量80%的零部件回收并利用起来，汽车回收业每年向美国钢铁冶金行业提供的废钢铁占冶金业回收量的1/3还多；日本也采取将可利用的金属及其他零部件从报废汽车中拆除并进行循环利用的做法，其汽车回收利用率已达到75%～80%，其中20%～30%可使用的零部件被再利用，50%～55%作为原材料进入再循环阶段（王晓梅，2002）。

#### （二）不可再生资源的最优耗竭

不可再生资源的可替代性缓解了人类资源需求的压力，但人类可获得的不可再生资源的总量是一定的，其替代品的开发速度也存在不确定性。为了不对后代人满足其需求的能力构成危害，必须考察不可再生资源在不同时期的最优配置问题，以使资源利用净效益的现值最大化。

**1. 两代人之间的资源配置模型**

如图 4.2 所示，假设：①两代人对资源的需求是不变的，且边际支付意愿方程式是 $P=8-0.4q$；②资源的边际开采成本在两代人的时期内不变，且以不变的方式供给；③资源供给的边际成本不变，为每单位 2 元。

当资源总供给量为 30t 或 30t 以上时，一个有效的配置是每个时期开采 15t。这足够满足两代人的需求（暂不考虑贴现率），第一代人对资源的需求量不会减少对第二代人的供给量。在这种情况下，由于时间不是问题的重要方面，所以不用考虑折现问题。

然而，当资源有效供给量小于 30t 时，在两代人之间就出现了稀缺问题。静态效率的概念就不足以解决问题了，需要使用动态效率的概念。假设资源的有效供给量为 20t，为了实现高效率的资源配置，就要使这 20t 资源在两代人的时期内的净效益的现值之和达到最大化。净效益现值之和的求法可以用下面的例子说明：

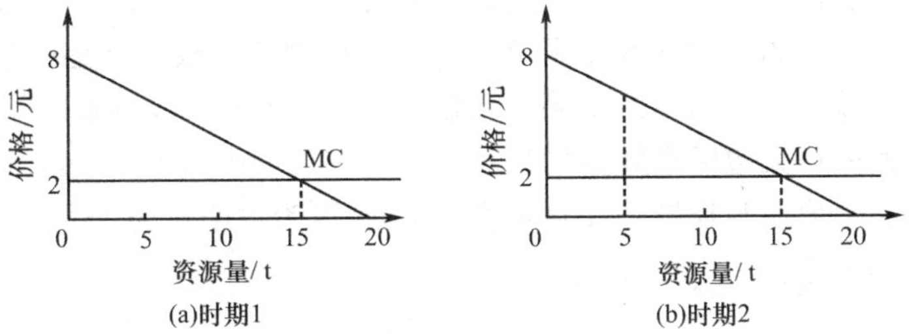


图 4.2　充足的不可再生资源在两时期的配置

假设分配给第一代人的资源量为 15t，分配给第二代人的资源为 5t，则第一代人的净效益就等于图 4.2(a) 中需求曲线之下与供应曲线以上的部分的面积（45 元）；第二代人的净效益就等于图 4.2(b) 中需求曲线之下与从起点到 5t 的供应曲线以上的面积除以 $(1+r)$。如果贴现率 $r=0.10$，那么第二代人的净效益现值就是 $25\div(1+0.10)=22.73$ 元。因此，两代人净效益的现值之和就是 $45+22.73=67.73$ 元。

现在，我们已经了解怎样计算已知的任何配置的净效益现值。但是，究竟怎样才能确定使现值最大化的资源配置方案呢？可以通过计算机，找出第一代人资源配置量（$q_1$）和第二代人资源配置量（$q_2$）所有可能的组合（$q_1+q_2=20$），然后挑选出其中净效益最大的配置组合。

实现资源动态高效配置的必要条件是，第一代人使用的最后的 1t 资源的边际净效益现值等于第二代人使用的最初 1t 资源的边际净效益现值。图 4.3 表示两代人的资源最优配置问题，图中绘出了两代人的边际净效益现值线。

第一代人的边际净效益现值线从左往右读，它与左边纵轴相交于 6 元处，这是因为第一代人的最大边际效益是 8 元，边际成本为 2 元，故两者之差即边际净效

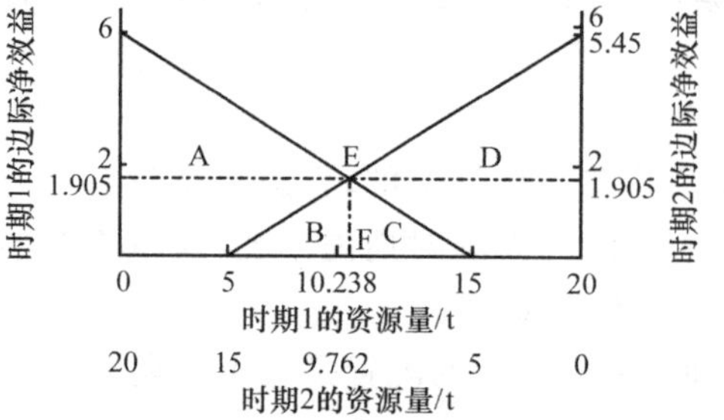


图 4.3 稀缺的不可再生资源的动态效率配置

益。当供给量达到 15t 时，第一代人的边际净效益为零，因为一旦达到这个数量点，人们的支付意愿刚好等于零。所以，第一代人的边际净效益曲线与横轴的交点在 15t 处。第一代人的边际净效益的当期值即等于第一代人的边际净效益的现值，不需要贴现。

第二代人的边际净效益现值线从右向左读。第二代人的边际净效益现值线与第一代人的边际净效益现值线并不对称，它与右边纵轴的交点低于第一代人的边际净效益现值线与左边纵轴的交点。这是由于必须对第二代人的边际净效益进行贴现的结果。当贴现率 $r=0.10$ 时，如果边际净效益为 6 元，则第二代人的最大边际净效益的现值就是 $6\div(1+0.10)=5.45$ 元。第二代人的边际净效益现值线与横轴的交点也在 15t 处，因为供给量为 15t 时，边际净效益为零，其现值亦为零。

**专栏 4.5　两个时期资源配置模型的数学推导**

第一代人的边际净效益为

$$\lambda=8-0.4q_1-2$$

第二代人的边际净效益的现值为

$$\lambda_2=(8-0.4q_2-2)/(1+0.10)^1$$

而　$q_1+q_2=20$

联立这三个方程式可以得出

$$q_1=10.238\text{t},q_2=9.762\text{t},\lambda=1.905\text{ 元}$$

这样两代人的边际净效益现值线的交点(E)就确定了最优资源配置点。净效益总现值为最优资源配置点左侧第一代人的边际净效益现值线以下的面积加上该点右侧第二代人的边际净效益现值线以下的面积，即图中 A+B+C+D 的面积。如图 4.3 可见，分配给第一代人的资源量为 10.238t，分配给第二代人的资源量为 9.762t。

以上模型是在健全的生产和合理的政府调节下建立起来的。同时，还必须考虑由于资源稀缺产生的额外的边际成本，即边际使用者成本。图 4.3 中的 $EF=\lambda=1.905$ 代表了边际使用者成本。

在一个有效的市场中，不但要考虑边际开采成本，还要考虑边际使用者成本。如果资源不稀缺，资源价格就等于边际开采成本。即如果资源供给量是 30t 时，第一代人和第二代人分配的资源量均为 15t，此时不存在稀缺问题，根据支付意愿方

程 $p = 8 - 0.4q$，可以计算第一代人和第二代人的资源价格等于边际开采成本 2 元。然而，如果资源是稀缺的，资源价格就等于边际开采成本加上边际使用者成本。在本例中，第一代人和第二代人分配的资源量分别是 10.238t 和 9.672t，利用支付意愿方程式 $p = 8 - 0.4q$，我们可以计算出第一代人的资源价格为 $p_1 = 3.905$ 元，第二代人的资源价格 $p_2 = 4.095$ 元。

边际使用者成本主要受贴现率影响，贴现率的大小反映了人们对边际使用者成本的评价和代与代之间的资源分配。在本例中，由于正贴现率的存在，使得第一代人比第二代人获得更多的资源。贴现率越大，边际使用者成本越小，第二代人获得的资源也就越少。

**2. *n* 代人的资源配置**

假设前面的需求曲线和边际成本仍然保持不变，时间由两代人延长到 $n$ 代人，资源的供给量也相应增加（图 4.4）。图 4.4(a) 表示资源开采量在时间上的变化，图 4.4(b) 表示资源的总边际成本和边际开采成本随时间的变化，总边际成本和边际开采成本之差就是边际使用者成本。

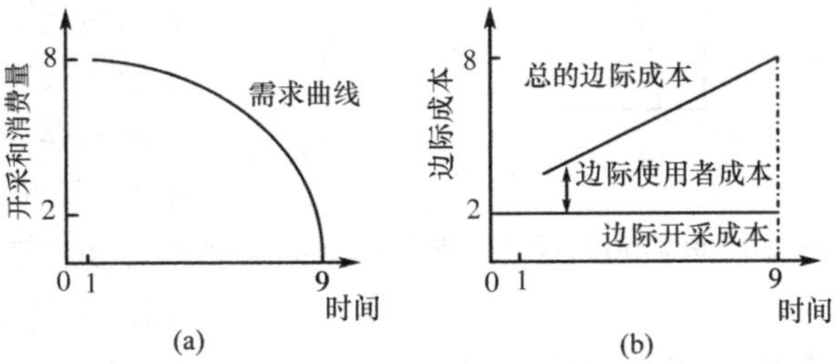


图 4.4 $n$ 时期不可再生资源的动态效率配置及其边际成本

从图 4.4 可以看出，尽管边际开采成本保持不变，但边际使用者成本是不断增加的。边际使用者成本的增加反映了资源稀缺程度的增加和资源消费机会成本的提高。与随着时间增加而增加的总边际成本相对应的是，资源开采量随时间而逐渐降低至零。在图 4.4 中，当时间为 9，总边际成本为 8 元时，开采量为零。在这一点上，总边际成本等于人们愿意支付的最高价格。因此，由于边际使用者成本的增加，导致总边际成本的增加，实现资源的供给和需求同时为零。从这个例子可以看出，即使边际开采成本没有增加，有效配置也能够使资源逐步耗竭，而避免突然耗竭。

## 二、可再生资源的可持续利用

在关于可再生资源的可持续利用的经济学分析中，财产权利是最重要的影响因素之一。财产权利明晰的可再生资源称为经营性可再生资源，这类资源的所有者为了追求长期最优收益，一般都能够被合理配置，从而实现可持续利用。财产权利不明确或者根本无法界定其财产权利的可再生资源，称为可再生公共物品资源，这类资源的可持续利用主要是通过控制利用率或收获量来实现可持续利用。由于不可能确定专有财产权，这类资源的收获量不可能由私人自行决定，只能由代表公众利益的国家行政机关甚至是国际社会共同管理，否则在私人收益最大化的驱使下，其耗竭速率将大大加快。因此，研究可再生公共物品资源可持续利用的实现机制就显得更为重要。这里主要是探讨公共物品可再生资源的可持续利用问题。

### （一）可再生资源的可持续产量

对可再生资源的利用，必须确定其最高的可持续产量。可持续发展要求，在一定时期里，对可再生资源的收获量不能超过其更新量。例如，鱼类资源的捕捞量不能超过其存量的增长。这里即以渔业资源可持续捕捞量为例来加以说明（Tietenberg，2000）。

鱼类存量和增长之间的关系由图4.5表示：横轴代表群体数量或存量，纵轴代表存量的增长。存量的增长等于存量对时间的导数，即

$$G = \mathrm{d}X/\mathrm{d}t$$

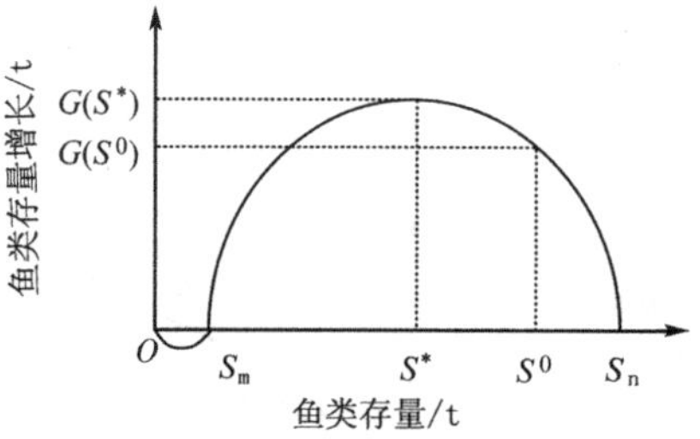

图4.5　鱼类存量与鱼类存量增长之间的关系

图中，$S_m$ 到 $S_n$ 是一条可持续捕捞线。在该线上任何一点表示某一存量和与其相对应的产量（即存量的增长），该产量将不会减少下期鱼类资源的存量。其中，$S_m$ 至 $S^*$ 表现为存量增长随着存量的增加而增加，$S^*$ 至 $S_n$ 表现为存量增长随存量的增加而减少。在 $S_m$ 和 $S_n$ 两点，存量的增长都为0。$S_m$ 被称为最小可变种群量，低于这一存量，鱼类存量增长为负数，存量将会减少直至灭绝，种群处于失衡状态。只有鱼类存量大于 $S_m$ 时，其增长率才为正，存量沿曲线向右运动直至 $S_n$ 点。$S_n$ 被称为自然均衡点，在这一点上，由于死亡、迁出等引起的种群数量的减少被出生、迁入等引起的种群数量的增加所抵消。自然均衡点是一种稳定状态，因为任何偏离均衡点的运动都会推动返回均衡点的运动。如果存量超过 $S_n$，死亡率或外迁率会增加，直到存量重回到 $S_n$；反之，亦然。

当捕捞量等于存量的增长量时，这一捕捞量就称为可持续产量。只要存量的增长量不变，捕捞量也不变，那么鱼类存量就不会发生变化。图中，任一种存量 $S^0$ 对应于相应的可持续捕捞量 $G(S^0)$，$S^*$ 为最大可持续捕捞量的存量，$G(S^*)$ 为最大可持续捕捞量，即最大可持续产量，它等于鱼类存量的最大增长量。

### （二）可再生资源的最佳利用

可再生资源的最佳利用不仅要考虑生物学意义上的最大可持续产量，还要考虑经济上的效率最大化，即净收益最大。因此，可再生资源最佳利用就是对有效可持续产量的利用。

#### 1. 静态有效可持续产量

资源利用的净收益最大化与效率相关，所以在界定有效配置时，不但要考虑收益，还要考虑成本。静态有效可持续产量是指不考虑贴现时，能够连续保持的最大

年净收益水平。

仍以鱼类生产为例。假设:①鱼价不随销售量的变化而变化;②单位边际捕鱼成本不变;③单位工作量的捕鱼量与鱼类存量的大小有关,即鱼类存量越多,单位捕鱼活动的捕鱼量越多。

静态有效可持续捕鱼量由图 4.6 表示。图中捕鱼工作量 $E$ 可以用捕捞时间、年渔船出海次数等指标衡量。TC 为总成本,TR 为总收益,MR 为边际收益。捕捞活动的收益 $R$ 和成本 $C$ 是捕捞工作量的函数。

图 4.6 中,总收益曲线的性状类似于图 4.5 中鱼类存量增长曲线的性状,横轴上的任一点对应于图 4.5 中的鱼类存量水平。总收益曲线取决于产量(因为鱼价不变),但因任何捕捞工作量的增加都会引起鱼类存量减少,所以存量从右至左是增加的。

当捕捞工作量不断增加,直至 $E^m$ 点,如果继续增加工作量,总收益就会降低,因此 $E^m$ 是最大可持续产量(相当于图 4.5 中的 $G(S^*)$)。

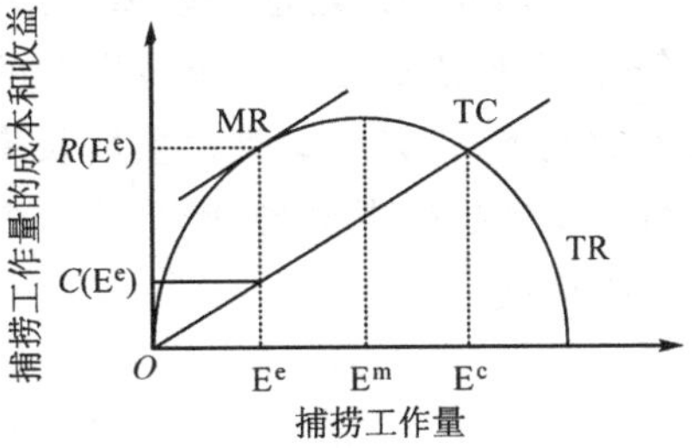

图 4.6 静态有效可持续捕捞量

净收益为总收益与总成本之差(总收益 TR 与总成本 TC 的垂直距离),从图 4.6 可以看出,最有效率的工作量水平是 $E^e$。因为在该点上总收益与总成本之差最大,并且边际收益(TR 曲线在该点的斜率)等于边际成本(TC 曲线的斜率)。超过 $E^e$ 的工作量是低效率的,因为追加的成本超过了增加的收益。在 $E^c$ 点,总成本等于总收益,净收益为零。超过这一点,总成本大于总收益,产生亏损。因此,我们可以认定最大可持续产量是无效率的。因为只有在极特殊的情况下,即捕捞工作量的边际成本为零时,最大可持续产量才有效率,而这一般是不可能的。因此,与最大可持续产量的工作量水平相比,静态有效工作量水平会产生较大的鱼类存量。

**2. 动态有效可持续产量**

静态有效可持续产量是动态有效可持续产量贴现率为零时的一个特例。如果贴现率为正值,对渔业资源管理的影响类似对可耗竭资源配置的影响。贴现率越高,保存资源的成本越高,资源所有者越偏向于当前捕捞。因此一旦引入正贴现率,与静态有效可持续产量相比,有效捕捞工作量将上升,相应地,均衡存量将减少。

超过有效可持续产量所需捕捞工作量水平的增加,开始会由于捕捞量的增加使得净收益增加。然而,当捕捞量超过鱼类可持续产量时,鱼类存量就会减少,并使得将来的鱼类存量和捕捞量减少。最后,当捕捞工作量水平保持不变时,就会得到一个新的较低的均衡水平,这时捕捞量又等于鱼类存量的增加量。用数学方法可以证明,当贴现率增加时,动态有效工作量水平就会增加,如果贴现率为无穷大,它等于 $E^c$,在这一点上净收益为零。

使用无穷大的贴现率将会导致 $E^c$ 配置。因为时间上相互作用的资源配置将会提高边际使用者成本，该成本反映当前开发资源所放弃的将来的净收益。当贴现率无穷大时，由于从未来的配置中得不到任何价值，边际使用者成本为零。这意味着：①边际开采成本等于边际支付意愿，等于不变价格；②总收益等于总成本，即净收益等于零。所以，动态有效可持续产量所对应的鱼类存量就会小于静态有效可持续产量，可持续捕捞量也将较小。

应该指出的是，在动态管理的情况下，可再生资源一般是不会灭绝的，因为如图 4.6 所示，$E^c$ 是这个模型中最高的动态有效水平，而低于使鱼类灭绝所必须的条件，即捕捞最后一个单位资源的收益必然超过捕捞该单位资源的成本(包括后代人的成本)。只要鱼类存量增长率超过贴现率，鱼类灭绝就不会发生。然而，如果增长率低于贴现率，捕捞最后一个单位的成本足够低，实施动态有效管理也会导致鱼类灭绝。

## 本章小结

自然资源是在一定时间、地点的条件下能够产生经济价值，以提高人类当前和未来福利的自然环境因素和条件。自然资源具有禀赋稀缺性、分布区域性、效用多样性和质量可变性等特性。这些特性对自然资源的可持续利用具有重要影响。自然资源给人类提供了各层次需要的物质与能量来源，人类发展史在很大程度上是自然资源开发的历史，在不同的历史阶段，人类开发利用的自然资源在种类、数量、规模和范围上也存在很大的不同，体现出阶段性的特点。

对自然资源可获得性的度量是分析自然资源利用的出发点。在资源经济学里，不可再生资源被视为储存性资源，可再生资源被视为流动性资源。度量储存性资源的可获得性指标有资源基础、探明储量、推断储量、远景资源和理论资源等，度量流动性资源的可获得性指标有最大资源潜力、可持续能力、吸收能力和承载能力等。

完善的价格体系是实现对自然资源高效配置的前提，而过去人们对自然资源价值的忽视正是导致资源破坏的根源之一。自然资源具有效用性和稀缺性，是资源具有价值和价格的依据。自然资源的价格必须全面反映资源利用的成本，与影子价格法、替代价格法和补偿价格法等相比，机会成本定价法考虑资源利用的环境代价以及未来影响，比较符合可持续发展的要求。

完善自然资源核算体系是推动决策者考虑发展的资源代价、主动保护自然资源的有效措施。传统的国民核算体系没有真实反映环境的防御支出，没有考虑自然资源存量的消耗与折旧，没有体现环境退化的损失费用；为纠正传统国民核算体系的这些缺陷，必须建立一种新的与可持续发展战略相适应的绿色国民核算体系，基本方法有平行账户法、卫星账户法和融入账户法。

自然资源的稀缺性和对可持续发展的基础性作用决定必须在代内和代与代之

间进行其合理的资源配置。资源配置问题既是一个技术问题，也是一个伦理问题。代内资源配置必须在国际之间、国家内部和社会利益集团之间实现公平分配，代际资源配置一般采用代际补偿和代际贴现的方式，前者有利于资源可持续利用，后者则不利于自然资源保护。

对于不同类型的自然资源，可持续利用具有不同的含义。不可再生资源的可持续利用问题，实际上是最优耗竭问题，可再生资源的可持续利用问题，主要是利用速率和规模的问题。不可再生资源具有可替代性，其最优配置的目的是要使资源利用的净效益的现值最大化；可再生资源的最佳利用既要考虑生物学意义上的最大可持续产量，还要考虑经济学意义上的效率最大化，即净收益的最大化。

## 思考题

1. 自然资源的主要特性。
2. 资源开发与人类发展的关系。
3. 自然资源可获得性及其度量。
4. 自然资源的价格依据及其定价方法。
5. 现行国民核算体系的缺陷与绿色国民核算的基本方法。
6. 自然资源在代内和代际的最优配置。
7. 不可再生资源的最优耗竭和可再生资源的最佳利用。

# 第五章　环境可持续发展

**本章导读**

人口依靠资源，资源来自环境。在可持续发展系统中，环境是容量支持子系统，不仅是自然资源的生产载体，直接影响着人类的生产与生活；而且环境本身又是一种特殊的自然资源，是吸纳和消解污染物的容器。

前两章分析了人口与资源的可持续发展，本章将分析环境的可持续发展。环境生产是“三种生产”之一，它有着怎样的生产结构？环境作为特殊的自然资源，它的价值应该如何体现？人类活动对环境的影响应该如何评估？怎样保护环境和生物多样性？怎样进行人居环境建设特别是建设什么样的城市来提高人类的生活质量？所有这些问题，都是本章将要回答的问题。

- 环境生产力
- 环境价值论
- 环境影响评价
- 环境保护与可持续发展
- 生物多样性保护
- 人居环境建设

## 第一节　环境与可持续发展的关系

在可持续发展系统里，正如资源特指自然资源，环境也特指自然环境。自然环境是可以直接、间接影响人类生活和发展的各种自然因素的总体。环境是一种具有自生产能力的特殊资源，环境生产是物质生产和人的生产的物质基础。

### 一、环境与资源的关系

环境与资源是两个既有紧密联系又有一定区别的概念。自然资源是环境生产的产物，环境本身又是一种特殊的资源，环境与资源构成可持续发展系统的生态子系统。

（一）自然资源是环境生产的产物

人类赖以生存和发展的矿产资源、化石燃料等自然资源无一例外地来自自然环境，自然环境是资源的生产载体，自然资源是环境生产的产物。自然资源只有在适宜的环境中才能形成，不可再生资源形成的速率十分缓慢。例如，矿产资源，包括化石燃料，都是在地壳特定的地质环境下，经过几千万年甚至几十亿年漫长的地质作用方才形成的。

之所以说环境是自然资源的载体，是因为它源源不断地给我们提供不可或缺的各种自然资源。例如，生物多样性是地球生命经过几十亿年发展进化的结果，是人类赖以生存和可持续发展的物质基础。它提供人类所有的食物和木材、纤维、油料和橡胶等重要的工业原料；中医药中绝大部分也来自生物，截至目前，直接和间接用于医药的生物已超过3万种。

（二）环境本身是一种特殊的资源

首先，环境是人类重要的生存性资源。环境具有净化能力，它不断地吸纳和同化人类生产和生活过程中产生的废弃物和废能量，为人类提供良好的生产和生活条件。如果环境不具备这种能力，我们所生活的这个世界早已经被废弃物所覆盖，人类将无法生存。

其次，环境是人类重要的舒适性资源。优美的环境使人们心情放松、精神愉悦，有利于提高人体素质和工作效率。清洁的空气和水是工农业生产的要素，也是人类健康生活的基本要求。优美的自然景观是吸引旅游者的吸引物，是电视、电影和广播等声像作品的促销对象，容易引起人们情感上的共鸣。

再次，环境是人类重要的经济性资源。环境恶劣是导致贫困的重要原因，从世界范围来看，最穷的人大多分布在自然条件恶劣、自然灾害频繁的典型生态脆弱环境，例如，热带森林地区，那里的土壤呈酸性，一旦森林被砍伐就会发生严重的土壤侵蚀；干旱和半干旱地区，那里的土很轻，极易被风吹走；高山山地地区，那里有着严重的土壤侵蚀（戴维·皮尔斯和杰瑞米·沃福德，1997）。

最后，环境是人类重要的健康性资源。环境与人类健康息息相关，一方面，自然环境能为人类提供有益于健康的物质和环境；另一方面，自然环境又是重要的致病因子，能导致环境化学性疾病（如地甲病、克山病、地氟病、大骨节病等地方病）、环境生物性疾病（如鼠疫、血吸虫病等传染病）和环境物理性的疾病（如中暑、冻伤、高山反应等疾病）。

## 二、环境生产力结构

环境生产力结构是指环境生产力的构成，包括资源生产力、环境纳污力和灾害破坏力，它们之间的合力就是环境承载力。

（一）资源生产力

资源生产力是环境产生可再生资源和不可再生资源的能力。一个地区的资源生产力包括其资源的储存量和再生能力。适宜的自然环境是保证其资源生产力的关键，一旦自然环境产生了不利的变化，其生产力必然会受到损伤。我们可以从自然环境破坏后，资源产量的变化认识环境的资源生产力。

以全球气候变化为例。现在，韩国松树生长区的面积占国土面积的36%，随着气候变化，到2050年，这个比例可能缩减至16%，2100年更进一步缩减至7%。相应地，朝鲜的松树生长区面积占国土面积的比例也将从现在的59%下降至2050年的47%和2100年的38%(美子，2002)。显然，全球气候变化对朝鲜半岛的松林资源的生产有着重大的负面影响。另外，据最新的资料，世界上1/4的珊瑚礁已经"死亡"。如果全球变暖现象继续，地球上的珊瑚礁很可能在30～50年内消失。

（二）污染消纳力

污染消纳力是环境同化、吸收、降解人类生产和生活过程中所排放的污染物质的自净能力。在环境自净能力范围内，人类生产和生活排放到环境中的废弃物通过物质的自然循环不断地被环境吸收、稀释和转化，一般不会对人类健康和自然生态构成危害。表5.1是对森林生态系统污染消纳力的一个说明，其中许多净化能力在平时是不为我们关注的，其实，这些自净能力对于可持续发展社会的建设显得尤其重要。

**表5.1　森林生态系统的净化过程与净化能力**

| 净化种类 | 净化过程 | 净化能力 |
|---|---|---|
| 吸收二氧化碳，释放氧气 | 直接由绿色植物通过光合作用吸收转化成有机物和氧气 | 针叶林产氧240t/($hm^2$·a)，阔叶林产氧157t/($hm^2$·a)，我国森林固定二氧化碳2054.18t/a |
| 吸收二氧化硫 | 通过叶片上的气孔和枝条上的皮孔吸收，在体内通过氧化还原过程转化为无毒物质 | 阔叶林144kg/($hm^2$·a)，针叶林215.6kg/($hm^2$·a) |
| 对降尘和飘尘的净化 | 树林高大的形体和茂盛的枝叶降低风速，从而使大颗粒的灰尘因风速减小而沉降于地面；由叶表面吸附、滞留着一部分粉尘，从而使含尘量相对降低；林木在蒸腾作用下保持大量水分吸附尘埃，通过雨水冲刷降落到地面 | 针叶林滞尘33.2t/($hm^2$·a)，阔叶林(栎类)滞尘68t/($hm^2$·a) |
| 杀灭病菌 | 树木减少灰尘也就减少了附着在灰尘上的细菌的危害；有些树能分泌出挥发性物质，具有杀菌或抑菌的能力 | 例如，水流通过50m宽的生长30年的杨、桦混交林后，所含细菌数量能减少9/10以上 |
| 降低噪声 | 噪声声波通过森林枝叶等的阻挡，使噪声向各个方向不规则地反射；噪声声波通过树木气孔和绒毛的摩擦可使一部分声能转化为热能从而降低噪声；在传播的过程中，树叶的微震能消耗声能从而降低噪声 | 例如，一般说来，40m宽的林带可消减噪声10～15dB，有行道树的街道，噪声可降低8(10)dB |

资料来源：施晓清等，2001

资源生产力是环境直接为人类提供产品的能力，而污染消纳力是环境间接为人类提供服务的能力。在生态经济学里，环境提供的产品和服务统称为生态服务。表5.2是全球生态系统服务及其功能的一个介绍，该表只列出了环境提供的可再生的产品和服务，并没有列出不可再生的燃料和矿物质。不难看出，有时候要区分环境的资源生产力和污染消纳力是困难的。

**表 5.2 生态系统服务及其功能**

| 序号 | 生态系统服务 | 生态系统功能 | 举例 |
|---|---|---|---|
| 1 | 气体调节 | 大气化学成分调节 | 二氧化碳/氧气平衡,臭氧防紫外线,硫化物水平 |
| 2 | 气候调节 | 全球温度、降水及其他由生物媒介的全球及地区性气候 | 温室气体调节,影响云形成的二甲基硫产物 |
| 3 | 干扰调节 | 生态系统反应对环境波动的容量、衰减和综合 | 风暴防止、洪水控制和干旱恢复等生境对要受植被结构控制的环境变化的反应 |
| 4 | 水调节 | 水文流的调节 | 为农业、工业和运输提供用水 |
| 5 | 供水 | 水的储存和保持 | 向集水区、水库和含水岩层供水 |
| 6 | 控制侵蚀和保持沉淀物 | 生态系统内的土壤保持 | 防止土壤被风、水侵蚀,把淤泥保存在湖泊和湿地中 |
| 7 | 土壤形成 | 土壤形成过程 | 岩石风化和有机质积累 |
| 8 | 养分循环 | 养分的储存、内循环和获取 | 固氮、氮、磷和其他元素及养分循环 |
| 9 | 废物处理 | 易流失养分的再获取,过多或外来养分、化合物的去除或降解 | 废物处理、污染控制、解除毒性 |
| 10 | 传粉 | 有花植物配子的运动 | 提供传粉者以便植物种群繁殖 |
| 11 | 生物控制 | 生物种群的营养动力学控制 | 关键捕食者控制猎物种群,高级捕食者使食草动物减少 |
| 12 | 避难所 | 为定居和迁徙种群提供生境 | 育雏地、迁徙动物栖息地、当地收获物种栖息地或越冬场所 |
| 13 | 食品生产 | 总初级生产中可用为食物的部分 | 通过渔、猎、采集和农耕收获的鱼、鸟、兽、作物、坚果和水果等 |
| 14 | 原材料 | 总初级生产中可用为原材料的部分 | 木材、燃料和饲料产品 |
| 15 | 基因资源 | 独一无二的生物材料和产品的资源 | 医药、材料科学产品,用于农作物抗菌和抗植物感染的基因,家养物种(宠物和植物栽培品种) |
| 16 | 休闲娱乐 | 提供休闲娱乐活动机会 | 生态旅游、钓鱼运动及其他户外游乐活动 |
| 17 | 文化 | 提供非商业性用途的机会 | 生态系统的美学、艺术、教育、精神及科学价值 |

资料来源:Costanza et al.,1999

### (三)灾害破坏力

灾害破坏力是自然环境固有的和对人类活动反馈所形成的自然灾害对环境生产力的损失或抵消。自然灾害本质上只是自然环境客观运动的一个必要组成部分,之所以称为"灾害",是因为它们对人类的生存和发展有损害。自然灾害不仅对社会生产力具有破坏力,对环境本身的生产力也具有破坏力。从人类价值来衡量,自然灾害可以降低甚至抵消环境的资源生产能力和污染消纳能力。

例如，1967～1987年，地震、洪水、台风、龙卷风、滑坡、海啸、火山爆发和自然大火等自然灾害，在全世界范围内造成300万人死亡，受影响人口达8.2亿，直接经济损失数千亿美元，并经常引起人们的惊恐和社会的动荡。1960～1990年，全球热带暴风雨使35万多人丧生，经济损失340亿美元。20世纪80年代非洲有4000万人遭受旱灾。联合国环境规划署2001年2月3日公布的一份报告说，由全球变暖造成的频繁的热带旋风、水平面上升造成土地减少和渔业、农业及水力资源的破坏，每年造成的损失约达3042亿美元。到2050年，在诸如马尔代夫、马绍尔群岛和密克罗尼西亚联邦等沿海国家，由气候变化带来的损失可能超过国家财富或国内生产总值的10%。

## 第二节　环境价值论

环境价值论既是生态经济学研究的范畴，也是环境伦理学研究的领域。它不仅涉及环境价值的构成问题，而且涉及环境价值的评估问题，其中还隐含人们对待环境的态度和情感问题。

### 一、环境价值

资源的效用性和稀缺性是资源具有价值的依据，环境作为一种特殊的资源，理所当然地也具有价值。一般情况下，我们将自然环境或生态环境简称为环境，只有当我们讨论环境价值时，才称“环境资源”。环境价值是环境提供产品和服务的总价值。

(一)环境价值的类型与构成

**1. 环境价值的综合分析**

霍尔姆斯·罗尔斯顿认为环境资源具有生命支撑价值、经济价值、消遣价值、科学价值、审美价值、使基因多样化的价值、历史价值、文化象征价值、性格塑造价值、多样性与统一性的价值、稳定性和自发性的价值、辨证的价值、生命价值和宗教价值等14种价值。这些价值又可以进一步归类为(霍尔姆斯·罗尔斯顿，2000a)：

(1)个人偏好价值——即个人一贯倾向于选择的那种价值，主要蕴藏于兴趣得到满足的主观体验中。

(2)市场价格价值——即以诉诸市场的形式来超越个人偏好价值的主观性的一种价值层次。

(3)个人善价值——层次代表的是个人的真正利益，不管个人是否选择它。它与个人偏好价值的区别是它能根据环境不断做出调整。在许多个人偏好价值中，存在不成熟的成分，个人只有经过足够的教育后，才能真正体会其真正利益是什么。因此，个人善价值不一定伴随着偏好的满足，也不能通过市场来买卖。

(4)社会偏好价值——即一个社会在配置时间、资源、技能、能源和资金的集体决策中表现出来的偏好。社会偏好价值代表的是个人善价值的一种集合，是个人善价值的一种累积结果(并非简单地相加)。

(5)社会善价值——即使是经协商达成共识的社会偏好价值，也可能是一种错误的选择。一项措施的价值，不仅取决于它是否与众多个人的意愿相一致，还取决于它是否有助于社会的良性运行。如果把社会偏好价值视为人们的最大偏好的平均值，则社会善价值指的是有助于社会正常运行的因素的平均值。

(6)有机体的价值——即那些对有机体有益的诸因素。价值不仅是一个经济学的、心理的、社会的和政治的词汇，也是一个生物学的词汇。人的所有偏好和善不过是这个相当宽泛的概念的子集。例如，在有机体价值层次，荒野当然地具备它应有的价值，并且这个价值的存在先于人们关于土地使用的决策。

(7)生态系统价值——生态系统在生物学意义上其实比社会系统更加真实，同样拥有自己的"福利"和价值。因此，应该明智地把人类的集体选择与自然生态系统的正常运行结合起来。

**2. 环境的总经济价值**

环境的总经济价值(TEV)包括工具价值和内在价值两部分。工具价值是指某物品在使用之时满足某种需要或偏好的能力。内在价值是某种物品与生俱来的内在属性，是一种存在价值，它与人们是否使用它没有关系。

工具价值是使用价值(UV)，可分为直接使用价值(DUV)、非直接使用价值(IUV)和选择价值(OV，又称期权价值)。内在价值是非使用价值(NUV)。因此，环境的总经济价值可以用公式表示为

$$TEV = UV + NUV = (DUV + IUV + OV) + NUV$$

直接使用价值是指环境资源直接满足人们生产和生活需要的价值，它是由环境资源对目前的生产或生活的直接贡献来决定的。直接使用价值在概念上易于理解，经济上却并不易于衡量。

非直接使用价值是指从环境所提供的用来支持目前的生产和生活的各种功能中间接获得的效益。非直接使用价值类似于生态学中的生态服务功能。这类价值在当前的市场体系中往往不能得到反映，因而其价值的衡量比直接使用价值要难得多。

选择价值是人们为了保存或保护某一环境资源以便将来使用而产生的支付意愿。选择价值仍属于使用价值的范畴，只不过它衡量的是环境资源未来的直接或非直接价值。任何一种环境资源都可能具有选择价值。人们在利用环境资源的时候并不希望它的功能很快消耗殆尽，因为人们认识到在未来该环境资源的使用价值会更大，或者由于不确定性的原因，如果现在利用了这一资源，那么未来就不可能再获得该资源。因此，人们要对环境资源的利用做出选择。选择价值的出现取决于环境资源供应和需求的不确定性的存在，并且依赖于消费者对风险的态度。在一定意义上，选择价值就像人们对未利用的资产所愿意支付的保险费，仅仅是为了避免在将来失去它的风险。

存在价值是人们对环境资源的存在而产生的支付意愿，是环境资源非使用价值中最为主要的一种形式。从某种意义上讲，存在价值是人们对环境资源价值的

一种道德上的评判，这种评判与其现在或将来使用都无关。这在实际生活中并不难以理解，很多人愿意出钱以保持某些环境资源的存在。例如，许多人对野生生物保护的捐赠，他们愿意出钱保护这些生物，但是他们并不是想获得该生物的使用价值。又如，美国著名的科罗拉多大峡谷，通过问卷调查显示，全美国为保持其存在而产生的支付意愿高达 78 亿美元(潘家华，1997)。

表 5.3 是热带森林环境价值的一种解释。值得指出的是，许多生态学家认为，环境的总经济价值仍然不是环境资源的全部价值，因为环境还存在一些潜在的基础功能，即生态系统的原始特征，具有"原始价值"。它们比我们已知的生态功能更重要，因为它们将生态系统的各种因子"胶"在一起，而且这种"胶水"具有经济价值。因此，环境的总经济价值应该高于其所有单项功能的价值之和。

**表 5.3 热带森林的总经济价值**

| 使用价值 | | | 非使用价值 |
| --- | --- | --- | --- |
| 直接使用价值 | 非直接使用价值 | 选择价值 | 存在价值 |
| 可持续的木材 | 无 | 无 | 无 |
| 非木材产品 | 营养循环 | 未来使用(直接使用价值＋间接使用价值) | 森林作为内在价值的客体，具有遗赠价值，作为给他人的礼物、责任等方面的价值；也包括文化和继承价值 |
| 休闲娱乐 | 水域保护 | 无 | 无 |
| 药材 | 减少空气污染 | 无 | 无 |
| 植物基因 | 小气候 | 无 | 无 |
| 教育 | 无 | 无 | 无 |
| 人类社区 | 无 | 无 | 无 |

资料来源：戴维·皮尔斯，杰瑞米·沃福德，1997

### (二)环境的公共物品属性

(1)公共物品与准公共物品。政治经济学认为，公共物品是具有非排他性和非竞争性的物品。消费的非竞争性又称消费的不可分性，是指某人对某物品的消费不会减少或干扰他人对此物品的消费，如某人呼吸新鲜空气不会影响他人对新鲜空气的呼吸。消费的非排他性，是指某人的消费不能阻止任何其他人免费享用该物品，如某人在呼吸新鲜空气的时候不能阻止他人免费呼吸新鲜空气。纯公共物品一般具有规模经济的特征，消费上不存在"拥挤效应"，不可能通过特定的技术手段进行排他性使用，否则代价将非常高昂，如国防、国家安全和法律秩序等。准公共物品是介于私人和纯公共之间的物品，范围十分广泛。有的准公共物品的消费局限在一定的地域中，受益的范围有限，如地方公共物品；有的准公共物品是公共的，一个人的使用也不能够排斥其他人的使用，但消费上存在着竞争，使用中存在着"拥挤效应"和"过度使用"的问题，如地下水资源；还有的准公共物品具有明显的排他性，必须通过付费才能消费，如高速公路。

(2)环境公共物品与环境价值。环境资源是典型的公共物品，它的消费具有明显的非排他性；但是，环境资源大多数不是纯公共物品，而是准公共物品，因为随着环境污染和破坏的日趋严重，任何对环境资源的使用都不可能不影响其他人享受环境资源的质量。环境具有公共物品的特性决定环境价值无法通过竞争性的市场加以反映。从产权经济学角度分析，公共物品实际上就是那些不具备私有产权特性的物品。在市场体制中，一切经济活动都是以产权明晰为前提的，在自由竞争的市场中，完备的产权具有明确性、排他性、可转让性、强制性或可实施性四个特点。由于环境质量不具有私人产权特征，任何人完全可以根据自己的费用效益决策准则来利用环境资源，而不用考虑支付给他人费用以及影响他人，因此在自由竞争的市场中，环境价值很难得到实现。

(三)环境外部性

(1)外部性的概念。外部性是指在实际经济活动中，某个微观经济单位对其他微观经济单位造成的非市场性的影响。其中，对受影响者不利的外部影响称为外部不经济性或负外部性；对受影响者有利的外部影响称为外部经济性或正外部性。所谓非市场性，是指这些影响并没有通过市场机制反映出来。当厂商和居民因为正外部性获益时，他们并不需要为此向影响者支付报酬；而当他们因为负外部性受损时，他们也得不到影响者相应的补偿。

在现实生活中，外部性的例子俯拾即是。养蜂人因其蜜蜂授粉而给附近其他果农带来的收益，果农因给蜜蜂提供采蜜的地方而给养蜂人带来的收益，都属于外部经济性。道路坑坑洼洼所造成的拥挤和车辆使用年限的缩短、公共绿地被占用给附近居民带来的不便，则属于外部不经济性，因为车主和居民都无法直接在市场上得到应得的补偿。

(2)环境影响外部性与环境价值。环境影响具有明显的外部性。一方面，任何对环境造成污染的个体或单位，往往并不承担相应的责任，而把损失转嫁给社会或国家承担。例如，上游造纸厂向河流中排放废水造成水环境的质量下降，但是造纸厂并未因此而给下游居民以补偿，这种影响是以造纸厂的外部费用形式存在的，并没有反映到污染者的生产函数中，而是转嫁给社会，以社会成本形式存在。另一方面，任何由于环境改善而产生的提高人体健康水平、资产增值和美学景观享受等有益的效果，也没有体现在改善者的收益核算中。例如，上游地区植树造林减少水土流失从而改善河流水质，下游地区从中获得收益，但并没有给上游地区以相应的补偿，上游地区植树造林后带来的生态效益并没有计入植树者的经济收益，而是以外部效益形式存在。可见，环境损失、环境收益都是以“外部性”方式存在的，不可能通过自由竞争的市场体系表现出来，这就决定了环境价值无法通过市场得到反映。例如，森林美学价值的加强可能改变在现场的游乐花销，但此消费变化与森林的美学价值的加强并无必然联系。游乐者们可能把这种美学改善估价为 100 美元，但只从其他游乐场地转移过来 20 美元。

## 二、环境价值评估

市场不能准确反映环境物品和服务的价值，导致环境物品和服务在市场上的低价和无价。这主要是环境公共物品特性及其外部性导致市场失灵所造成的。为了将环境价值体现在社会经济活动中，必须对其进行科学评估。

环境价值评估的基础是人们对环境改善的支付意愿，或是忍受环境损失的接受赔偿意愿。通常，获得人们支付意愿或接受赔偿意愿的途径有三个（马中，1999）：一是从直接受到影响的物品的相关市场信息中获得；二是从其他事物中所蕴涵的有关信息中获得；三是通过直接调查个人的支付意愿或接受赔偿意愿获得。这三个途径的本质差别在于相关市场信息的可获得性：第一个途径具有受影响的物品的较完全的市场信息；第二个途径具有相关事物的较完全的市场信息；第三个途径没有市场或替代市场信息。因此，根据市场信息的完全与否可以将评估方法分为市场价值法、替代市场法和假想市场法（张帆，1998）。

### （一）市场价值法

市场价值法利用市场价格来计量环境质量变动对其他商品或服务所造成的影响，从而估算其价值。因此，只有在环境质量变化的后果既可以观察并度量，又可以用货币价格加以测算时，市场价值法才有用武之地。主要方法有生产率变动法、疾病成本法、防护费用法、重置成本法和机会成本法等。

（1）生产率变动法。生产率变动法认为，环境质量变化可以通过生产过程影响生产者的产量、成本和利润，因而可以用产出水平变动所导致的商品销售额的变动来衡量环境价值的变动。例如，某个排污者排放的废弃物会影响到其周围地区其他厂商的生产，因而可以用其他厂商因减产或成本上升而导致的销售收入的减少额来计算环境价值。

（2）疾病成本法。环境污染对人体健康会产生很大影响，不仅导致劳动者发病率与死亡率增加，给生产造成直接损失，而且导致医疗费用增加、患者收入损失和精神损害等。疾病成本法就是专门评价反映在人体健康上的环境价值的方法，它计算所有由疾病引起的成本，例如，缺勤造成的收入损失和医疗费用。它在计算环境污染引起的过早死亡的成本时，常用人力资本法，即用收入的损失去估价过早死亡的成本，也就是用劳动者收入来衡量劳动者的生命价值，暗含着“收入小于支出的人的死亡对社会有利”的前提，因而引发了伦理学上的争论。

（3）防护费用法。当某种活动有可能导致环境污染时，人们会采取相应的措施来预防环境污染的发生。防护费用法（也称预防支出法）通过评估人们为了避免环境危害而做出的预防性支出来衡量环境价值。该方法隐含的假定是个人有足够的信息了解环境变化的危害性。防护费用法给出的是最低成本，这是因为一方面实际支付可能受收入的约束，另一方面防护费用可能不包括全部效益损失。

（4）重置成本法。假如导致环境质量恶化的环境污染无法得到有效的治理，那么就不得不用其他方式恢复受到损害的环境，以便使原有的环境质量得以保持。如开矿引起的地面塌陷影响农业生产，可以用开垦荒地的办法来弥补。重置成本法(也称恢复费用法、置换成本法)就是通过估算将受到损害的环境质量恢复到受损害以前状况所需要的费用来衡量环境价值。随着物价和其他因素的变动，这一代价往往大大高于原来的产出品或生产要素价格。有时候环境质量一旦破坏将无法在原地将其恢复，这种情况下，该地的生产者只有另寻他地，重新安置在另一个适宜其生产的地点。例如，油井导致污水流入河流，影响了下游的自来水厂，为了保证供水质量，自来水厂只有迁移到别的地点。这种重置过程进行评估的方法称为重新选址成本法，它是重置成本法的一个变种。

(5)机会成本法。当某一项目的开发或建设导致严重的环境污染，人们可以同时设计另一个作为原有环境质量替代品的补充项目，以便使环境质量对经济发展和人民生活的影响保持不变。当难于直接评估环境污染造成的损失时，人们常常用这种能够保持经济发展和人民生活不受环境污染影响的项目的费用来估算环境质量变动的货币价值。

(二)替代市场评价法

现实中，有些商品或服务是可以观察和度量的，也可以用货币价格加以测算，不过他们的价格只是部分地、间接地反映了人们对环境质量的评价。这时，我们需要用替代市场评价法来评估其环境价值，即以这些商品或服务为环境资源的替代物，以它们的市场价格间接地衡量其中所隐含的环境质量的价值。

(1)旅行费用法。旅行费用法用来评价那些没有市场价格的自然景观或环境资源的价值，该方法通过评估旅游者对自然景观或环境资源的支付意愿来衡量其环境价值。为了获得游客的支付意愿，可以使用旅行费用作为替代物来估计景点的价值。这是因为，尽管景点游览价格很低或根本不需要旅游者支付游览费用，但是旅游者为了完成游览，却需要承担交通费用以及花费时间，他为此而付出的所有代价可以看作是对这些环境商品或服务的实际支付。

(2)内涵资产定价法。内涵资产定价法是基于这样的一种理论，即人们赋予环境的价值可以从他们购买的具有环境属性的商品的价格中推断出来。任何资产都有多种特性，而资产的价格体现着人们对它的各种特性的综合评价，其中包括当地的环境质量。根据这些特性所蕴涵的价格信息，我们可以获得某个特性所隐含的供给和需求曲线。以房地产市场为例，房地产的价格既反映房产本身的特性(如面积、房间布局、朝向等)，也反映房产所在地区的生活条件(如商业网点、学校等)，还反映房产周围的环境质量(如空气质量、噪音高低、绿化条件等)。在其他条件不变的情况下，环境质量的差异将影响消费者的支付意愿，进而影响这些房产的价格，因此可以用环境质量差异所导致的同类房产的价格差异来衡量环境质量变动的货币价值，从而估算环境质量的价值。

（三）假想市场评价法

在环境质量的变化甚至连通过间接地观察市场行为都不能估价时，只好通过建立假想的市场来衡量其价值，这种环境估价的方法就是假想市场法，也称市场创建法。意愿调查估价法就是这样一种方法。意愿调查估价法通常将一些家庭或个人作为样本，询问他们对于一项环境改善措施或一项环境恶化措施的支付意愿，或者要求住户或个人给出一个对忍受环境恶化而接受赔偿的愿望。由于意愿调查法不是基于可观察到的或预设的市场行为，而是基于调查对象的回答，其结果往往会出现一些偏差，包括信息偏差——调查者可能向被调查者询问太少或错误的信息；工具偏差——支付方式会影响到被调查者的支付意愿；起点偏差——被调查者的回答可能会受调查者所建议的支付意愿和接受赔偿意愿的出价点的影响而发生偏差；假想偏差——被调查者对假想市场问题的反应与对真实问题的反应并不一样；策略性偏差——被调查者隐瞒了关于环境变化的支付意愿或接受赔偿意愿的真实回答。

## 第三节　环境影响评价

环境影响是指人类活动所导致的环境变化以及由此引起的对人类社会的效应。不当的人类活动是导致自然环境退化的重要原因，而环境退化又是影响人类可持续发展的重要因素。人类只有正确认识其活动给环境带来的影响，才有可能将负面影响最小化，从而保证社会经济与环境保护的协调发展。环境影响评价正是基于这种要求而产生的。

### 一、环境影响评价的内涵、原则与流程

环境影响评价是强化环境管理的有效手段，是贯彻可持续发展的预防性原则的重要措施。了解环境影响评价的内涵、原则与流程是进行环境影响评价的第一步。

（一）环境影响评价的内涵

早期的环境影响评价主要应用于工程建设项目中，是指对建设项目引起的环境变化（包括对自然环境和社会环境的影响）所进行的预测和评价，以及提出减缓环境变化的措施（王华东，1990）。随着其应用范围的扩展，环境影响评价的内涵也在不断丰富。

2003 年 9 月 1 日施行的《中华人民共和国环境影响评价法》这样定义：环境影响评价是指对规划和建设项目实施后可能造成的环境影响进行分析、预测和评估，提出预防或者减轻不良环境影响的对策和措施，进行跟踪监测的方法与制度。

近年来，环境影响评价进一步扩展到政策领域，科学评价政策的环境影响并消除其负面影响是科学决策的重要内容和必然要求。因此，我们接受这样的环境影响评价定义：环境影响评价是指对拟议中的建设项目、区域开发计划和国家政策实施后可能对环境产生的影响进行的系统性识别、预测和评估，并据此提出预防或减

轻不良影响的对策和措施。

### (二)环境影响评价的原则

环境影响评价的根本目的是鼓励在决策、规划、建设中考虑环境因素,最终实现人类活动与自然环境的相容与和谐。进行环境影响评价时,必须遵循以下基本原则:

(1)目的性原则。区域环境有其特定的结构和功能,特定的功能要求其有特定的环境目标,因此进行任何形式的环境影响评价都必须有明确的目标,并根据其目标确定环境影响评价的内容和任务。

(2)整体性原则。区域可持续发展系统是一个不可分割的整体,环境影响评价必须注意相关决策、规划、建设对区域可持续发展系统的整体影响,即在分别预估对各环境要素的影响之后,还要分析其综合效应,全面估算整个区域环境可能受到的整体影响,以便对各种替代方案进行比较和选择。

(3)相关性原则。在环境影响评价中,应考虑区域可持续发展系统中各子系统之间的联系,研究同一层次子系统间的关系及不同层次各子系统之间的关系,研究它们联系的性质、方式及紧密程度,从而判别环境影响的传递性。

(4)主导性原则。在环境影响评价中,必须抓住各种政策或项目建设可能引起的主要环境问题,找出支配环境影响评价系统的主要行为的变量——序参量,然后建立序参量所满足的数学模式,根据“支配原则”,通过控制序参量最小化环境的负面影响。

(5)平衡性原则。环境系统的各子系统和各要素之间既相互联系又相互独立,各自表现出独特的属性。因此,环境影响评价在重视整体效应和相关性的同时,还要充分注意各子系统和要素之间的协调和均衡,特别关注那些具有“短板效应”的要素,因为如果此类要素所受的影响超过其临界的阈值,很可能导致整个系统的衰落或瓦解。

(6)动态性原则。各种政策和项目建设的环境影响是一个动态变化过程,在环境影响评价中必须研究其历史过程,研究不同时段、不同阶段的环境影响特征,并区分直接和间接影响、短期和长期影响、可逆和不可逆影响,同时注意影响的叠加性和累积性特点。

(7)随机性原则。环境影响评价的对象是个复杂多变的随机系统,各种政策或项目建设在实施过程中可能引起各种随机事件,有些会带来严重的环境后果。为了避免公害事件的形成和产生,必须根据实际情况,随时增加必要的研究内容,特别是环境风险评价的研究。

(8)发展性原则。环境影响评价必须从环境的系统性和整体性对环境价值做出评价,同时根据可持续发展目标对环境开发行为做出评价。在处理环境信息时,要着重说明和解释这些环境信息的社会经济含义,以实现生态、经济、社会之间的权衡,使环境影响评价能够真正促进区域的可持续发展。

(9)参与性原则。环境影响评价需要公众参与。一方面，环境影响评价的过程要公开、透明，公众有权了解环境影响评价的相关信息；另一方面，公众对当地的环境状况非常了解，他们可以为环境影响评价提供可靠的信息，公众参与又有助于环境影响评价的科学、客观。

## （三）环境影响评价的流程

环境影响评价的工作过程主要包括三个阶段。

第一阶段——准备阶段。主要工作为研究有关文件，进行初步的工程分析和环境现状调查，筛选重点评价项目，确定各单位环境影响评价的工作等级，编制环境影响评价的工作大纲。

第二阶段——正式工作阶段。主要工作为工程分析和环境现状调查，并进行环境影响预测和评价环境影响。

第三阶段——报告书编制阶段。主要工作是汇总、分析第二阶段工作所得到的各种资料、数据，得出结论，完成环境影响报告书的编制（图 5.1）。

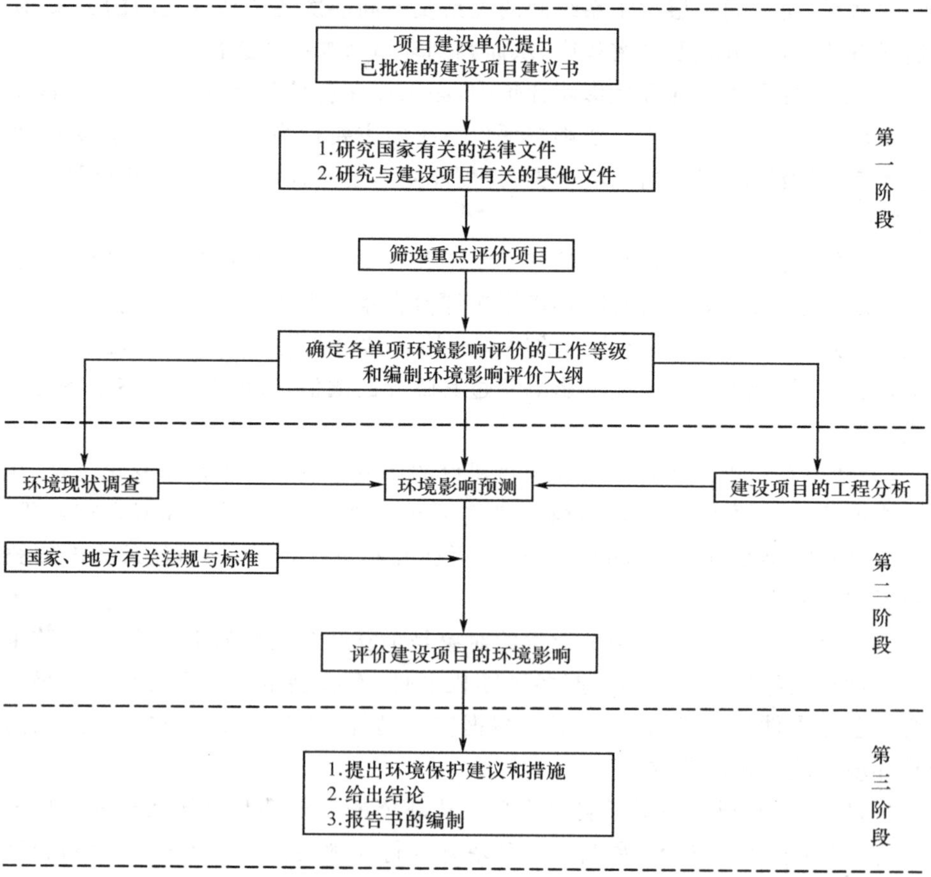


图 5.1 环境影响评价工作过程的主要阶段

## 二、环境影响评价的方法

环境是一个复杂系统，受人类活动多种途径的影响，环境影响评价的方法因而也具有多样性、交叉性的特点(陆书玉，2001)。环境影响评价的方法从功能上可分为：环境影响识别方法、环境影响预测方法和环境影响综合评价方法。

### (一)环境影响识别方法

环境影响识别就是通过系统地检查人类活动中的各项具体“活动”与各环境要素之间的关系，识别可能的环境影响，包括环境影响因子、影响对象以及环境影响的性质、程度和方式等(郭廷忠，2007)。

(1)环境影响识别的内容。①影响因子的识别。影响因子是人类某项活动中各个层次的具体的“活动”。影响因子识别是根据人类某项活动的过程特征，采用一定的方法和手段将一个整体的活动分解成不同层次的“活动”。这些不同层次的活动各具特点，它们可能对环境造成不同影响。因此，环境影响因子识别的结果往往成为环境保护的决策依据。②影响对象的识别。影响对象又称影响受体，包括自然环境要素(地质、地貌、气候、水文、地表水质、空气质量、土壤、森林、草场、陆生生物和水生生物等)和社会环境要素(城镇、土地利用、居民区、交通、文物古迹、风景名胜、自然保护区、人口健康和重要基础设施等)。各环境要素可由表征该要素特性的各相关环境因子具体描述，构成一个有结构、分层次的环境因子序列。构造的环境因子序列应能描述评价对象的主要环境影响、表达环境质量状态，并便于度量和监测。③影响程度的识别。环境影响识别首先应识别出环境因子的影响是有利的还是不利的，而重点是关注不利的影响，在环境影响程度的识别中，通常将环境影响的程度分为极端不利、非常不利、中度不利、轻度不利和微弱不利五个等级(郭廷忠，2007)。

(2)环境影响识别的方法。一般采用列表清单法，即将可能受开发影响的环境因子和可能产生的影响性质，通过核查，在一张表上一一列出的识别方法，有简单型清单、描述型清单和分级型清单等几种形式。简单型清单仅是一个可能受影响的环境因子表，不作其他说明，可作定性的环境影响识别分析，但不能作为决策依据。描述型清单比简单型清单增加了环境因子如何度量的准则。分级型清单在描述型清单基础上又增加了环境影响程度的分级。列表清单不能过于繁琐，以能全面准确反映某个建设项目的各种特定行动的影响为宜，如适用于住宅工程、公路、污水处理设施、核电厂和机场等的影响清单。除列表清单法外，环境影响识别的方法还有矩阵法、网络法和图形叠置法等。

### (二)环境影响预测方法

经过环境影响识别后，主要环境影响因子已经确定。在人类活动开展以后，这些环境影响因子产生的影响有多大，必须进行预测。常用的预测方法主要有：①以专家经验为主的客观预测方法。②以数学模式为主的客观预测方法。根据人们对预测对象认识的深浅,又可分为黑箱、灰箱、白箱三类。前两类属统计分析方法,用统计、归纳的方法在时间域上通过外推作出预测,一般称为统计模式;后一类为理论分析方法,用某领域内的系统理论进行逻辑推理,通过数学物理方程求解得出其解析解或数值解来作预测,故又可分为解析模式和数值模式两小类。③以实验手段为主的实验模拟方法。在实验室或现场通过对物理、化学、生物过程的直接测试来预测人类活动对环境的影响(陆书玉,2001)。

(三)环境影响综合评价方法

环境影响综合评价是按照一定的评价目的,把人类活动对环境的影响从整体上综合起来,对环境影响进行定性或定量的评定。由于人类活动的多样性与各环境要素之间关系的复杂性,评价人类活动对环境的综合影响是一个复杂的过程。指数法、矩阵法是具有代表性的方法。指数法是指采用能代表环境质量好坏的环境质量指数进行评价,包括单因子指数评价、多因子指数评价和环境质量综合指数评价等方法(陆书玉,2001)。矩阵法由清单法发展而来,不仅具有影响识别功能,还有影响综合评价功能。它将清单中所列内容,按其因果关系,系统加以排列,然后把开发行为和受影响的环境要素组成一个矩阵,在开发行为和环境影响之间建立起直接的因果关系,定量或半定量地说明拟议中的工程行动对环境的影响。除此之外,图形叠置法、网络法、动态系统模拟法也是常用的环境影响综合评价方法。尽管环境影响综合评价方法不少,但都各有其局限。

## 第四节　环境保护与环境建设

环境保护是对生态系统完整性和基本生态过程的保持和维护,环境建设是通过对生态系统的结构和功能的优化来增强环境的承载能力。因此,环境保护和环境建设是生态可持续发展的重要手段,环境保护的核心是生物多样性保护,环境建设的核心是人居环境的建设。

### 一、环境保护与可持续发展

可持续发展的概念是在20世纪60～80年代关于环境与发展关系的争论中逐渐明晰的,因此,环境保护与可持续发展有着不解之缘。

(一)可持续发展源于环境保护

可持续发展思想从萌芽到成熟、从理论到实践,自始至终都与环境保护有着水乳交融的关系。正如伊恩·莫法特所言:可持续发展概念的演变,自始至终同那些讨论环境问题的国际的、国家的和地方性的会议有着密切的关系(伊恩·莫法特,2002)。事实上,从1972年在斯德哥尔摩召开联合国人类环境会议及其所发表的《人类环境宣言》,到1992年在里约热内卢召开的联合国环境与发展会议及其所发表的《环境与发展宣言》,再到2002年在约翰内斯堡召开的联合国可持续发展首脑会议及其所发表的《政治宣言》,都无不表明可持续发展的思想与战略是源于对环境问题的重视。

如第一章所述，美国海洋生物学家 R·卡尔逊在 1962 年发表的《寂静的春天》是可持续发展思想形成的第一个里程碑。这个里程碑就是建立在对环境问题的关注的基础之上的，R·卡尔逊因此也被称为环境保护的先行者。正是基于这部著作的影响，自 20 世纪 60 年代开始，在西方发达国家出现了一波反对污染和公害的群众性的环境运动(王树恩和陈士俊，2002)。

1970 年 4 月 22 日，美国举行了历史上规模最大、影响最广的环境保护群众运动——“地球日”游行活动，大约 1500 所高等院校和 1 万所中小学举行了集会，包括知名人士、国会议员、工人和学生在内约 3000 万人走上街头，进行游行、演讲、宣传，以唤起人们的环境意识。这一事件被认为是全球环境运动的起点。同时，这也标志着全球性的环境保护潮流正在形成，并引起各国政府和国际社会的重视。

不过，在 20 世纪 60～70 年代的环境运动中，世界人们对于环境保护与经济发展的关系的认识是片面的，认为它们之间是一对难以调和的矛盾，因此出现一些对人类未来比较悲观的论调，我们在仔细阅读《增长的极限》和《只有一个地球》这两部里程碑式的著作时，都可以感受出这点。但是，到 20 世纪 80 年代以后，世界人们逐渐认识到环境保护与经济发展其实是相辅相成的关系，环境保护有助于经济发展，经济发展也有助于环境保护。1987 年世界环境与发展委员会发表的《我们共同的未来》报告中提出的“可持续发展”概念将环境保护和经济发展有机的统一了起来，认为不能将环境与发展问题割裂开来，经济发展不能忽视环境保护，而环境保护只能通过经济发展加以实现。正由于此，联合国人类环境会议演变成环境与发展会议。因此，从这个意义上讲，可持续发展实质上是整合环境保护与经济发展的产物。

### （二）环境保护促进可持续发展

人类的生活质量与环境的健康有着直接的关系。环境问题的实质在于人类索取资源的速率超过了资源本身及其替代品的再生速率和向环境排放废弃物的速率与数量超过了环境的自净能力。环境污染和生态破坏不仅危及人类的生存安全，而且削弱人类可持续发展的基础能力。因此，保护环境就是保护生产力，就是保护人类可持续发展的生存基础。

(1)环境问题造成的损失。20 世纪 80～90 年代的研究结果表明，环境问题导致的经济损失占 GDP 的比重在工业化国家为 2%～4%；东欧国家占 5%～10%；贫穷国家占 10%以上(表 5.4)。我国环境问题导致的经济损失数额也非常巨大，据世界银行 1997 年报告《碧水蓝天——展望 21 世纪的中国环境》，1995 年仅城市地区燃煤排放的污染物就导致 17.8 万例早亡，170 万例额外的慢性支气管炎，16 亿额外的“受限制活动天数”和近 50 万例额外的呼吸道疾病症状。按“疾病成本法”估算，城市人口额外的发病率的社会成本超过 210 亿美元，按“意愿调查法”估算，早亡的社会损失是 110 亿美元，两项合计经济损失达 320 亿美元，约占当年 GDP 的 5%。

**表 5.4　对一些国家环境损害成本的估算**

| 国家及年代 | 环境损害类型 | 每年损失占 GDP 的比例/% |
|---|---|---|
| 布基纳法索,1988 | 土地退化引起的庄稼、牲畜、薪材损失 | 8.8 |
| 哥斯达黎加,1989 | 过度砍伐 | 7.7 |
| 埃塞俄比亚,1983 | 过度砍伐对薪材和庄稼供应量的影响 | 6.0～9.0 |
| 联邦德国,1990 | 污染损害(大气、水、土壤、生物多样性) | 1.7～4.2 |
| 匈牙利,1980 年代后期 | 污染损害(主要是大气污染) | 5.0 |
| 印度尼西亚,1984 | 土壤侵蚀或过度砍伐 | 4.0 |
| 马达加斯加,1988 | 土壤侵蚀等 | 5.0～15.0 |
| 马拉维,1988 | 土壤侵蚀引起的农产品产量损失 | 1.6～10.9 |
| | 过度砍伐的成本 | 1.2 |
| 马里,1988 | 当地的土壤侵蚀 | 0.4 |
| 荷兰,1986 | 部分污染损失 | 0.5～0.8 |
| 尼日利亚,1989 | 土壤退化、过度砍伐、水污染、其他土壤侵蚀 | 17.4 |
| 波兰,1987 | 污染损失 | 4.4～7.7 |

资料来源:戴维·皮尔斯和杰瑞米·沃福德,1997

(2)保护环境就是保护生产力。环境保护不仅能够避免环境破坏的损失,而且能够促进产业经济结构调整、改善区域投资环境而促进区域经济的发展。因此,保护环境就是保护生产力,改善环境就是发展生产力。①环境保护有助于经济结构升级。著名经济学家西蒙·库兹涅茨对世界各国的经济增长过程进行深入细致的研究,结果表明:经济增长与经济结构显著相关,经济发展总是伴随着第三产业比重的上升。由于第三产业对自然资源的消耗强度和自然环境的污染强度均小于其他产业,所以第三产业不断扩大有利于经济可持续发展的实现(洪银兴,2000)。环境保护不仅是激励经济结构升级的有效途径之一,而且可直接推动环保产业的发展。②环境保护有助于投资环境改善。优美的自然环境是重要的投资环境。1997年,原国家环境保护总局决定在全国开展国家环境保护模范城市创建活动。统计资料显示,国家环境保护模范城市的创建,大大改善了这些城市的投资环境,增强了它们的吸引力和竞争力,在 1997～2001 年,22 个环境保护模范城市的经济增长率平均在 11%以上,人均 GDP 平均超过 2 万元,经济总量和人均收入的增长都高于全国城市平均水平(赵永新,2001)。③环境保护有助于人类生活质量提高。实践证明,一个国家的环境保护投入占 GNP 的比例达到 1%～1.5%时,可以基本控制污染;达到 2%～3%时,可以改善环境质量。我国在 1999 年才达到 1%。据1995～2000 年中国发展模型的研究,中国的环境保护投入占 GNP 的比例如果从"八五"期间的 0.7%～0.8%提高到 1%～1.5%,虽然 GNP 每年会降低 0.06%,但每年可减少 2000 多亿元的污染损失,同时还能创造大量的就业岗位。如果站在整个人类的发展高度看,投资的环境保护的回报是十分丰厚的。这里所说的"回报",是指在调节气候、保持水土、提供可持续利用的食物、燃料和药物等方面,保护大自然可能给人类社会创造的经济价值。如果全球每年为保护自然而投资450亿美元,得到的净收益为4.4万亿～5.2万亿美元。

## 二、生物多样性保护

生物多样性是生态完整性的重要指标,生物多样性保护是环境保护的核心,保护生物多样性就是保护人类生存与发展的生态基础。1992年5月的联合国内罗毕最终谈判会议上,通过了《生物多样性公约》。1992年6月在巴西里约热内卢召开的联合国环境与发展大会上,通过了《保护生物多样性公约》。

### (一)生物多样性的表现

关于生物多样性的含义,我们在第一章曾经提到,生物多样性是基因多样性、物种多样性和生态系统多样性的综合体,这里我们分别加以论述。

(1)基因多样性。基因多样性又称遗传多样性,是指包含在植物、动物和微生物个体基因内的遗传信息的总和。物种的遗传组成决定着它的性状特征,物种性状特征的多样性是遗传多样性的外在表现。每一个物种都是大量遗传信息的储藏库,这是因为,每一个物种都由许多个体组成,而同一物种中没有两个个体是完全一样的。因此,我们即便是将一种濒临灭绝的物种从灭绝过程中挽救出来,但是其内在的许多多样性可能已经丧失,就算这个种群能够重新发展,它的遗传基因也要比以前的种群趋于简单化,如现在的野牛群与18世纪初的野牛群相比,其遗传多样性已经大大改变了(戴维·皮尔斯,1997a)。

(2)物种多样性。物种多样性是指动物、植物和微生物物种的丰富性。物种是组成生物界的基本单位,是自然系统中处于相对稳定的基本组成成分。一个物种是由许多种群组成,不同的种群显示了不同的遗传类型和丰富的遗传变异。物种被视为在自然状态下"基因流"能在其内部流动的种群。地球上物种的真实数目还是一个未知数。至今,已有大约170万种各类有机体被分类记载,再加上对尚未了解的物种的估计值,全球物种有500万～1000万种。而有的科学家做出的估计更高,约在5000万种。在已记载的物种中,6%生活在寒带或极地地区,59%生活在温带,35%生活在热带。在陆生生态系统中,物种多样性往往随海拔高度的增加而减少。在海洋生态系统中,物种多样性随深度的降低而减少。

(3)生态系统多样性。生态系统多样性与生境的变化、生物群落、生物圈中的生态过程以及生态系统内部的多样性有关,通常指的是生物群落和生境的多样性。生态系统多样性是物种多样性和基因多样性的前提和基础。测定生态系统多样性较为复杂,因为在全球水平上生态系统的分类不是唯一的,多样性可以用不同的水平和尺度来描述。功能多样性是具有功能性差异的生物种类的相对丰富度;群落多样性是指群落的数量、大小和空间分布,亦称为斑块;景观多样性是指斑块尺度的多样性。生态系统的主要功能是物质交换和能量流动,保护生态系统多样性就是维持了系统中能量和物质流动的合理过程,保证了物种的正常发育和生存,从而保持了物种在自然条件下的生存能力和种内遗传变异度。

## （二）生物多样性的锐减

生物多样性是人类赖以生存的生命保障系统，具有巨大的生态、经济和社会价值。然而，由于全球人口的增长和人类活动引起的生物资源不合理利用及环境变化，许多物种已经或正逐渐从地球上消失，生物多样性锐减已经成为一个世界性的问题。

(1)生态系统多样性的锐减。各类生态系统数量的减少、面积缩小和健康状况的下降是生态系统多样性减少的表征。生态系统多样性与生物栖息地的改变密切相关。热带雨林是生物多样性最丰富的地方，其面积只占地球陆地面积的7%，但至少分布着地球物种数量的50%，但热带雨林消失的速率不断加快，很多物种面临灭绝。据联合国粮食及农业组织与环境规划署1982年的保守估计，热带森林每年有1110万$hm^2$彻底消失，1000万$hm^2$受到严重破坏，全部热带国家的森林消失率年均约为0.6%，以此速率，所有郁闭的热带森林将在177年内砍伐干净(麦克尼利等，1991)。湿地是生态系统多样性丰富的生态系统，在长期的人类活动影响下，其多样性也遭到日益严重的破坏。据《世界资源报告》(2000～2001)，全球20世纪内丧失了50%的湿地。另据国家林业局报告，在20世纪的后40年里，我国消失了50%的沿海滩涂，13%的湖泊；黑龙江三江平原丧失了78%的天然沼泽湿地。

(2)物种多样性的锐减。地球经历了约35亿年漫长的生命进化过程，形成过大约10亿个物种，但大多都已灭绝了。因此，传统进化论认为，物种灭绝是在生存竞争中失败物种的命运，是一个有着积极作用的过程，它消灭了退化的物种。然而，当前的事实是，由于人类活动的干预，物种灭绝的速率已经远远超过了生物发展的自然规律，人类社会发展造成的物种灭绝速度是自然状态下的1000倍。据科学家考证：在远古时期，无脊椎动物大约每3000年形成一个新的物种，每3000年灭绝一个物种。鸟类在距今3500万～100万年，平均每300年灭绝1种；距今100万年至现在，平均每50年灭绝1种；最近300年间，平均每2年灭绝5种；20世纪后，约每年灭绝1种。就连农作物多样性的丧失都是触目惊心的：在过去的100年当中，美国的玉米品种丧失91%，番茄品种丧失81%；从20世纪40年代末到70年代，中国的小麦品种从1万种锐减到1000种。全球物种受威胁的状况详见表5.5。

(3)基因多样性的锐减。基因多样性的锐减主要表现在种群数量下降和遗传变异性减少两个方面。除少数野生物种(如麻雀、老鼠、浣熊、草原狼、白尾鹿等)的分布区和种群有所扩展外，许多物种正在遭受灾难性的种群崩溃。小的种群使物种对于疾病、气候变化、生境替代、近亲繁殖以及许多其他能威胁其生存的因素往往更加易受伤害。种群减少降低了种群的利用潜力，在猎取压力严重的地方已使狩猎动物的种群减少到远低于生境容纳量的水平，其收获的经济效益远少于在持续产量水平上的效益。另外，人类对生物的驯化也降低了遗传多样性。单个物种固有的遗传物质多样性可在一些驯化物种表现出的许多种系变异性中看到，如狗、猫、牛、马，马铃薯、苹果和玉米等都有许多特化类型，但整个种系或栽培品种正以很快的速度失掉它们

**表 5.5　受威胁物种的现状**

| 物　种 | 灭绝* | 濒危 | 渐危 | 稀有 | 未定 | 全球受威胁分类单元总数 |
|---|---|---|---|---|---|---|
| 植物 | 384 | 3325 | 3022 | 6749 | 5598 | 19 078 |
| 鱼类 | 23 | 81 | 135 | 83 | 21 | 343 |
| 两栖类 | 2 | 9 | 9 | 2 | 1 | 50 |
| 爬行类 | 21 | 37 | 39 | 41 | 32 | 170 |
| 无脊椎动物 | 98 | 221 | 234 | 188 | 614 | 1 355 |
| 鸟类 | 113 | 111 | 67 | 122 | 624 | 1 037 |
| 哺乳类 | 83 | 172 | 141 | 37 | 64 | 497 |

资料来源:麦克尼利等,1991

* 生物多样性受到威胁的等级按照国际自然与自然资源保护同盟(IUCN)的标准。其中:

灭绝是指在过去50年内,未在野外确实找到的物种。

濒危是指处于灭绝危险之中,如果致危因素继续作用将不可能生存下去的物种,包括那些数量已减少到危急水平或其生境已剧烈减少以至于立即灭绝的危险中的物种,还包括那些可能已经灭绝但在过去50年中确实在野外见过的物种。

渐危是指已经确信如果其致危因素继续作用可能在不久的将来进入"濒危"等级的物种,包括大部分或全部种群由于过度开发、生境的广泛破坏或其他环境侵扰而正在减少的物种;种群已严重枯竭并且其最终安全尚无保证的物种;以及种群虽然还丰富但其整个分布区都遭到严重的不利因素威胁的物种。

稀有是指那些世界种群小,目前尚未"濒危"或"渐危",但有此危险的物种,这些物种通常分布在有限的地理区域或生境内,或稀疏地散布在一个更为广阔的分布区内。

未定是指那些已知是属于"濒危"、"渐危"或"稀有"的物种,但尚未有足够资料来说明它们符合这三个等级中的哪一级。

的遗传变异性,也因此降低了适应气候变化、疾病或其他形式的环境灾难的能力。人类栽培的主要农作物(如玉米和水稻)存留的基因库与数十年前的遗传多样性相比,已经减少了许多。许多农学家认为,植物和动物驯化过程中遗传多样性的损失给人类幸福带来的威胁,甚至比野生物种灭绝带来的威胁还要大。

(4)生物多样性锐减的原因。导致生物多样性锐减的直接原因主要是:①生境破坏。人类活动使地球表层人文化,将原本是高度多样化的自然生态系统改造成结构相对简单的农业生态系统,这种改变使得自然植被的面积大量减少,物种生境因此变得支离破碎,物种种群减少,遗传多样性丧失,物种和种群的脆弱性增加。②过度捕猎。对生物种群个体的采猎规模和速率超出了种群的自然生殖的能力和速率,导致种群减少和脆弱性增加。③化学污染。大气污染通过"酸雨"沉降直接危害植被和损害淡水;农业化学品的过度使用,通过径流污染河道,使湿地和浅海的生态失去平衡,还通过持久性杀虫剂的积累伤害野生生物;工业来源的许多重金属化合物和其他有毒物质的释放,影响了陆地淡水和近海的生物。④气候变化。气候变化对生物的习性、分布、种类可能产生剧烈影响,研究表明,气候变化对高纬度地区的森林、热带海洋的珊瑚礁、红树林和湿地的影响十分明显。⑤生物入侵。

有意或无意地对物种的不当引进往往导致本地生物多样性灾难性的后果，这就是所谓的生物入侵。⑥人口增长。这是生物多样性锐减的根本原因，因为人口增长必然伴随着人类对生物与生物制品的需求的激增，而现有的经济体系刺激了对生物资源的过度开发。这是因为，其一，生物资源的公共物品属性导致其价值不能在市场中得到反映，使用者支付的成本远远小于生物资源的综合价值；其二，保护生物资源的效益不能完全体现在成本-效益分析中，保护者必须支付高昂的成本才能实现对生物资源的保护；其三，生物资源的使用存在明显的外部不经济性，而开发者很少偿付全部的社会和经济成本；其四，现有经济计划应用的贴现率倾向于鼓励尽早开发生物资源，社会倾向于着重眼前利益而不是长远利益；其五，生物多样性的价值、生物多样性损失的代价、生物多样性保护的成本和收益等，在现行国民核算体系中没有得到合理的反映。

### （三）生物多样性的保护

生物多样性的保护是一项复杂的系统工程，任何单一的保护措施都不可能解决生物多样性锐减的问题，必须多管齐下，采取综合的系统管理的措施。

(1)制定保护政策。直接针对生物多样性的保护政策，要协调好保护和开发的关系，避免因为生物多样性保护而损害当地居民的利益。针对资源保护部门以外的其他的部门政策，要做好其生物多样性的影响评价，通过政策的修正，极小化其对生物多样性的负面影响。

(2)土地综合利用。专业化的土地利用方式可以提高农业生产效率。众所周知，在一片土地上种植一种植物比种植多种植物要容易得多，因为种植同种作物便于机械化耕作，但是，这种单一品种的专业化生产，却是生物多样性危机的主要责任者，因为其生产效率的提高是以牺牲生物多样性为前提的(戴维·皮尔斯等，1997b)。因此，加强土地的综合利用，是生物多样性保护的重要措施。

(3)保护物种生境。物种保护是生物多样性保护的核心。物种灭绝主要是由于它们的生存环境被破坏，所以保护物种的最好办法是保护其特殊的生境。最有效的生境保护方法是建立自然保护区，实行就地保护，国家公园、科学保护区、自然遗产保护区、野生动植物保护区、典型景观保护区、后备资源保护区和人类学保护区等自然保护区都具有保护物种生境的功能。除就地保护外，还可以进行迁地保护，即将生物物种从自然生境迁移到人造生境进行保护，如植物园、野生动物养殖场和动物园的繁育中心等。迁地保护作为就地保护的补充，可以对受威胁和稀有动植物物种及其繁殖体进行长期保存、分析、试验和增殖。

## 三、人居环境建设

人居环境建设是环境建设的核心。所谓“人居环境”，是人类聚居生活的地方，是与人类生存活动密切相关的空间。它是人类在大自然中赖以生存的基地，是人类利用自然、改造自然的主要场所。人居空间不仅是人类住区所占有的建筑物、道路和交通等，还包括提供粮食的土地、提供丰富物种资源维持空气和碳循环平衡的森林，以及生命之源的海洋和其他一切为人类生存和发展提供可能的环境场所（张坤民，1997）。人类住区是人居环境的核心，是人类从事有组织的活动的地带，它是人类生存和发展的重要组成部分，也是人类文明的集中体现。整个地球就是由众多大小不一、形式各异的人类住区和自然生态系统紧密联系组成的。

### （一）联合国对人居环境的关注

国际社会对人居环境的关注与对可持续发展的关注始终是同步的，也就是说，人居环境建设从一开始就是可持续发展的重要内容。

1972 年，联合国在斯德哥尔摩召开首次人类环境大会，通过了《人类环境宣言》，明确提出："人类的定居和城市化工作必须加以规划，以避免对环境的不良影响，并为大家取得社会、经济和环境三方面的最大利益。"

1976 年，联合国在加拿大温哥华召开了第一次人居大会，通过了《温哥华人居宣言》。根据这次会议的决议，联合国于 1977 年成立了人居委员会，1978 年成立了联合国人居中心，2001 年将其开格为联合国人类住区规划署，简称人居署。

1989 年，联合国设立"联合国人居环境奖"，用以鼓励和表彰世界各国为人类住区发展作出杰出贡献的政府组织、个人和项目。该奖自设立以来，一直受到世界各国政府的重视。我国也于 2000 年 4 月 27 日设立"中国人居环境奖"，用以表彰在城乡建设和管理中坚持可持续发展战略，努力改善城乡环境质量，提高城镇总体功能，创造良好的人居环境方面作出突出贡献的城市、村镇、单位和个人。

1992 年，联合国在里约热内卢召开环境与发展大会，通过了《21 世纪议程》，明确指出人类住区发展的总目标是"改善人类住区的社会、经济和环境质量，改善所有人特别是城市和乡村贫民的生活和工作环境"，具体包括八个方案领域：向所有人提供适当住房；改善人类住区管理；促进可持续的土地利用规划和管理；促进综合提供环境基础设施：水、卫生、排水和固体废物管理；促进人类住区可持续的能源和运输系统；促进灾害易发地区的人类住区规划和管理；促进可持续的建筑业活动；促进人力资源开发和能力建设以促进人类住区发展。

1996 年，联合国在土耳其伊斯坦布尔召开第二次人居大会，大会的主题是："人人享有适当的住房和日益城市化进程中人类住区的可持续发展"。会议通过的《人居宣言》提出："为了维护我们的全球环境，改善我们人类住区的生活质量，我们决心采用可持续的生产、消费、交通和住区发展方式，防止污染，尊重生态系统的承载能力，并且为后代人保存机会。"发表的《人居议程》则提出："改善人类住区质量是最根本的需要，因为它深刻地影响着各国人民的日常生活和幸福；可持续人类住区建设把经济发展、社会发展和环境保护结合在一起，充分尊重包括发展权在内的各项人权和基本自由，并且提供一种达成以道德与精神的远见建立起来的更加稳定与和平的世界的手段。"

## (二)人居环境建设与可持续发展

不断提高人的生活质量是可持续发展的基本目标，在可持续发展系统里，人居环境是衡量生活质量高低的重要指标。城市作为人口的聚集地，是人类住区的主要形式。当前发达国家的城市化水平已达70%以上，发展中国家也在30%以上。但是，随着城市化进程的加速，住房紧张、交通拥挤、环境污染、失业增加等“城市病”不断蔓延，建设可持续城市、生态城市和健康城市，成为21世纪人居环境建设的重要任务。

### 1. 可持续城市

豪霍顿和亨特在《可持续城市》一书中将可持续城市定义为：“居民和各种事务采用永远支持全球可持续发展目标的方式，在邻里和区域水平上不断努力以改善城市的自然、人工和文化环境的城市”。伊丽莎白·凯瑟勒则认为，可持续城市是指社会经济问题与影响整个环境的其他因素协调一致的城市(Kessler,1996)。我们认为，可持续城市是对城市发展的过程、方式、状态和结果的定性的描述，它是指城市发展的过程和方式是符合可持续发展的原则的，城市发展的状态和结果是具有可持续发展的能力的，城市发展的核心内容是要协调城市人口、经济、社会的发展同城市本身及其所依存的腹地的资源、环境之间的关系。简言之，可持续城市就是具有可持续发展能力和可持续发展能力不断提高的城市。一般情况下，“可持续城市”与“城市可持续性”和“城市可持续发展”可以互相通用，因为它们强调的都是城市的可持续发展能力，只不过“可持续城市”是对城市属性的表述，“城市可持续性”是对城市特征的表述，“城市可持续发展”是对城市发展过程的表述。

可持续城市是可持续社会的缩影，可持续城市也可以从人口、资源、环境、经济和社会的角度进行解析。从城市人口角度看，可持续城市强调城市发展的过程要有广泛的公众参与和社区参与，发展的结果是居民的人居环境和生活质量的不断提高，建立能够适应不同年龄不同生活方式需要的“生活城市”；从城市资源角度看，可持续城市强调城市发展的过程是一个不断追求其内在的自然潜力得以实现的过程，发展的结果是建立一个以生存容量为基础的资源节约型的“绿色城市”；从城市环境角度看，可持续城市强调发展的过程是城市公众不断提高城市社区的人居环境质量，为全球可持续发展作出贡献的过程，结果是在保证城市和城市体系经济效益和生活质量的前提下，使能源和其他自然资源的消费和污染最小化，建立一个环境友好型的，既为当代人着想也为后代人着想的“责任城市”；从城市经济角度看，可持续城市强调发展的过程是在资源利用最小化前提下，使城市经济朝着高效、稳定和创新方向演进的过程，结果是城市的经济效益不断提高，经济系统日趋稳定，经济地位不断巩固；从城市社会角度看，可持续城市强调发展的过程是一个不断推进民主、维护公平、促进和谐的社会过程，结果是建立一个公众、社会、政府机构都能积极参与城市问题讨论及城市决策的“参与城市”和人与自然以及人与人关系协调的“和谐城市”。

关于可持续城市的判别标准，中国科学院可持续发展战略研究组指出："只有当城市向自然的索取能够同城市向自然的回馈相平衡时，只有当城市为当代的努力能够同城市为后代的努力相平衡时，只有当为城市发展的努力能够同为乡村地区共建共享的努力相平衡时，城市的可持续发展才能真正实现。"还有人认为，可持续城市的标准包括：减少对空气和水的污染；减少具有破坏性的气体的产生和排放；减少能源和水资源的消耗；鼓励生物资源和自然资源的保护；鼓励个人作为消费者承担生态责任；鼓励工商业采用生态友好技术，采用生态上可持续的方法保护工作环境，开发和销售生态友好产品；鼓励减少不必要出行距离的城市交通；要求制定新的规程和价格政策，以鼓励人们去遵循符合生态可持续性的标准；提供必要的公共投资以适应城市的物质形态，采用先进的技术或在环境上可接受的技术，提供基础设施服务(林秋华，1997)。

**2. 生态城市**

"生态城市"(Ecocity)是在联合国教科文组织发起的"人与生物圈计划"研究过程中提出的一个重要概念。它是一个经济高度发达、社会繁荣昌盛、人民安居乐业、生态良性循环四者保持高度和谐，城市环境及人居环境清洁、优美、舒适、安全，失业率低、社会保障体系完善，高新技术占主导地位，技术与自然达到充分融合，最大限度地发挥人的创造力和生产力，有利于提高城市文明程度的稳定、协调、持续发展的人工复合生态系统。

生态城市是可持续城市的一种模式，是可持续城市的环境生态学描述。它是按生态学原理建立起来的生态、经济、社会协调发展，物质、能量、信息高效利用，资源、环境、生态良性循环的人类聚居地。从系统论角度看，生态城市是一个以人的行为为主导、生态系统为依托、资源流动为命脉、社会体制为经络的生态-经济-社会复合系统，在这个系统内，生态平衡、经济发展、社会进步三个目标高度和谐，协同实现。

城市生态化是生态城市建设的必由之路，它是城市社会-经济-自然复合生态系统整体协调、稳定、有序的演进过程，包括城市社会生态化、城市经济生态化和城市环境生态化(冯维波，2000)。简言之，就是城市空间内生态、经济、社会的协调发展，城市地域空间人居环境整体的生态化。城市生态化有赖于高水平的城市设计、城市建设和城市管理。

生态城市建设的内容包括五个方面，即生态安全、生态卫生、生态产业代谢、生态景观整合和生态意识培养。

生态城市的建设要求包括八个方面：①广泛应用生态学原理规划建设城市，城市结构合理、功能协调；②保护并高效利用一切自然资源与能源，产业结构合理，实现清洁生产；③采用可持续的消费发展模式，物质、能量循环利用率高；④有完善的社会设施和基础设施，生活质量高；⑤人工环境与自然环境有机结合，环境质量高；⑥保护和继承文化遗产，尊重居民的各种文化和生活特性；⑦居民身心健康，有自觉的生态意识和环境道德观念;⑧建立完善的、动态的生态调控管理与决策系统。

生态城市具有和谐性、高效性、持续性、整体性和区域性等特点,判别生态城市的主要标志是:生态环境良好并不断趋向更高水平的平衡;环境污染基本消除;自然资源得到有效保护和合理利用;以循环经济为特色的社会经济高度发展;生态文化初步形成;人民生活水平普遍进入富裕阶段(宋序彤,2003)。

**3. 健康城市**

人类健康可持续发展是人类社会可持续发展的基础,只有拥有健康的生活才能称之为有质量的生活,只有有益于健康的人居环境才是有质量的人居环境。建设健康城市是 20 世纪 80 年代世界卫生组织针对城市化问题给人类健康带来挑战而倡导的一项全球性行动战略。1994 年世界卫生组织定义:"健康城市应该是一个不断开发、发展自然和社会环境,并不断扩大社会资源,使人们在享受生命和充分发挥潜能方面能够互相支持的城市。"健康城市建设要求从城市规划、建设到管理各个方面都以人的健康为中心,以保障城市人口健康生活和工作为目的,实现健康人群、健康环境和健康社会在城市的有机结合。

1996 年 4 月 2 日,在"世界卫生日"这天,世界卫生组织公布了健康城市的 10 条标准作为建设健康城市的努力方向和衡量指标,这 10 条标准是:①为市民提供清洁安全的环境;②为市民提供可靠和持久的食品、饮水、能源供应,具有有效的清除垃圾系统;③通过富有活力和创造性的各种经济手段,保证市民在营养、饮水、住房、收入、安全和工作方面的基本要求;④拥有一个强有力的相互帮助的市民群体,其中各种不同的组织能为改善城市健康而协调工作;⑤能使其市民一道参与制定涉及他们日常生活、特别是健康和福利的各种政策;⑥提供各种娱乐和休闲活动场所,以方便市民之间的沟通和联系;⑦保护文化遗产并尊重所有居民(不分种族或宗教信仰)的各种文化和生活特征;⑧把保护健康视为公众决策的组成部分,赋予市民选择有利于健康行为的权力;⑨做出不懈努力争取改善健康服务质量,并能使更多市民享受健康服务;⑩能使人们更健康长久地生活和少患疾病。

## 本章小结

环境是自然资源的生产载体,更是一种具有自生产能力的特殊资源。环境生产力是资源生产力、环境纳污力、灾害破坏力三者的"合力",这种合力就是我们平常所说的"环境承载力"。其中,资源生产力是环境产生可再生和不可再生资源的能力,污染消纳力是环境同化、吸收、降解污染物质的自净能力,灾害破坏力是自然灾害对环境生产力的损失或抵消,它应该作为负值从环境承载力中减去。

资源效用性和稀缺性是资源价值的依据,环境作为一种特殊的资源也有其价值。环境价值是环境提供的产品和服务的总价值。环境的总经济价值包括工具价值和内在价值两部分,工具价值是指某物品在使用之时满足某种需要或偏好的能力,内在价值是某物品与生俱来的存在价值。工具价值包括直接使用价值、非直接使用价值和选择价值。由于环境物品具有公共物品属性，加之环境影响具有外部性，以致市场失灵，不能准确反映环境价值，导致环境物品或服务在市场上的低价甚至是无价的状况。为了将环境服务的价值体现在社会经济活动中，必须对环境价值进行科学评估。环境价值评估的基础是人们对环境改善的支付意愿，或是忍受环境损失的接受赔偿意愿。通常，获得人们的偏好和支付意愿或接受赔偿意愿的途径有三个：一是从直接受到影响的物品的相关市场信息中获得；二是从其他事物中所蕴涵的有关信息中获得；三是通过直接调查个人的支付意愿或接受赔偿意愿获得。这三个途径的本质差别在于相关市场信息的可获得性，根据市场信息的完全程度一般将环境价值评估方法分为市场价值法、替代市场法和假想市场法。

环境影响是指人类活动所导致的环境变化以及由此引起的对人类社会的效应。不当的人类活动对环境的负面影响是环境退化的重要原因之一，人类只有首先正确认识其活动给环境带来的影响，然后才有可能减少对环境的负面影响。环境影响评价正是基于这种要求而产生的。所谓“环境影响评价”，是指对规划和建设项目实施后可能造成的环境影响进行分析、预测和评估，提出预防或者减轻不良环境影响的对策和措施，进行跟踪监测的方法与制度。它是强化环境管理的有效手段，也是贯彻可持续发展预防性原则的重要举措。环境影响评价的工作过程一般分为三个阶段，评价过程中需要遵循目的性、整体性、相关性、主导性、平衡性、动态性、随机性、发展性和参与性等原则。从功能上划分，环境影响评价的方法可分为环境影响识别方法、环境影响预测方法和环境影响综合评价方法。

环境保护和环境建设是生态可持续发展的重要手段。环境保护是指对生态系统完整性和基本生态过程的保持和维护，环境建设是指通过对生态系统的结构和功能的优化来增强环境的承载能力。生物多样性保护是环境保护的核心，人居环境建设是环境建设的核心。

生物多样性锐减的深层次原因是现有的经济体系以及制度安排刺激了对生物资源的过度开发。当前，国际社会和政府部门可以采取的生物多样性保护措施包括政策修订、土地综合利用管理、物种保护、生境保护、迁地保护和污染控制。

人居环境是衡量生活质量高低的重要指标，人居环境建设是可持续发展的重要任务，它包括城市住区与农村住区的可持续发展，其中以城市住区可持续发展为核心。建设可持续城市、生态城市、健康城市是当前人居环境建设的热点。可持续城市是具有可持续发展能力并且其能力不断提高的城市，它要求城市发展的过程符合可持续发展原则，城市发展的结果能够增强可持续发展能力，核心是协调好城市人口、经济、社会的发展同城市本身及其所依存的腹地的资源、环境之间的关系。生态城市是可持续城市的一种模式，它是按生态学原理建立起来的生态、经济、社会协调发展，物质、能量、信息高效利用，资源、环境、生态良性循环的城市。健康城市是指不断开发、发展自然和社会环境，并不断扩大社会资源，使人们在享受生命和充分发挥潜能方面能够互相支持的城市。只有拥有健康的生活才能称之为有质量的生活，只有有益于健康的人居环境才是有质量的人居环境。

## 思 考 题

1. 环境与可持续发展的关系。
2. 环境的公共物品属性与环境影响的外部性。
3. 环境价值构成与评估方法。
4. 环境影响评价的原则与方法。
5. 生物多样性锐减的原因与保护对策。
6. 城市人居环境建设的主要热点。

# 第六章　经济可持续发展

**本章导读**

经济是“经邦济世”之学，是人与自然统一的黏合剂，是人类社会进步的驱动力。在可持续发展系统中，经济是动力支持子系统，人口生活质量的提升、资源利用效率的提高、环境承载能力的增强、人类社会的进步，无不依赖于经济水平的提高。因此，经济可持续发展脚踏生态可持续发展之“地”，上撑社会可持续发展之“天”，在可持续发展系统中起着“顶天立地”的支撑作用。

本章将分析经济的可持续发展。经济活动是以物质生产为主的人类活动，离开物质生产所依赖的资源和环境是没有意义的，在可持续发展系统里，尤其要关注经济发展和环境生态关系的协调，不仅要重视物质生产部门的农业、工业的可持续发展，而且要重视为物质生产部门服务的服务业的可持续发展。经济发展与经济增长有着怎样的关系？经济增长有没有极限？环境生态对经济活动构成怎样的限制？我们常说，“无农不稳”，“无工不活”，“无商不富”，那么，农业、工业和服务业应该选择怎样的发展方向和可持续模式？所有这些问题，是本章将要探讨的问题。

- 经济发展与经济增长
- 经济活动与环境制约
- 农业可持续发展
- 工业可持续发展
- 贸易可持续发展
- 旅游可持续发展

## 第一节　经济发展与环境生态

经济发展是社会进步的动力，也是提高人类生活质量的必由之路。但是，以物质资源消耗为基础的经济活动，不可避免地要受环境生态的制约，因为物质生产的过程，始终都是要受到环境生产和人的生产的制约的。

### 一、经济发展与经济增长

无论是发展还是增长，都意味着过程的变化，但经济增长不等于经济发展。在可持续发展系统里，区分经济发展与经济增长是非常重要的，因为这两个概念背后隐含两种截然不同的经济发展观。

### （一）经济发展与经济增长的关系

经济增长意味着生活标准的提高，意味着人均货币数量的增长，意味着提供最终产品和服务的经济能力的增长。发展则意味着调整生物圈，应用人力、财力、生命和非生命的资源来满足人类需要，提高人类生活质量。简单讲，经济发展是包括经济增长在内的社会进步，而经济增长只是产品和劳务产出量的增加，没有经济增长就不可能有经济发展，有了经济增长却不一定有经济发展。但是，经济发展和经济增长又是相互关联的，经济增长是手段，经济发展是目的；经济增长是经济发展的基础，经济发展是经济增长的结果。

经济发展意味着经济、社会、政治结构随着产出的增长而出现良性的变化。经济发展中的社会需要体现了三种彼此联系的良性变化：一是个人和社会效用的改善，即个人实际收入增长和环境质量的改善以及整个社会福利特别是社会最薄弱部门福利的改善；二是教育、健康和总的生活质量的改善，经济发展意味着技能、知识、能力和选择的进步；三是自尊、自重和社会独立意识的提高（戴维·皮尔斯等，1997b）。

衡量经济增长一般采用国内生产总值及其人均量作为度量指标，这是因为它能把国民经济的全部活动概括在极为简明的统计数字中，便于比较各国的经济增长情况。但是，这个指标的局限或缺陷也是显而易见的，例如，它不能反映未通过市场的大量产品和劳务，不能说明产品和劳务的种类，以及使用这些产品和劳务所获得的福利的大小，也不能说明增长过程中由于资源消耗、环境污染等付出的社会代价；它不能反映收入的分配情况，等等（谭崇台，2001）。

衡量经济发展比衡量经济增长困难得多。一般认为，发展的中心意义是社会和个人的福利增进，因此，发展至少应包括 5 个方面的指标：基本必需品的消费量、收入和分配的均等程度、识字率、健康水平和就业状况。为此，联合国开发计划署综合预期寿命、受教育程度以及物质生活质量中的人均国民生产等指标，在 1990 年提出了“人文发展指数”（HDI），用以衡量一个国家的发展水平。

### （二）关于经济增长极限的争论

关于经济增长是否存在极限的争论始于 20 世纪 70 年代初罗马俱乐部对人类困境问题的关注，直到 20 世纪 80 年代末可持续发展思想逐渐成熟并广泛传播后才基本结束。这场争论对于人类正确认识经济发展与资源、环境的关系发挥了非常重要的作用。

一种观点认为，经济增长是有极限的。这派观点以 1972 年罗马俱乐部的报告《增长的极限》为代表。《增长的极限》是可持续发展思想形成的重要里程碑，它的主要内容和观点我们在第一章中有所介绍，这里我们主要说明其关于增长极限的依据。《增长的极限》模拟世界未来趋势的科学依据是“系统动力学”模型。

系统动力学是 J. W. 福雷斯特在其著作《工业动力学》、《系统原理》、《世界动力学》中提出的一种理解复杂系统动态行为的新方法。其基础是认识到任何系统结构的组成部分之间都存在着许多循环的、连锁的,有时是滞后的关系。动态模型最主要的特色就是通过反馈环路结构将这些循环的、连锁的、滞后的关系揭示出来。任何按指数增长的量,都具备反馈环路结构。反馈环路是一个连接行为和其对周围状态所产生影响之间的封闭路径,而行为状态影响的结果反过来又会影响进一步的行为(Tietenberg,2000)。换句话说,就是活动和反过来影响活动的体系状态之间构成一个封闭环路结构,所有的增长和均衡过程都发生在反馈环路之中(Forrest,1973)。

反馈环路结构包括正反馈环路和负反馈环路。正反馈环路有时叫做“恶性循环”,行为与其影响状态之间趋向于相互强化,其因果关系的链条本身是封闭的,以致增加环路中的任何一个因素,都会引起一系列变化,结果使得最初变化的因素增加得更大。负反馈环路与之类似,但结果正好相反,行为与影响状态之间趋向于自我限制。在任何有限系统中,必须有抑制才能停止指数增长,这种抑制就是负反馈环路。随着增长接近于该系统所处环境的最终极限时,负反馈环路变得越来越强,最后与正反馈环路达到平衡甚至处于支配地位,这时增长就结束了。如图 6.1 所示,在人口增长过程中,出生率是正反馈环路中的变量,死亡率是负反馈环路中的变量。在地球系统中,环境污染、不可再生资源耗竭和饥荒等都是负反馈环路。

《增长的极限》正是根据这种环路结构分析了人口、粮食、工业生产、自然资源和污染的相互关系及变动趋势,阐明了世界体系中增长的极限,指出在一个仅有有限的自然资源和有限处理污染能力的星球上,现有的人口增长率和经济活动是不可能无止境地持续发展下去的,人类若要避免地球增长的极限的到来,必须自觉抑制增长。

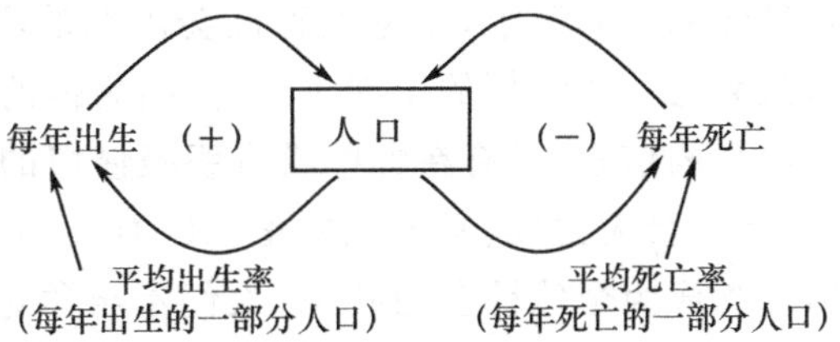

图 6.1 人口增长的反馈环路结构

同年,《生态学家》杂志专门讨论了经济增长的极限问题,他们承认经济增长是有极限的,这样发展下去注定是要发生灾难的,“工业生活方式与它的扩张习性的最主要缺陷就是它是不可持续的”。他们的观点曾被 33 位杰出学者所支持,这些论文后来以《生存的蓝图》为名被结集出版。

另一种观点认为,经济增长是没有极限的。这一派观点以《自然》杂志编辑约翰·玛多格斯的《世界末日综合征》为代表,他认为并不存在马上就要到来的危机,环境及其相关问题是能够通过立法和科技创新加以解决的。人口经济学家朱利安·西蒙在其 1981 年出版的著作《最后的资源》中也指出:“自有历史记载以来,人类的生活水平是一直紧随世界人口规模的扩大而提高的。历史表明,随着收入的增加和人口的增长,不仅自然资源的可获得性提高、价格降低,而且环境更加清洁、自然娱乐区的可进入性更高。我们没有理由相信，这些趋向于更好的生活、更低的原材料（包括食物、能源）价格的趋势不会无止境的继续下去（Tietenberg，2000）。”为了支持自己的观点，他还列举了一些建立在实际数据资料基础上的理由：第一，人口的增长并不始终都具有指数增长的性质。在不同的情况下，人口有不同的增长水平，随着世界经济的发展，人口增长的总趋势是增速逐渐减慢。第二，用于农业的土地数量仍然在增长，即使是在土地减少最多的美国，农作物产量也在提高。因此，食物产量可能没有极限。第三，自然资源并不随时间日益短缺，在可预见的未来，资源短缺的趋势几乎不会出现，表象上的短缺其原因大多在于人类行为方面的问题，而不在于任何可获得性的物理学上的缺乏。第四，随着人口和收入的提高，污染水平是逐渐下降的，污染并不是经济活动的必然结果，而是源于如何投资自然资源的社会选择。

关于经济增长是否存在极限的争论，一直持续到20世纪80年代末。1987年，《我们共同的未来》把“恢复增长”作为一个战略任务，指出“发展中国家必须恢复增长，因为这是对经济发展、减轻贫困和改善环境状况发挥最直接作用的联系环节”。1989年，广义进化论者欧文·拉兹洛的《人类的内在限度》一书把这种争论引向了深入，他指出：“世界上许多问题是由外部极限引起的，但根子却在内在限度。世界上几乎没有什么问题不是因人而起，几乎没有什么问题不可以通过改善人的行为得到解决，决定人类存亡的不是外部极限，而是内在的限度；不是地球的有限性或脆弱导致的物质极限，而是人和社会内在的心理、文化尤其是政治的极限。”因此，他自认为是一个深刻的乐观主义者，因为他的信心不是对机器和制度的信心，而是对人本身的信心，只有在那些没有积极憧憬的地方，有错而不能及时尽量改正的地方，人类才会灭亡（欧文·拉兹洛，2004b）。但是，到20世纪90年代，可持续发展的新理念成为全球社会的共识，人们不再争论增长是否存在极限以及经济增长与环境保护是否是一对不可调和的矛盾，而是关注以什么样的经济增长方式实现可持续的经济发展。

## 二、经济活动与环境制约

经济发展与环境是紧密联系在一起的，环境问题主要是由经济活动造成的，同时经济发展也是解决环境问题必不可少的基础条件。资源和环境的限制构成了经济活动的生态边界，经济水平与环境污染存在“库兹涅茨曲线”关系。

### （一）经济活动与环境投入

物质生产以环境生产为基础，环境为物质生产提供物质原料，并接受生产过程中产生的废物。但是，在可持续发展思想形成并付诸实践前，环境系统并没有被整合到经济系统中，传统的经济系统被认为只是家庭、公司、财政系统和政府之间的相互作用（图6.2中左边的虚线部分），在可持续发展系统里，则把环境整合到经济系统中，环境不仅是生产和消费过程中的一种投入，而且还是接纳生产和消费过程中所产生的废弃物的容器(图 6.2 中右边的实线部分)。在图 6.2 所示的经济系统模型中,我们可以看得到物质生产、人的生产、环境生产"三种生产"的相互依赖性。"公司"是物质生产的细胞,"家庭"是人的生产的单元,"自然环境"则是环境生产的载体,"自然环境"投入给"家庭"的主要是生活资料,投入给"公司"的主要是生产资料,"公司"返还给环境的是生产废弃物,"家庭"返还给环境的是生活废弃物。

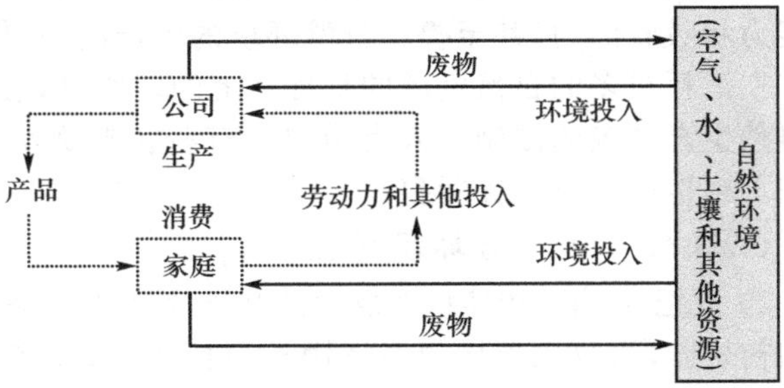


图 6.2 可持续发展的经济系统模型(Thampapillai,1991)

澳大利亚内务部资源评估委员会委员大卫·詹姆斯说:"任何一个经济学家都会告诉你,环境确实应该归属为一种资源;因此它理所当然地应该纳入到有关资源配置的政策范畴。环境管理本质上是一个经济问题(Beder,1993)。"正是由于环境是经济活动中的要素,这就使得我们在讨论环境问题时不得不借用许多经济学的语言和观念,例如,我们将自然资源视为"自然资本",把环境视为社会的"不动产"或"资产存量"。也正是因为经济系统包括了环境,在经济学领域才出现了"环境经济学"、"生态经济学"乃至"可持续发展经济学"的新兴经济学分支。环境经济学家萨姆派彼雷(1991)说:"自然环境显然是经济系统很重要的组成部分,如果没有自然环境,经济系统将不能正常运行。因此,我们应该像对待劳动力和资本那样对待自然环境。"

(二)经济活动的生态边界

人类的经济活动所依赖的资源必须从自然界中获取,而人类经济活动所排放的废物废能量也必须由自然界消化和吸收。自然环境提供自然资源的能力和对废物废能量的吸收能力决定了人类经济活动的规模。基于这种认识,赫尔曼·戴利认为,经济系统是有限的自然生态系统的一个子系统,并受物质平衡、熵和边界的限制(赫尔曼·戴利,2001)。

在经济发展的低级阶段,由于生产力水平比较低,经济活动从生态系统获取物质和能量以及向生态系统输送废物和废能量的规模都比较小。随着经济活动规模的扩大,由于生态系统的规模基本保持不变,因此,在一段时间的经济发展后,经济系统的规模相对于其所被包含的生态系统就必然要变大。图 6.3 表示了从"空的世

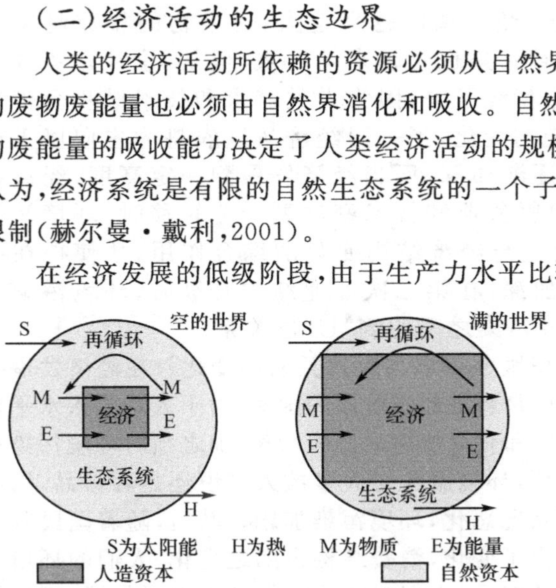


图 6.3 作为生态系统子系统的经济

界”到“满的世界”的转变，这种转变的最直接的结果是：人类已经从人造资本是经济发展的限制因素时代进入了剩余的自然资本是经济发展的限制因素的时代了。可见，生态系统的资源再生能力和废物的吸收能力共同决定了经济活动规模的最大值，这个最大规模就是人类经济发展的生态边界。

生态边界规定了人类经济发展的最大规模，经济活动规模一旦超过这一边界，人类的发展乃至生存将难以维系。虽然人类可以通过自身努力提高自然环境的净化能力和吸收能力，甚至提高自然环境的生产能力，但是每一次这样的努力仍然是建立在消耗更多的自然资源的基础之上的。所以，总体上，人类活动的规模仍然受到自然生态系统的限制。人类历史上有些古典文明的消失，正是由于其经济发展突破了当地的生态边界所致。

（三）人均收入与环境污染

20世纪50年代中期，库兹涅茨基于统计资料提出了这样一个假说：在经济增长的初始阶段，收入差异随经济增长而扩大；当经济增长达到一定水平，收入差异开始缩小（谭崇台，2001）。在二维平面空间，以收入差异为纵坐标，以人均收入为横坐标，收入差异随人均收入变化的过程表现为一条倒“U”形曲线，人们将此命名为“库兹涅茨曲线”。这一曲线的逻辑含义是：事情在变好之前，可能不得不经历一个更糟糕的过程（潘家华，1997）。观察表明，这一逻辑推论也适用于描述人均收入与环境污染的关系，环境经济学家据此提出了倒“U”形的“环境库兹涅茨曲线”（图6.4）。

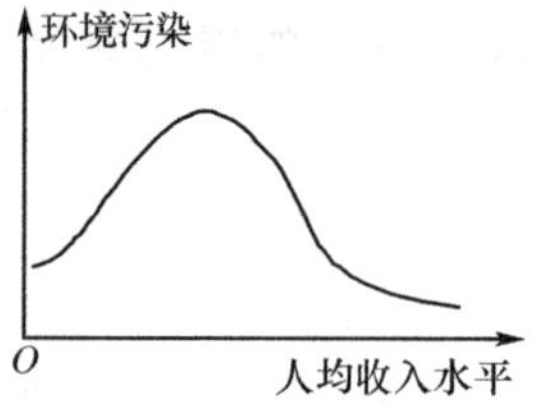

图6.4　环境库兹涅茨曲线

对“环境库兹涅茨曲线”的形成，学术界主要有三种理论解释。

第一种观点认为，它反映了经济规模变化与经济结构变化的综合影响。这是因为，随着人均收入的增长，经济规模越来越大，污染物的排放越来越多，环境污染也就越来越严重，但是，这种趋势并不会一直持续下去，因为人类需求和技术进步会带来经济结构变化，当一国经济从以农耕为主向以工业为主转变时，环境污染的程度会逐渐加深，而当经济发展到一定高度，经济结构从能源密集型为主的重工业向服务业和技术密集型产业转移时，环境污染又会逐渐减少。正是经济规模变化与经济结构变化的综合作用，才使得在第一次产业结构升级时，环境污染加深，在第二次产业结构升级时，环境污染减轻，这样就形成了经济水平与环境污染之间的倒“U”形关系。

第二种观点认为，它反映了环境服务需求与收入关系的变化。在经济发展初期，对于那些正处于脱贫阶段或者说是经济起飞阶段的国家，由于人均收入水平较低，它们关注的焦点是如何摆脱贫困和获得快速的经济增长，加之当时环境污染程度较轻，人们对环境服务的需求较低，环境服务对大多数人来说还是奢侈品，因而忽视了环境生态的保护，导致环境状况恶化，环境污染加剧。其后，随着国民收入的提高和技术的进步，产业结构发生了变化，消费结构也随之变化，人们的环境意识加强，环境服务逐渐成为正常的消费品，人们对环境质量的需求增加了，环境保护受到普遍重视，环境恶化得到遏制，环境污染得到治理，环境质量得到恢复甚至提高，这样也就形成了经济水平与环境污染之间的倒“U”形关系。

第三种观点认为，它反映了政府对环境污染的政策与规制的变化。在经济发展初期，由于国民收入低，政府的财政收入有限，而且整个社会的环境意识还很薄弱，因此，政府对环境污染的控制力较差，环境受污染的状况随着经济的增长而恶化。但是，当国民经济发展到一定水平后，随着政府财力的增强和管理能力的加强，一系列环境法规的出台与执行，环境污染的程度逐渐降低，这样也使得经济水平与环境污染形成倒“U”形关系。

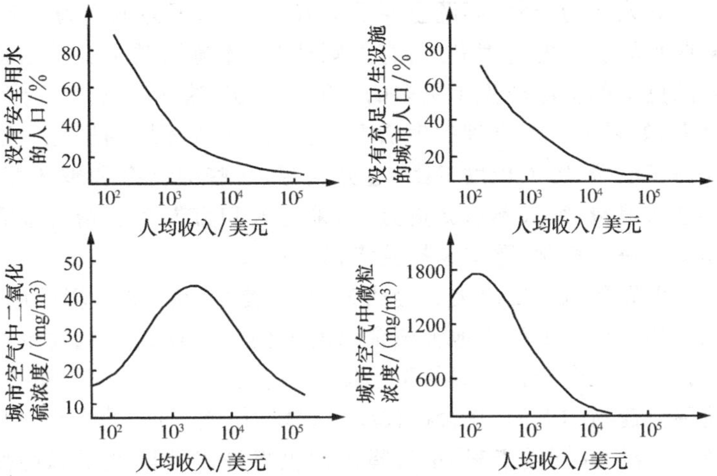

图 6.5　人均收入与环境状态(Tietenberg,2000)

1992 年的世界银行发展报告在国家尺度上分析了收入水平与安全用水供给率、城市卫生设施充足率、城市空气中的微粒物质浓度和二氧化硫的浓度的关系，发现收入水平与环境状况之间有比较明显倒“U”形曲线关系(图 6.5)。

“环境库兹涅茨曲线”虽然有助于我们理解经济发展与环境生态之间的关系，但是，它也可能产生这样的误导作用：经济发展似乎必须经过“先污染、后治理”的过程，在经济发展没有达到一定水平之前，污染是必然的而且只是一个暂时现象，因此政府没有必要去致力于环境的改善。然而，这种理解并不准确，它不利于发展中国家在经济发展过程中及时采取环境保护的措施。事实上，环境库兹涅茨曲线毕竟只是一条经验曲线，同样是世界银行的分析，收入水平与人均二氧化碳排放量、城市人均废物量之间似乎就不存在倒“U”形的关系(世界银行,2001)(图 6.6)。另外，环境库兹涅茨曲线不能反映“环境阈值”的限制。所谓环境阈值是指环境退化一旦超过某个临界值，就会导致不可逆转的变化。因此，即使承认经济发展与环境质量之间倒“U”形关系的存在，也需要采取相应的措施来防止环境退化超过环境阈值。

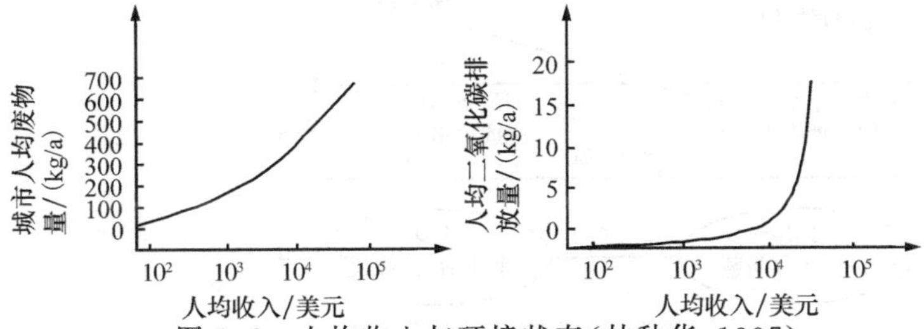

图 6.6　人均收入与环境状态(林秋华,1997)

### （四）经济状况与环境状况

有人认为，环境问题主要是由穷人引起，因为他们为了满足基本生存需要导致某些自然资源的过度利用；有人则认为，环境问题主要是由富人引起，因为他们消耗的更多的资源产生了更多的污染。其实，这两种观点都不全面，无论是富人还是穷人，如果采取不合理的生活方式，都会导致环境的退化。欧文·拉兹洛指出：富人挥霍浪费，穷人极度贫困、过分生育，这些都剥夺和破坏着生物圈。如果富人不再这么浪费，穷人不这么贫穷，如果富人和穷人都能精打细算，那我们对环境的破坏就能得到控制（欧文·拉兹洛，2004a）。

世界环境与发展委员会认为，贫穷是引起全球环境问题的主要原因和主要结果。如果那些依赖土地种植食物的人们所耕耘的土地发生退化甚至失去生产力，那么他们就会变得更穷甚至不能养活自己。另一方面，那些极端贫穷的和需要土地种植食物的人们，就会砍伐森林，过度使用土地，使得土壤瘠化，因为他们别无选择。《我们共同的未来》报告指出："世界许多地区处于恶性循环之中：穷人为了每日的生存而被迫过度使用自然资源，而环境的恶化使他们进一步贫困化，使他们的生存更加困难和无保障。"

还有一些人，特别是低收入国家的环境保护论者和社会活动家则反对将环境问题归咎于贫穷，他们认为，富人对环境的影响要大得多，因为有钱人消耗了更多的资源，如能源、矿产和森林等，而且高收入的人们还从污染活动中获益，如在他们自己国家或别的国家从事制造业和采矿业。

经济状况不仅影响资源的使用及其对环境的影响，而且影响人们对环境的态度。随着经济的增长和人们生活水平的提高，人们有了更多的钱和更多的闲暇时间，他们对环境产品和资源的需求也会不断提高，如清洁的海滩和荒野，以满足休闲和旅游的需要。这时，对他们来说，环境问题是一个生活质量的问题。但是，贫穷国家的人们也需要这些美的享受，但对他们而言，环境问题是一个生存的问题，保护森林和河流是生存和生活的需要，而不是享受和消遣的需要（图 6.7）。

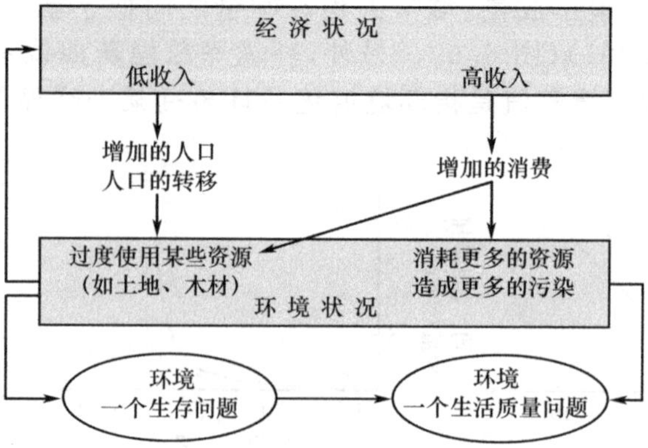


图 6.7　经济与环境的相互作用（Beder，1993）

**专栏 6.1 贫困与环境**

最贫困的人口生活在世界上恢复能力最低、环境破坏最严重的地区。对压力和冲击的低恢复能力意味着任何外部事件(如气候变化)都可能促使穷人采取使环境进一步退化的行动。

但是,我们并不能认为贫困是环境退化的全部原因。贫困只是一种机制,在这种机制下,真正的深层次原因转化成使环境退化的行动。换句话说,贫困并不一定导致环境退化,它取决于贫困人口所拥有的选择余地以及他们对外界压力和刺激的反应方式。然而,由于时间限度的短暂以及可行的选择极少,贫困又剥夺了穷人做出反应并采取行动的能力。只有两种反应有可能发生:他们可能通过使用免费的公共财产或开放资源试图补充短缺的资源;或者他们可能一起离开土地迁移到城市地区。耗尽资源的结果是导致农村环境的退化;而移居城市的后果是退化形式的一种转化,即将农村环境退化转化为城市的环境退化。

由于贫困通常与恶劣的健康条件相联系,使得穷人借助体力对外界因素的反应能力进一步削弱。贫困与文盲相结合也是问题的一部分,因为文盲同样会削弱个人对外界压力的反应能力。贫困的所有表现形式使得无法将贫困从其他导致环境退化的深层次因素中分开,因而,贫困本身变成了一个难以说明问题的因素。这就使得我们有可能考虑其他的复合因素。人口增长既是深层次的原因又是复合因素。

总之,贫困问题的存在并不一定总是伴随着环境退化,它更多地取决于穷人的对应策略,而这些对应策略又反过来取决于可能的选择方式、文化因素以及地方和中央的政策。

资料来源:戴维·皮尔斯和杰瑞米·沃福德,1997

# 第二节　产业可持续发展

## 一、农业可持续发展

农业是国民经济的基础。农业生产是直接向自然界索取资源的过程,对资源、环境、生态的依赖性很强,因此农业被称为第一产业。

### (一)农业生产特点

农业生产的本质是利用绿色植物的光合作用,把太阳能最大限度地转化为有机化学潜能,并使其中一部分转化为畜禽产品,而将其排泄废物返回农业环境进行分解还原的一系列物质循环和能量转化的生物化学综合过程(胡寿田等,1988)。农业生产的主要特点有:

(1)生产对象的生命性。农业生产的对象是活的有机体。由于每种生物都有各自的生物学特性,对外界条件要求各不相同,在生产中既不能违背这种特性,又要获得高产和高质。

(2)生产资料的自然性。光、热、水、土等自然资源既是生物的重要生活条件,又是农业的重要生产资料。太阳能是农业生产的主要能源,提高植物光合作用对光能的利用率是农业增产的重要途径。

(3)生产空间的地域性。光、热、水、土资源空间分布上的不均衡导致农业生产具有明显的地域性，正是这种地域性导致了农业类型的多样性。

(4)生产时间的季节性。地球上光、热、水资源具有季节性的分布差异，农业生物在不同生育期对环境要求不一致，一个环节失误就会导致减产或无收。

(5)生产过程的连续性。农业生产周期长，同时上代与下代紧密相连，不能停顿和颠倒，显示出连续性中的不可逆转性。

(6)生产进步的人本性。农业生产在大自然里进行，受自然规律制约，对大自然有一定的依赖性，但农业生产需要多种技术配合，农业进步必须依赖科技进步，人是农业生产进步的主体。

### (二)可持续农业

农业生产与自然环境息息相关。20世纪中叶以来，农业生产效率和农作物产量得到了极大提高，但环境污染、水土流失、土壤肥力下降等问题也日益困扰着农业生产。在这种背景下，可持续农业应运而生了。

1985年，美国加利福尼亚州议会通过了《可持续农业教育法》，首次提出了“可持续农业”的概念。1987年，世界环境与发展委员会发表了《我们共同的未来》的报告，提出了“2000年：转向可持续农业的全球政策”的目标。1991年4月，联合国粮食及农业组织通过了《登博斯宣言》，提出了“可持续农业和农村发展”的战略决策。1991年9月，联合国成立了世界可持续农业协会。

联合国粮食及农业组织1991年定义：“可持续农业是一种旨在管理和保护自然资源基础，调整技术和机制变化的方向，以获得并持续地满足目前和今后世世代代人类的需要，能够保护和维护土地、水、动植物资源，不会造成环境退化，同时在技术上适当、经济上可行、能够为社会接受的农业。”确定“可持续农业和农村发展”的战略目标是：①积极增产粮食，既要考虑自力更生和自给自足的基本原则，又要考虑适当调剂和储备，稳定粮食供应和使贫困者获得粮食的机会，妥善地解决粮食问题，保障粮食安全；②促进农村综合开发，开展多种经营，扩大农村劳动力的就业机会，增加农民收入，特别要努力消除农村贫困的状况；③合理利用、保护与改善自然资源，创造良好的生态环境，以利于子孙后代生存与发展的长远利益(洪银兴，2000)。

可持续农业由三大系统组成：①“行为系统”，农业生产方式和农民生存方式直接作用和影响农业生态环境；②“支持系统”，农业生态环境的承载力对农业行为构成承受限度；③“约束系统”，国家有关农业的政策、管理和监督。可持续农业具有四个特点：①“持续性”，农业运行过程中的资源利用率不能大于资源更新率，必须保持再生资源存量的稳定；②“公平性”，必须平等使用农业资源和公平分享农业成果；③“适宜性”，农业技术必须适宜于资源的永续利用；④“高效性”，高效率利用农业资源，使资源效益最大化。要实现农业的可持续发展，必须做到：尊重生态学和系统学原理、承认现代农业科学知识同传统农业中的精华结合的必要、改善人与自然的共存关系(秦大河等，2002)。

### （三）生态农业

“生态农业”的英文释义是“聚焦环境可持续发展的农业”，又称“环境友好农业”。我国学者给“生态农业”下的定义有：

——生态农业是按照生态学原理和经济学原理，运用现代科学技术成果和现代管理手段，以及传统农业的有效经验建立起来的，能获得较高的经济效益、生态效益和社会效益的现代化农业。

——生态农业是指在保护、改善农业生态环境的前提下，遵循生态学、生态经济学规律，运用系统工程方法和现代科学技术，集约化经营的农业发展模式。它是农、林、牧、副、渔各业综合起来的大农业，又是农业生产、加工、销售综合起来，适应市场经济发展的现代农业。

——生态农业是以生态学理论为主导，运用系统工程方法，以合理利用农业自然资源和保护良好的生态环境为前提，因地制宜地规划、组织和进行农业生产的一种农业。它既是有机农业与无机农业相结合的综合体，又是一个高效、复杂的人工生态系统和先进的农业生产体系。

——生态农业是以生态经济系统原理为指导建立起来的资源、环境、效率、效益兼顾的综合性与知识密集型的现代农业生产体系。生态农业的生产以资源的永续利用和生态环境保护为重要前提，根据生物与环境相协调适应、物种优化组合、能量物质高效率运转、输入输出平衡等原理，运用系统工程方法，依靠现代科学技术和社会经济信息的输入组织生产。通过食物链网络化、农业废弃物资源化，充分发挥资源潜力和物种多样性优势，建立良性物质循环体系，促进农业持续稳定地发展，实现经济、社会、生态效益的统一。

——生态农业就是遵循自然生态规律和社会经济规律，运用生态学、生态经济学和系统工程理论来指导、组织和发展的农业生产。生态农业是集约利用可再生农业资源，实现农业经济可持续发展的最佳模式，因为它具有集约性、综合性、协调性和无污染性的特点（马传栋，2002）。

生态农业的主要内容包括：①充分利用太阳能，努力实现农业生产的物质转化。太阳能是地球上唯一取之不尽的重要能源，但现在其农业利用率很低，平均只有 0.5%～1%，高产作物也只有 1.5%～2%。②提高生物能的利用率和废物的循环利用。生态农业为无废物农业，要使自然资源做到多次利用、多层利用、综合利用、合理利用，使它的各种物质和成分能为人类充分利用。③开发农村能源，解决薪材问题。我国每年烧毁秸秆 5～7 亿 t，木材 7000 万 $m^3$，薪炭材 1.5 亿 t，致使水土流失，地力下降，因此要因地制宜解决农村能源问题。④保护、合理利用与增殖自然资源。增加绿色覆盖，控制水土流失，保护土地资源和生物种群。⑤防治污染，扭转生态恶化。农业生产的各个环节都要按照生态经济学原理进行，采用生物技术防治病虫害，减少农药化肥的施用量。⑥建立农业环境自净体系。充分利用绿色植物保护自然环境；推广生物防治，以虫治虫，以菌制虫；治理“三废”变废为宝;充分发挥自然环境的自净能力(胡寿田等,1988)。

**专栏 6.2 生态农业模式——桑基鱼塘**

桑基鱼塘是基面养桑,桑叶养蚕,蚕沙喂鱼,鱼粪肥桑。这里桑树是"生产者",蚕是第一"消费者",鱼是第二"消费者",鱼塘微生物是"分解者",构成了一个完整的物质能量循环系统。广东省顺德市拥有我国最典型的桑基鱼塘系统,曾采取以下措施对桑基鱼塘进行了整治与提高。

(1)整治鱼塘,增加水体。每年冬季,全市有计划地将小鱼塘改造成每口 8~10 亩、2.2m 深、呈日字形、东西走向的鱼塘,这样日照长,防风好,排灌方便,而且每口鱼塘边都搭有 2m 多高的防风、防寒潮棚,并在塘头建猪舍,猪粪下塘肥池,为鱼类生长创造良好的环境。

(2)养好草鱼,惠及八方。草鱼不仅经济价值高,而且排出的粪便能够繁殖浮游生物,又为其他鱼类准备了饲料,每 100kg 草鱼可以带动其他鱼类增产 50kg 左右。因此,养好草鱼是增产的关键。

(3)多级轮养,合理混养。根据鱼类生活习性和环境条件,精选放养品种,每一品种按鱼体大小确定放养密度和配套比例,由三级提高到五级,这样可以充分利用水体,使前后期放养密度合理,做到鱼种规模大、成鱼生长周期短、单产较高、均衡上市。

(4)普及技术,培养人才。水产科学研究所、淡水养殖推广站、农科站、鱼苗场抽调大批技术干部到各地推广养殖和防病技术,并举办培训班。此外,还建立鱼塘档案,配备混合饵料,实行科学养育,提高单产总产。

资料来源:胡寿田和余刚鹏,1988

## 二、工业可持续发展

工业是现代化经济体系的核心,也是社会发展必需的动力。随着工业规模的不断扩大,工业污染问题日益突出,严重削弱了人类可持续发展的资源环境基础。面对这种现实,人类必须建立可持续发展的工业体系。

### (一)工业生产特点

工业从自然资源库中吸取原料,同时为人类提供产品,向环境输出污染(世界环境与发展委员会,1997)。工业生产具有物质转化和经济增殖两种功能,这两种功能也是工业生产的特点。

物质转化功能即通过适当的工艺和设备将来自于自然界的原料加工成产品,使其达到一定的性能和标准,但在产出产品的同时,往往伴随着废物的产生,引起环境污染。传统的经济核算没有考虑资源耗损和环境破坏造成的损失,而且这种损失没能由工业生产者承担,而是以"外部性"的形式由社会或后代承担。

经济增值功能即投资者以资本投入谋取利润,其目标在于达到工业内部的经济性和利润最大化(钱易和唐孝炎,2000)。因此,具体生产什么产品不是投资者的投资目的,投资者的目的是要获取预期的经济回报,从这个意义上讲,工业生产的物质转化功能受其经济增殖功能的驱动。

传统的工业发展模式忽视了资源价值，将环境损失转嫁给社会，以至其生产成本远低于真实成本，这样，在经济增殖驱动下，工业生产的规模越来越大，在工业产品日益丰富的同时，自然资源的掠夺性开发加剧，资源日趋枯竭，污染日益严重，结果是工业发展不可持续(刘思华，1997)。如果工业发展要长期持续，就必须从根本上改变发展的质量，为了实现工业的可持续发展，工业生产应该更有效地利用资源、更少地产生污染和废物、更立足于可再生资源而不是不可再生资源，最大限度地减少对人体健康和环境的不可逆转的影响(世界环境与发展委员会，1997)。

(二)清洁生产

清洁生产是一种创新的观念，在第三章"人的观念"中我们对此有过简单的交代，这里我们从生产的角度进一步论述。

"清洁生产"的概念最早可以追溯到1976年12月欧共体在巴黎举行的"无废工艺和无废生产国际研讨会"，这次会议提出协调社会和自然的相互关系应主要着眼于消除造成污染的根源，而不仅仅是消除污染引起的后果。1979年4月，欧共体理事会宣布推行清洁生产的政策。1989年，联合国环境规划署制定《清洁生产计划》，在全球范围内推行清洁生产。1992年6月，联合国环境与发展大会发表的《环境与发展宣言》确认"各国应当减少和消除不能持续的生产和消费方式"，通过的《21世纪议程》中多次提及与清洁生产有关的内容，将清洁生产看作是可持续发展的关键因素，号召工业部门提高能耗效率，开发更清洁的技术，更新、替代对环境有害的产品和原材料，实现环境和资源的保护和管理。

我国对清洁生产也进行了有益的尝试和探索。1994年，《中国21世纪议程》由国务院通过，清洁生产被列为工业可持续发展战略的重要内容。2002年，《中华人民共和国清洁生产促进法》由全国人民代表大会常务委员会通过，以法律的形式来正式推进清洁生产。

1989年联合国环境规划署对清洁生产的定义是：清洁生产是一种新的创造性的思想，该思想将整体预防的环境战略持续应用于生产过程、产品和服务中，以增加生态效率和减少人类及环境的风险。对生产过程，要求节约原材料和能源，淘汰有毒原材料，减少所有废弃物的数量和毒性；对产品，要求减少从原材料提炼到产品最终处置的全生命周期对环境的不利影响；对服务，要求将环境因素纳入设计和所提供的服务中(United Nations Environment Programme，1989)。

2002年《中华人民共和国清洁生产促进法》对清洁生产的定义是：不断采取改进设计、使用清洁的能源和原料、采用先进的工艺技术与设备、改善管理、综合利用等措施，从源头削减污染，提高资源利用效率，减少或者避免生产、服务和产品使用过程中污染物的产生和排放，以减轻或者消除对人类健康和环境的危害。

概言之，清洁生产是指在产品生产过程和预期消费中，既合理利用自然资源，把对人类和环境的危害减至最小，又能充分满足人类需要，使经济、环境、社会效益最大化的一种生产模式。

清洁生产谋求三个基本目标:①通过资源的综合利用,短缺资源的代用,二次能源的利用,以及节能、降耗、节水,合理利用自然资源,减缓资源耗竭的速率,实现资源与能源利用的合理化;②减少废物和污染物的排放,促进工业产品的生产、消耗过程与环境相协调,降低工业活动对人类和环境的危害最小化;③满足人类需求,实现经济效益的最大化。

清洁生产包括三个清洁的环节:①清洁的原料和能源利用。清洁原料指少用或不用有毒有害及稀缺的原材料。清洁能源利用包括新能源开发、可再生能源利用、现有能源清洁利用以及对传统常规能源采取清洁利用的方法。②清洁的生产过程。采用无毒、无害的中间产品;选用少废、无废工艺和高效设备;尽量减少生产过程中的各种危险性因素,如高温、高压、低温、低压、易燃、易爆、强噪声和强振动等;采用可靠、简单的生产操作和控制方法;对物料进行内部循环利用;完善生产管理,不断提高科学管理水平。③清洁的产品和服务。产品设计应考虑节约原料和能源,少用昂贵和稀缺的原料;在产品使用过程中以及使用后不含危害人体健康和破坏生态环境的因素;产品包装合理;产品使用后易于回收、重复使用和再生;产品使用寿命和使用功能合理(夏传勇和叶文虎,2007)。

### (三)生态工业

生态工业是人类按照生态系统的运行机制,模拟生态系统的结构功能,通过建立起相当于生态系统的生产者、消费者、还原者的工业生态链,来降低资源消耗、减少环境污染、实现工业生产与生态环境的协调发展。不难看出,建设生态工业的关键是工业结构的生态化。所谓工业结构生态化,就是根据生态经济学原理,通过法律、行政、经济手段,建立资源生产、加工生产、还原生产环环相扣的工业生态链。其中,资源生产部门相当于生态系统的初级生产者,主要承担各类资源的生产和开发,以可再生资源取代不可再生资源为目标,为工业生产提供初级资源和能源;加工生产部门相当于生态系统的消费者,以生产过程无浪费、无污染为目标,将初级资源加工转换成满足人类需要的工业品;还原生产部门相当于生态系统的还原者,将各副产品再资源化,或无害化处理,或转化为新的工业品。

生态工业的基本原理是工业生态学。1989 年 9 月,时任通用汽车研究部副总裁的罗伯特·福罗什和尼古拉·加劳布劳斯在《科学美国人》杂志发表了题为《工业可持续发展战略》的文章,指出运用新的生产方式可以大大减少工业对环境的影响。这个命题引导他们推出了工业生态学的概念。工业生态学是一种观照工业体系与生态圈关系的新思维,是一门用生态学原理研究工业生产的新兴学科,它把工业生产视为一种类似于自然生态系统的封闭体系,其中一个单元产生的“废物”或副产品是另一个单元的“营养物”和投入原料。这样,区域内彼此靠近的工业企业就可以形成一个相互依存、类似于生态食物链过程的工业生态系统(苏伦·埃尔克曼,1999)。因此,生态工业是本质上把生态设计、资源综合利用和清洁生产融为一体,运用生态学规律来指导工业生产的循环经济模式。循环经济是以资源的高效利用和循环利用为目标，以“减量化、再利用、资源化”为原则，以物质闭路循环和能量梯次使用为特征，按照自然生态系统物质循环和能量流动方式运行的经济模式。

生态效率是衡量生态工业系统的重要指标。1992年，在联合国环境与发展大会上，世界可持续发展商业理事会提交了《改变航向：一个关于发展与环境的全球商业观点》的报告，报告中首次使用了“生态效率”的概念，并且将“生态效率”定义为：“通过提供具有价格优势的产品和服务，在满足人类高质量的生活需求的同时，将产品和服务在整个生命周期中对环境的影响，降低到至少与我们估算的地球承载力相一致的水平上。”生态效率是一个技术与管理概念，不但要表征环境影响，而且要评价经济效益，要求影响最小化，效益最大化，即要最大限度地提高资源投入的产出，降低单位产品的资源消费和污染排放。

生态工业的实践一般以生态工业园的形式出现。生态工业园是依据循环经济原理和工业生态学原理设计的一种新型工业组织形态，是生态工业的聚集场所，是推行清洁生产的重要方式。生态工业园区遵从循环经济的“减量化、再使用、再循环”的原则，将园区内一个工厂产生的副产品用作另一个工厂的原材料，通过废物交换、循环利用、清洁生产等手段，最终实现园区的污染物“零排放”。生态工业园区可分为改造型、全新型和虚拟型三种类型。改造型园区是对现由工业企业通过技术改造，在区域内成员间建立起废物和能量的交换关系；全新型园区是在良好规划和设计的基础上，从无到有地进行开发建设，使得企业间可以进行废物、废热等的交换；虚拟型园区不严格要求其成员在同一地区，它是利用现代信息技术，通过园区信息系统，首先在计算机上建立成员间的物、能交换联系，然后再在现实中加

**专栏 6.3　国内外典型生态工业园区**

国外最成功的实践是丹麦的卡伦堡(Kalundborg)生态工业园区。在那里，斯达托炼油厂将其废物硫输送给一家硫酸厂以生产硫酸；将其废气输送给奇普洛建筑板材厂以生产石膏板材；将其余热输送给周围的温室以生产蔬菜、花卉；将其废水输送给阿斯奈斯的一家发电厂以冷却发电机，而这家发电厂又将其余热输送给附近的一家鲆鱼养殖场和卡伦堡的居民住宅；将其水蒸气输送给斯达托炼油厂和一家生产人工合成酶和胰岛素的生物制剂厂。此外，阿斯奈斯发电厂还用石灰回收废气中的硫而生产了石膏，而奇普洛建筑板材厂则用发电厂的石膏作原料来生产板材。这一工业生态链每年可节约石油1.9万t、煤3万t、水60万$m^3$，而且回收利用了二氧化碳13万t、二氧化硫3700 t、硫2800 t和石膏8万t等。

国内最典型的生态工业园区是广西贵港国家级生态工业示范园区。该园区集蔗田系统(提供高产、高糖、安全、稳定的甘蔗)、制糖系统(生产精炼糖、有机糖、低聚果糖)、酒精系统(利用废糖蜜生产能源酒精、酵母精)、造纸系统(利用蔗渣生产生活用纸、文化用纸、羧甲基纤维素钠)、热电联产系统(使用蔗髓替代燃煤，生产电力和蒸汽)、环境综合处理系统(处理废气、废水，生产水泥、轻钙、复合肥，并提供回用水)于一体，通过副产物、废弃物和能量的相互交换和衔接，形成了“甘蔗—糖—酒精—造纸—热电—水泥—复合肥”的工业生态链，实现了园区内资源的最佳配置、物质的循环流动、废弃物的有效利用，并将环境污染减少到最低水平。

以实施，这样园区内企业可以和园区外企业发生联系。

## 三、服务业可持续发展

服务业是生产和销售服务产品的生产部门和企业的集合。服务业的部门很多，这里只讨论环境影响明显的贸易业和旅游业，但首先有必要介绍一下服务业的部门分类和生产特点。

### （一）服务业生产特点

在产业发展系统里，根据产业形成的先后，一般称农业为第一次产业，工业为第二次产业，服务业为第三次产业。我国现行的国民经济体系中，第一次产业为农业产业部门，第二次产业包括采矿业、制造业、电力、燃料及水的生产和供应业，以及建筑业 5 个产业部门，第三次产业包括交通运输、仓储和邮政业、信息传输、计算机服务和软件业、批发和零售业、住宿和餐饮业、金融业、房地产业、租赁和商务服务业、科学研究、技术服务和地质勘查业、水利、环境和公共设施管理业、居民服务和其他服务业、教育、卫生、社会保障和社会福利业、文化、体育和娱乐业、公共管理和社会组织，以及国际组织等产业部门。

根据生产目的的不同，服务业可分为服务产业和服务事业，服务产业是以增值为目的提供服务产品的生产部门和企业集合；服务事业是以满足社会公共需要提供服务产品的政府行为集合。

根据生产过程的不同，服务业又可分为消费性服务业和生产性服务业，消费性服务业是指向个体消费者最终消费的消费者服务业；生产性服务是市场化的中间投入服务，即可用于商品和服务的进一步生产的非最终消费服务，生产性服务业是为生产、商务活动进一步生产提供服务而非直接向个体消费者提供服务的生产者服务业。生产性服务业具有第二、第三次产业交叉融合的特征，包括金融保险服务、现代物流服务、信息服务、研发服务、产品设计、工程技术服务、工业装备服务、法律服务、会计服务、广告服务、管理咨询服务、仓储运输服务、营销服务、市场调查、人力资源配置、会展、工业房地产和教育培训服务等门类。

服务业与农业、工业等实物生产部门的基本区别是：服务业生产的是服务产品，服务产品具有非实物性、不可储存性和生产与消费同时性等特征。

### （二）贸易可持续发展

贸易是产品或服务的交换，是空间相互作用的重要形式。可持续发展系统是个开放的系统，而且主要通过人口、资源、环境、经济和社会各要素中物质、能量、信息的贸易流动来实现其开放性，因此，贸易可持续发展是全球可持续发展的保障。

**1. 国际贸易对可持续发展的影响**

国际贸易主要通过生产专业化、贸易流通的能源消耗、环境影响的国际化影响可持续发展。

国际贸易通过商品生产的专业化增加环境的脆弱性。传统的国际贸易理论

“比较优势论”和“要素禀赋论”都认为，自由贸易战略和政策的必然结果是各国生产的日益专业化。这是因为，为了在国际贸易中获得比较优势，那些自然资源相对丰富的国家，将会更多地利用其拥有优势的资源，从而导致自然资源的过度开采和生态环境的恶化。例如，东南亚是世界热带森林的主要分布区之一，丰富的森林资源使得木材、木制品成为该地区向许多国家出口的主要贸易品，1970年日本进口的硬木中有35%来自菲律宾，到1987年，从菲律宾进口的硬木就微乎其微了，原因就是这里的热带森林已经砍光了(戴维·皮尔斯和杰瑞米·沃福德，1997)。不但如此，生产专业化还增加了生态系统的脆弱性，这是因为，专业化的生产结构趋向单一，而单一的生产结构降低了生态系统的多样性。

国际贸易通过商品流通的燃料消耗影响环境质量。没有交通运输，就不会有国际贸易，而交通运输对环境会产生直接的影响。这是因为，绝大部分交通工具都是以矿物燃料为驱动力的。据估计，国际贸易运输消耗的能源要占世界石油消费总额的1/8(潘家华，1997)。贸易量的增加，石油消耗量也会增加，而且还会造成空气和水的污染。经济合作与发展组织(OECD)的欧洲国家中，运输业产值占GNP的4%～9%，而能源消耗占总能源消耗的30%。通过对欧洲市场的统计，欧盟预测：到2010年，二氧化硫和氮氧化物的排放量将比20世纪中期的水平增加8%～9%，而且主要是从运输部门排出的(表6.1和表6.2)(张坤民，1997)。

**表6.1 运输业废气排放占总排放的比例** 单位：%

| 排放物 | 北美洲 | 欧洲的OECD国家 | 所有的OECD国家 |
|---|---|---|---|
| $NO_x$ | 43 | 60 | — |
| CO | 67 | 78 | 71 |
| HC | 33 | 50 | 39 |
| $SO_2$ | 4 | 4 | 4 |

**表6.2 运输业的社会代价**

| 代价种类 | 社会代价占GDP比重/% |
|---|---|
| 噪声 | 0.1 |
| 大气污染 | 0.4 |
| 事故 | 2.0 |
| 时间损失 | 6.8 |

国际贸易通过环境问题的国际化增加贸易摩擦。环境问题国际化的根源是：一个国家的活动可能影响到其他国家的环境；一个国家可能将对环境有损害的活动转移到其他国家；一个国家的环境问题可能扩大到和殃及其他国家。前面的两个根源都与国际贸易有着直接的关系。通过国际贸易，一个国家导致别国环境问题的途径主要有三类：①进口商品在消费时引起进口国的环境破坏。这种情况一般发生在进口商品不能达到进口国环境标准的时候，这时进口国的社会代价会增加，结果可能限制该商品的进口(戴维·皮尔斯，1997b)。②出口国的商品生产引起环境破坏。例如，泰国每年向比利时、德国和荷兰等欧共体国家出口大量的木薯，由于木薯适于种植于贫瘠的土壤，泰国的小农场主把它们作为经济作物种植在曾是林地的地方，结果是森林大量被砍伐，生物多样性锐减(戴维·皮尔斯和杰瑞米·沃福德，1997)。③商品生产、消费过程中污染物的越境转移，殃及邻国和全球。污染物的越境转移在很大程度上是通过国际贸易来实现的。据绿色和平组织

报告，仅1986～1991年，发达国家就累计有1000多艘船只将1.63亿t危险废物运抵第三世界和东欧国家(张坤民，1997)。不但如此，发达国家还将污染密集型产业转移到发展中国家。有关研究表明，在1965～1988年，约有3.5%的需要很高污染控制费用的"肮脏"工业从发达国家迁往不发达国家(杨云彦，2001)。

**2. 绿色贸易与绿色壁垒**

从20世纪60年代起，随着经济全球化和贸易自由化的发展，国际贸易中的环境问题开始受到广泛关注，国际社会要求在国际贸易中关注环境的保护，呼吁进行"绿色贸易"；而与此同时，许多发达国家设置"绿色壁垒"，采取贸易保护主义政策。

所谓"绿色贸易"，是指以良好的生态环境和先进的绿色技术为依托的一切有利于环境保护、资源节约、生物多样性及人类和动植物生命健康与安全的对外贸易，包括环境友好产品贸易、资源节约型产品贸易和安全健康产品贸易等。绿色贸易将市场外的环境因素考虑在内，扩充了贸易的成本范围，增加了环境成本和与之相关的社会成本。环境成本是指国际贸易对人类生存的自然环境造成的负面影响，如能源、生物源性产品的贸易对大气、生物多样性等的破坏；社会成本是伴随环境成本产生并由于包括税收政策、劳工标准、竞争政策以至人权等社会政策失误而造成的后果。由于这两类成本不能有效地内化到产品的价格中去，因而绿色贸易引发的问题，实际上就是国际贸易中的环境外部性问题(易寒洲，2002)。

至于"绿色壁垒"，它是"绿色贸易壁垒"的简称，是指进口国政府以保护生态环境、自然资源和人类健康为由，以限制进口保护贸易为目的，通过颁布复杂多样的环保法规、条例，建立严格的环境技术标准和产品包装要求，建立烦琐的检验认证和审批制度，以及采用征收环境进口税方式对进口产品设置的贸易障碍。简言之，就是以绿色贸易为借口，推行贸易保护主义政策，对进口产品设置的贸易障碍。与传统的非关税壁垒相比，绿色壁垒具有名义上的合理性、形式上的合法性、提法上的巧妙性、保护内容的广泛性、保护方式的隐蔽性和实施效果的歧视性等特征。绿色壁垒之所以存在，主要是由于目前国际上还缺乏公认、有效的规则用以裁定与环境有关的贸易争端，就是世界贸易组织，迄今也没有制定专门的与环境有关的贸易协定，相关内容只在《关税与贸易总协定》、《服务贸易总协定》和《技术性贸易壁垒协定》中的某些条款提及，而这些条款主要强调保护环境和人类健康的重要性，强调发展与可持续性等原则，缺乏具体的可操作性的制度和措施。

**3. 发展中国家可持续贸易的挑战**

近年来，随着全球经济一体化趋势的加强，发达国家经常设置"绿色壁垒"，限制商品的进口，国际贸易摩擦越来越多。因环境问题引起的贸易争端主要发生在发达国家与发展中国家之间，发展中国家在贸易可持续发展方面面临着严重的挑战。首先，产品出口的门槛越来越高。发达国家推行"绿色贸易"政策，针对进口产品的环境标准越来越高，这对发展中国家的出口构成越来越大的限制。其次，产品出口的竞争力越来越低。发展中国家出口的主要是低附加值、高能耗的资源和劳动密集型产品，在国际贸易竞争中，主要是依靠价格取胜，但绿色贸易会增加其出

**专栏 6.4　绿色贸易壁垒**

美欧贸易集团在促进其内部自由贸易区建设的同时,采取非关税壁垒措施,提高区域外竞争对手的市场准入门槛来保护自身利益。西方发达国家采取的主要手段是"绿色标志"制度。绿色标志又称生态标志,它由政府管理部门或民间团体按照严格的程序制定环境标准颁发给厂商,附印于产品及包装上,以向消费者表明该产品从研制、开发到生产、使用、直至回收利用的整个过程均符合生态和环境保护要求。发展中国家的产品只有得到绿色环境标志才能进入发达国家市场。绿色标志产生的时间不长,但发展十分迅速。1978 年德国率先推出"蓝色天使"计划,随后,许多发达国家纷纷效仿,如北欧四国的"白天鹅制度"、欧盟的"EU 制度"、加拿大的"环境选择制度"和日本的"生态标志制度"等。

美国的《清洁空气法》规定了衡量汽油质量的双重标准。对国内企业只要求达到根据 1990 年质量数据设定的"企业单独标准",而对国外炼油商,则以减少大气污染、保护环境为由,不仅要求他们出口到美国的汽油中的 75%以上产自美国在国外的炼油厂,而且要求进入美国市场的汽油的各项污染指标必须降到"企业单独标准"之下,即达到严格的"法定标准"。美国的双重标准作法引起了许多国家的不满。1995 年委内瑞拉、巴西起诉美国的《清洁空气法》,认为"75%规则"不是中立标准,与汽油质量无关,却给予了特定国家的企业以特殊的优惠待遇;同时质量标准剥夺了外国炼油商采取"企业单独标准"的可能性,使进口汽油受到低于美国国产汽油的待遇,构成"保护本国产品",违反了"关贸总协定"(GATT)的第一条和第三条。美国则辩解说,美国保护可耗竭资源和保护人类、动植物生命安全符合"关贸总协定"的第二十条环保规定。"世界贸易组织"上诉庭裁定美国的基准标准没有与国内限制生产与消费的措施相配合,实际造成对国外产品的歧视,因此不能根据第二十条享受例外,要求美国修改国内法律使其符合"关贸总协定"基本原则。委内瑞拉和巴西获胜。

资料来源:朱榄叶,2000;杨荣珍,2002

口产品的成本,产品的成本比较优势会大大丧失。最后,污染转嫁的压力越来越重。发展中国家的环境保护标准一般偏低,产品的环境门槛也相应偏低,这样有可能导致大量低环境标准产品和污染型企业的涌入。因此,发展中国家必须实施贸易可持续发展战略,在国际贸易中关注环境的保护,调整产业结构、优化产品结构,最大限度地减少产品的"环境外部性"。

### (三)旅游可持续发展

旅游业被誉为"永远的朝阳产业"。在许多国家和地区,旅游业是其国民经济体系中的支柱产业。旅游业对人类文化和自然遗产、自然环境和自然资源有着强烈的依赖性,旅游活动对经济、社会和生态也有一定的负面影响。

(1)旅游活动的负面影响。旅游活动是人类围绕自然的或文化的吸引物开展的游、购、娱、吃、住、行的活动,本质上也是依赖自然资源与自然环境的经济活动,因此,旅游业并不是纯粹意义上的服务业,在一定程度上甚至具有工业生产的特性,对经济、社会和生态都有不同程度的负面影响。在经济方面,不合理的旅游开发可能导致目的地的经济结构单一,影响其经济的稳定性;导致目的地的物价上涨，损害当地居民的福利；导致土地所有者出售土地，降低生态系统的稳定性；导致就业的季节性波动，增加了劳动力就业的不稳定性。在社会方面，旅游活动中的文化交流和碰撞可能对目的地的社会文化造成巨大冲击，导致目的地“土著文化”的消亡，居民物质欲望的增强以及犯罪率的提高。在生态方面，旅游业并非如传统所说是“无烟的产业”，不当的旅游开发和管理可导致大气、水体和固体废物的污染，过高的游客密度可加速资源和环境的退化，甚至导致传染病的蔓延。

(2)可持续旅游。1990年，全球可持续发展大会在加拿大温哥华召开，会议提出了一个《旅游持续发展行动战略》(草案)，不仅对可持续旅游的内涵、目标进行了阐述，而且提出了具体的政策建议。1993年，《可持续旅游》杂志在英国问世，标志着旅游可持续思潮已经在旅游理论界形成规模(邹统钎，1999)。1995年，联合国教科文组织、环境规划署和世界旅游组织在西班牙的兰沙罗特岛召开可持续旅游发展世界会议，会议通过了《可持续旅游发展宪章》和《可持续旅游发展行动计划》两个重要文件，并提出了可持续旅游的原则和目标。

《旅游持续发展行动战略》(草案)的可持续旅游定义是：“在保持和增强未来发展机会的同时满足当前旅游者和旅游地居民的需求；也可以被认为是对各种资源的管理的指导，以使人们在保持文化的完整性、基本生态过程、生物多样性和生命维持系统的同时完成经济、社会和美学的需要。”可持续旅游的目标是：“增进人们对旅游所产生的环境效应与经济效应的理解，强化其生态意识；在发展中维护公平；提高旅游目的地居民的生活水平；向旅游者提供高质量的旅游经历；保护未来旅游开发依赖的环境质量。”

《可持续旅游发展宪章》指出：“旅游发展应该建立在生态环境的承载能力之上，符合当地经济发展状况和社会道德规范。可持续旅游发展的实质就是要求旅游与自然、文化和人类生存环境成为一个整体；必须考虑旅游对当地文化遗产、传统习惯和社会活动的影响；旅游必须以当地经济发展所提供的各种机遇作为发展的基础，旅游与当地经济应该有机地结合在一起，对当地经济起到积极的促进作用。”

(3)旅游承载力。对于一个旅游目的地来讲，可持续旅游发展的核心问题是该地的旅游承载力(李天元，2001)。就像其他的经济产业一样，旅游也是一个活跃的变革因子。如果管理得当，它有潜力成为一个资源消耗低的可持续性产业；如果不加限制，任其扩张，它的发展就极有可能超出经济、社会、生态和政治所允许的可持续性极限(彼德·威廉姆斯和阿里森·吉尔，2001)。因此，要实现可持续的旅游发展，必须对目的地的旅游承载力进行管理，保障旅游在可接受的生态、社会、经济限度内发展。所谓旅游承载力，是指一个旅游目的地在不至于导致当地环境和来访游客旅游经历的质量出现不可接受的下降这一前提之下所能吸纳外来游客的最大能力，换句话说，旅游承载力是在特定时间内某旅游目的地所能够容纳的旅游者或旅游者使用的最大量，一般用游客数量来表示。旅游承载力由四个方面构成：一是物质承载力，是指适合于建造旅游设施的土地数量以及这些旅游设施的最大综合接待能力；二是生态承载力，不至于导致目的地生态环境和生态体系不发生不可接受的变化前提下，所能容纳的旅游者的最大数量；三是心理承载力，旅游者旅行质量不出现不可接受的降低时，目的地所能容纳的最大游客数量；四是社会承载力，在社区居民感受到负面效应之前，目的地的旅游接待能力。

(4)生态旅游。生态旅游是可持续旅游的有效途径和重要手段。1980 年，加拿大学者克劳德·莫林首次提出了“生态性旅游”(ecological tourism)概念。1983 年，国际自然保护同盟特别顾问墨西哥学者谢贝洛斯·拉斯克瑞首先使用了“生态旅游”(ecotourism)一词，并在 1986 年召开的一次国际环境会议上得到确认。2002 年，联合国环境规划署和世界旅游组织在加拿大魁北克举办了世界生态旅游峰会，发表了《魁北克生态旅游宣言》，指出生态旅游如果以可持续的方式进行经营管理，那么对当地居民及其文化，以及对为子孙后代保护与可持续利用自然来说，都是一种宝贵的经济机遇。

关于生态旅游的定义，目前尚未有统一的看法。1988 年，谢贝洛斯给出的生态旅游定义为：生态旅游是一种常规的旅游形式，游客在欣赏和游览古今文化遗产的同时，置身于相对古朴、原始的自然区域，尽情考究和享乐旖旎的风光和野生动植物(王跃华，1999)。1993 年，国际生态旅游协会把生态旅游定义为：具有保护自然环境和维系当地居民生活双重责任的旅游活动。瓦伦丁从四个方面对生态旅游做了相对完整的界定：以相对没有受到干扰的自然区域为基础；不会导致环境破坏和环境质量的下降，在生态上是可持续的；对自然旅游区的持续发展和管理有直接的贡献；有一个充分适宜的管理制度(张广瑞，1999)。我国有学者指出：生态旅游实质上是通过减轻环境压力来平衡经济利益，通过保持旅游目的地景观资源和文化完整性来实现代际间的利益共享和公平性，是实现旅游景观资源可持续利用的良好途径(陈忠晓和王仰麟，1999)。综上所述，生态旅游是在可持续发展思想指导下开展的主要针对自然景观资源的旅游活动。

关于生态旅游的目标，在 2002 年的世界生态旅游峰会上，世界旅游组织秘书长弗朗加利指出：生态旅游肩负着三个方面迫在眉睫的使命。经济方面要刺激经济活力、减少贫困；社会方面要为最弱势群体创造就业岗位；环境方面要为保护自然和文化资源提供必要的财力。因此，生态旅游要以生态效益为前提，以经济效益为动力，以社会效益为依据，以综合效益最大化为目标，实现旅游目的地和旅游业的可持续发展。

关于生态旅游的特点，本书总结为：①景观上的自然性。生态旅游依托于自然资源，趋向于自然景观。生态旅游的活动场所主要是那些纯粹的或人为影响较小的自然景观，旅游者与大自然融为一体，自然景观是游客美学欣赏的对象和心灵的归宿。对加拿大和北美生态旅游者的旅游动机的调查可以证实这点(表 6.3 和表 6.4)。②层次上的高雅性。生态旅游是一种具有强烈环境意识的高品位旅游活动，生态旅游者对环境质量的要求很高，同时也能非常自觉地、有意识地保护环境(黄羊山和王建萍，1995)。生态旅游活动的高雅性有赖于生态旅游者高水平的科学文化素质。伊格尔斯对加拿大游客的调查表明，一般旅游者中只有 20.7%的人具有大学文化程度，而在生态旅游中这个比例高达 64.9%；怀特对北美的游客的调查也表明，一般生态旅游中只有 75%的人上过大学，而在有经验的生态旅游者中则有 96%的人上过大学(李东和，1999)。③利用上的永续性。旅游业具有两重性，一方面它能促进社会经济和文化的发展；另一方面它能加剧环境资源的损耗和地方特色的消失(卢云亭，1996)。生态旅游因为把旅游承载力放在首位，强调旅游者和开发者对保护环境的贡献，因而可以对承载生态旅游活动的旅游资源进行永续的利用。④内容上的专业性。生态旅游属于高层次的专业旅游活动，其旅行取向多集中于具有不同生态学特征的自然景观，因此，根据景观资源形态的不同，可以将生态旅游划分成许多专业旅游类型。旅游者可根据自己的专业兴趣爱好，选择不同的专业旅游项目。⑤活动上的参与性。旅游者在生态旅游活动中，把自己融入大自然，直接感受与品味大自然的恩泽，促进其体魄健康，精力旺盛，知识丰富，视野开阔，这样的感受和体验有助于提高社会公众对旅游业作用和地位的认识，增强旅游业培育与修复生产力的功能。

**表 6.3 加拿大生态旅游者旅游动机**

| 动机类型 | 平均分值 | 位次 | 说明 |
|---|---|---|---|
| 热带雨林 | 3.95 | 1 | 游客在选择动机时，有 4 个选项：<br>4 分表示“很重要”<br>3 分表示“有点重要”<br>2 分表示“不重要”<br>1 分表示“一点也不重要” |
| 原生的、未受干扰的大自然 | 3.94 | 2 | |
| 了解大自然 | 3.87 | 3 | |
| 鸟类 | 3.69 | 4 | |
| 湖泊和河流 | 3.68 | 5 | |
| 绿树和野花 | 3.66 | 6 | |
| 风景和野生物摄影 | 3.58 | 7 | |
| 哺乳动物 | 3.52 | 8 | |
| 国家公园和省级公园 | 3.41 | 9 | |
| 体育锻炼 | 3.39 | 10 | |

资料来源：Eagles，1990，转引自李东和. 国际生态旅游市场分析. 旅游学刊，1999，(1)：56～61

**表 6.4 北美生态旅游者旅游动机**

| 动机类型 | 有经验的生态旅游者/% | 位次 | 说明 |
|---|---|---|---|
| 享受风景/大自然 | 45 | 1 | 表中数值为选择该动机的旅游者人数的比例。由于旅游者大多可以作多重选择，比例总数大于 100% |
| 新的经历/地方 | 22 | 2 | |
| 户外活动 | 16 | 3 | |
| 野生生物风光 | 15 | 4 | |
| 观看山岳风光 | 14 | 5 | |
| 体验荒野的经历 | 11 | 6 | |
| 没有拥挤 | 11 | 7 | |
| 水上运动 | 11 | 8 | |
| 文化吸引物 | 10 | 9 | |
| 学习研究自然/文化 | 10 | 10 | |

资料来源：Wight，1994，转引自李东和. 国际生态旅游市场分析. 旅游学刊，1999，(1)：56～61

## 本章小结

经济可持续发展是可持续发展系统“顶天立地”的支撑子系统。经济增长意味着生活标准的提高，人均货币数量的增长，意味着提供最终产品和服务的经济能力的增长；经济发展则意味着调整生物圈，应用人力、财力、生命和非生命的资源来满足人类需要，提高人类生活质量，意味着经济、社会、政治结构随着产出的增长而出现良性的变化。

可持续发展要求把环境与经济整合起来综合考虑，因为在经济活动中，环境投入是经济系统中很重要的一环。自然环境生产资源的能力和吸收废物的能力决定了人类经济活动的规模，经济发展具有“生态边界”。环境治理能力与经济水平有着直接的关系，人均收入与环境污染的函数关系呈正态分布，环境经济学家因此提出了“环境库兹涅茨曲线”。把环境问题归结为贫困问题是不全面的，无论是富人还是穷人，不合理的生活方式都会导致环境的退化，但对于穷人来说，环境是一个生存问题，对于富人来说，环境则是一个生活质量问题。

农业生产是与自然环境关系最直接、最密切的物质生产部门，具有生产对象的生命性、生产资料的自然性、生产空间的地域性、生产时间的季节性、生产过程的连续性、生产进步的人本性等特征。可持续农业是一种旨在管理和保护自然资源基础，调整技术和机制变化的方向，以获得并持续地满足目前和今后世世代代人类的需要，能够保护和维护土地、水、动植物资源，不会造成环境退化，同时在技术上适当、经济上可行、能够为社会接受的农业。可持续农业的目的有三：一是积极增产粮食，妥善解决粮食问题，保障粮食安全；二是促进农村综合开发，努力消除农村贫困；三是合理利用、保护与改善自然资源，为子孙后代创造良好的生态环境。生态农业是以生态学原理和经济系统原理为指导建立起来的资源、环境、效率、效益兼顾的综合性与知识密集型的现代农业生产体系，具有集约性、综合性、协调性和清洁性等特点，是农业可持续发展的最佳模式。

工业生产是以自然资源获取、生产、加工为目的的物质生产部门。工业生产具有物质转化功能和经济增殖功能，而物质转化功能受经济增殖功能的驱动。清洁生产是工业可持续发展的重要途径，它将整体预防的环境战略持续应用于生产过程、产品和服务中，以增加生态效率和减少人类及环境的风险。清洁生产谋求资源利用的合理化，谋求污染危害的最小化，谋求经济效益的最大化。清洁生产是清洁能源、清洁生产过程、清洁产品和服务的综合体。生态工业是推行清洁生产的重要方式，它是人类按照生态系统的运行机制，模拟生态系统的结构功能，通过建立工业生态链来降低资源消耗、减少环境污染，实现工业生产与生态环境的协调发展。工业生态学是生态工业的基本原理，生态效率是生态工业系统的测度指标，生态工业一般以生态工业园的形式出现。生态工业园是生态工业的聚集场所，是依据循环经济原理和工业生态学原理设计的一种新型工业组织形态。

贸易是空间相互作用的重要形式，贸易可持续发展是全球可持续发展的保障。国际贸易通过商品生产的专业化增加环境的脆弱性，通过商品流通的燃料消耗影响环境质量，通过环境问题的国际化增加贸易摩擦，从而影响可持续发展。绿色贸易是贸易可持续发展的重要内容，它是指以良好的生态环境和先进的绿色技术为依托的一切有利于环境保护、资源节约、生物多样性及人类和动植物生命健康与安全的对外贸易。绿色壁垒则与贸易可持续发展背道而驰，它是以绿色贸易为借口，推行贸易保护主义政策，对进口产品设置的贸易障碍。

旅游业对人类文化和自然遗产、自然环境和自然资源有着强烈的依赖性，旅游活动对经济、社会和生态也有一定的负面影响。旅游可持续发展是在保持和增强未来发展机会的同时满足当前旅游者和旅游地居民的需求；也可以被认为是对各种资源的管理的指导，以使人们在保持文化的完整性、基本生态过程、生物多样性和生命维持系统的同时完成经济、社会和美学的需要。可持续旅游要求在旅游承载力的范围内开展旅游活动。旅游承载力是指一个旅游目的地在不至于导致当地环境和来访游客旅游经历的质量出现不可接受的下降这一前提之下所能吸纳外来游客的最大能力，包括物质承载力、生态承载力、心理承载力和社会承载力。生态旅游是可持续旅游的主要形式，它是在可持续发展思想指导下开展的主要针对自然景观资源的旅游活动，具有景观上的自然性、层次上的高雅性、利用上的永续性、内容上的专业性和活动上的参与性等特征。

## 思 考 题

1.经济增长与经济发展的关系。
2.经济活动与环境制约的关系。
3.可持续农业与生态农业。
4.清洁生产与生态工业。
5.绿色贸易与绿色壁垒。
6.可持续旅游与生态旅游。

# 第七章　社会可持续发展

**本章导读**

人类社会是人类生活的共同体，是一个复杂的巨系统。但在可持续发展系统里，我们把“社会”看成是一个要素，或者是一个要素子系统。可持续发展要求实现人与人之间的和谐，以及人的全面发展和社会的全面进步。我们每一个人，无论是现在活着的，还是将来出生的，都是社会系统中的一分子，都会受社会发展规律的支配。因此，建设可持续的社会，是人类发展的终极目标；实现社会的可持续发展，是可持续发展系统的最高层次。

前面探讨了受自然规律支配的资源、环境因素和受经济规律支配的经济因素，本章将探讨受社会规律支配的社会因素。社会因素涉及的领域十分广泛，这里只探讨对可持续发展系统起明显作用的制度因素、技术因素、文化因素和民生因素。

- 制度建设与可持续发展
- 科技进步与可持续发展
- 社会意识与可持续发展
- 民生保障与可持续发展

## 第一节　制度建设与可持续发展

制度最一般的含义是要求大家共同遵守的办事规程或行动准则，包括约定俗成的道德规范、法律和法规等。在社会活动中，人们依靠制度来衡量自己的行为。因此，经济学家道格拉斯·诺斯(1994)认为，制度是社会的博弈规则，它是人类设计的制约人们相互行为的约束条件，包括法律、规章的“正规约束”，习惯、行为准则、伦理规范的“非正规约束”，以及这些约束的“实施特性”。人类社会历史上的任何发展，都离不开特定的制度背景，并且需要借助一定的制度才能进行(刘勇，2003)。制度是发展的要素之一，不同的制度会产生不同的经济效果和环境影响，良好的政治、经济、法律和文化制度是社会发展的重要保障(周海林，2004)。早在1776年，亚当·斯密在《国富论》中就认识到制度的重要性：“在人类社会的大棋盘上，每个个体都有其自身的行动规律，和立法者试图施加的规则不是一回事。如果它们能够相互一致，按同一方向作用，人类社会的博弈就会如行云流水，结局圆满。但如果两者相互抵牾，那博弈的结果将苦不堪言，社会在任何时候都会陷入高度的混乱之中。”

## 一、可持续发展的制度建设

可持续发展作为全球人类的社会发展战略，需要对人类行为加以必要的约束。在正规约束方面，最主要的是要进行保护资源和环境的法制建设；在非正规的约束方面，最迫切的是要建立人与自然平等的环境伦理。

### （一）可持续发展的法制建设

（1）建立合理的国际秩序。工业革命以来，资本主义国家就开始疯狂掠夺殖民地和半殖民地的资源，特别是20世中叶以来，发达国家掠夺发展中国家的资源不仅变本加厉，而且花样翻新。由于不合理的国际秩序，发展中国家经济落后，债台高筑，不得不依靠单一产品和初级产品出口来发展本国经济和偿还债务，但依靠这样的发展模式，发展中国家不但没能发展本国经济和偿还债务，反而使环境遭受破坏，经济发展更趋落后，为摆脱落后又不得不过度开采资源和牺牲环境来发展经济，结果形成恶性循环。不合理的国际秩序给人类社会的可持续发展带来了严重的挑战。可持续发展认为，人类只有一个地球，在这个小小星球上所有的成员都是休戚相关的，不仅共同的危机需要共同来面对，更为重要的是，任何国家的发展都不能置他国利益和人类的长远利益于不顾。因此，建立合理的国际秩序至关重要。联合国人类环境大会及其《人类环境宣言》、联合国环境与发展大会及其《环境与发展宣言》、可持续发展首脑大会及其可持续发展承诺，都是倡导建立国际新秩序的典范。

（2）选择合适的国家制度。私人利益和社会利益的矛盾是导致全球和地区资源、环境和生态问题的最深刻的社会根源。全球问题是人类面临的根本问题，需要全世界共同解决，但资本主义的国家机器为资产阶级所控制，是为资本家追求利润的需要服务的，资本主义制度只能采取局部、暂时的使生态、经济和社会问题得到一定程度的缓和；社会主义社会由于生产资料社会共同占有，私人利益和社会利益存在着根本的一致性，国家能代表全社会根本利益协调生态、经济和社会的关系，促进社会综合协调发展（刘贤奇和王晓红，1996）。因此，社会主义制度在解决全球和地区生态、经济和社会问题上有一定的优越性，只是由于认识和发展上的原因，社会主义国家在环境保护和资源开发利用方面还存在许多不足。总之，选择符合社会发展潮流和国家基本国情的国家制度是建设可持续社会的重要保障。

（3）制定适用的环境法规。环境问题是人类社会可持续发展面临的严重挑战，制定环境法规，对人类行为加以“正规约束”，是保障社会可持续发展的关键。环境法是由国家制定或认可并由国家强制力保证实施的调整人们在开发、利用、保护和改善环境资源的活动中所产生的各种社会关系的行为规范的总称，其立法目的就是要协调人与自然的关系，保护和改善环境资源并进而保护人体健康和保障经济社会的可持续发展（钱易和唐孝炎，2000）。环境法在可持续发展实践过程中具有举足轻重的作用：第一，它能协调环境保护与经济发展的关系。环境法以法律形式确定经济发展与环境保护之间的社会关系，一方面它能促进环境的合理开发和利用、防止环境污染和生态破坏的蔓延，另一方面它能解决环境纠纷，排除环境保护的障碍，为经济发展奠定良好的环境基础，促进经济的发展(常纪文和王宗廷，2003)。第二，它能确认环境管理权限和公众参与机制。环境法确立各行政部门环境事务管理权，将环境保护的基本对策和主要措施加以规范化、制度化，有力地推动了环境保护工作的有序进行。环境法也确立了公众参与机制，公众参与能促使公众积极承担环境责任，为公共项目的决策及运行提供建议并予以监督，减少政府环境决策失灵。公众对环境质量的追求，还能形成强大的社会压力，促使政府提高环境标准，完善环境法规和政策(陈泉生，1999)。第三，它能提高公众的环境意识。环境意识是衡量社会进步和文明程度的重要标志。为了人类自身的生存和发展，必须在全社会展开环境法制宣传，普及环境科学知识和环境保护政策，倡导良好的环境道德风尚，促进公众参与环境管理。环境法中环境保护的行为规范和政策措施，以法律形式规定了环境保护的是非善恶标准，是提高全体公民环境意识的最好教材(陈泉生，2000)。

**专栏 7.1　主要环境法**

(1)国际环境法。国际环境法是调整国际自然环境保护中的国家间相互关系的法律规范的总称，包括国际条约、国际惯例以及有关环境保护的国际会议和国际组织的宣言或决议，主要有：

- 《非洲自然和自然资源的保护公约》(1968)
- 《国际湿地公约》(1971)
- 《联合国人类环境会议宣言》(即《人类环境宣言》)(1972)
- 《外空物体所造成损害之国际责任公约》(1972)
- 《保护世界文化和自然遗产公约》(1972)
- 《濒危野生动植物种国际贸易公约》(1973)
- 《国际水道非航行使用法公约》(1975)
- 《远距离越境空气污染公约》(1979)
- 《保护野生动物迁徙物种公约》(1979)
- 《世界自然资源保护大纲》(1980)
- 《联合国海洋法公约》(1982)
- 《保护臭氧层维也纳公约》(1985)
- 《联合国气候变化框架公约》(1992)
- 《生物多样性公约》(1992)
- 《关于生物多样性的原则声明》(1992)
- 《京都议定书》(1997)

(2)中国环境法。为保护和改善生活环境与生态环境,防治污染和其他公害,保障人体健康,促进社会发展,自20世纪80年代以来,中国制定了一系列环境保护的法律法规,形成了一套完整的体系,即以宪法关于保护和改善环境的规定为基础,以综合性环境基本法为核心,以单项专门环境法为主干,以国际环境条约为补充,以及包括环境污染防治、自然资源保护、环境纠纷处理、环境管理组织等内容的环境法律、法规、基本制度和环境标准组成的完备体系。主要环境法规有:

- 《中华人民共和国环境保护法》(1989)
- 《中华人民共和国海洋环境保护法》(1982年颁布,2000年修订)
- 《中华人民共和国水污染防治法》(1984年颁布,1996年修订)
- 《中华人民共和国矿产资源法》(1984颁布,1997年修订)
- 《中华人民共和国森林法》(1984颁布,1998年修订)
- 《中华人民共和国草原法》(1985)
- 《中华人民共和国渔业法》(1986年颁布,2000年修订)
- 《中华人民共和国土地管理法》(1986年颁布,1998年修订)
- 《中华人民共和国卫生检疫法》(1986颁布,2007年修订)
- 《中华人民共和国大气污染防治法》(1987年制定,2000年修订)
- 《中华人民共和国水法》(1988颁布,2002年修订)
- 《中华人民共和国野生动物保护法》(1989,2004年修订)
- 《中华人民共和国进出境动植物检疫法》(1991)
- 《中华人民共和国水土保持法》(1991)
- 《中华人民共和国陆生野生动物保护实施条例》(1992)
- 《中华人民共和国城市区域环境噪声标准》(1993)
- 《中华人民共和国固体废物污染防治法》(1995颁布,2004年修订)
- 《中华人民共和国环境噪声污染防治法》(1996)
- 《中华人民共和国大气污染物综合排放标准》(1996)
- 《中华人民共和国环境空气质量标准》(1996)
- 《中华人民共和国污水综合排放标准》(1996)
- 《中华人民共和国环境保护标准管理办法》(1999)
- 《中华人民共和国环境影响评价法》(2002)
- 《排污费征收使用管理条例》(2003)

## (二)可持续发展的伦理建设

环境伦理又称生态伦理,是关于人与自然道德关系的看法和行为规范。可持续发展的最高宗旨是协调人与自然以及人与人之间的关系,需要一种崭新的能促成人类尊重自然、关心自然、爱护自然从而实现人与自然和谐的崭新的社会伦理,这就是可持续发展的环境伦理。关于环境伦理的内涵和可持续发展的环境伦理观,本书第三章“人的观念与可持续发展”中已作介绍,这里主要讨论环境伦理观的形成和如何进行环境伦理建设。

以人类为中心的观念源于西方人的价值观念(彭晓琳和方法林,2000)。但随着人与自然关系的恶化,1923年,法国哲学家施韦兹出版了反思人与自然关系的哲学著作——《文明的哲学:文化与伦理学》,提出了创立生态伦理学的主张。1933年,美国生态学家利奥波德发表"大地伦理学",主张将伦理关怀的对象从人与人关系的社会扩展到人与自然关系的大地,提出现代环境伦理学思想(何志伟,2006)。1962年,美国海洋生物学家R·卡尔逊的《寂静的春天》的出版,标志着一个新的生态学时代的到来(R·卡尔逊,1979)。这个新的生态学时代就是环境伦理学时代。

什么是环境伦理?美国哲学家罗尔斯顿认为,环境伦理是以生态科学的环境整体主义为基点,依据人与自然相互作用的整体性来约束要求人类行为,使之既有益于人类生存,又有益于生态平衡。它是自然科学和人文社会科学交叉的结果,是生态学与哲学、伦理学交叉的产物。它建立环境平等观,将人与自然关系纳入道德关怀的范畴,目的是用道德来调节人与自然的关系,以达到人与自然的和谐统一(霍尔姆斯·罗尔斯顿,2000)。

根据建设可持续发展社会的内在要求,建设可持续发展的环境伦理,这种"非正规约束"的制度建设必须树立这样四个核心观念:一是人类是自然代理人的观念,即人类要担负起珍惜和爱护自然的道德责任;二是环境公正的观念,即人类要把自然看成是一个有机的整体,把人与自然视为生命的共同体,实现各代人内部之间、当代人与后代人之间资源分配的公平;三是环境有限的观念,即环境的资源生产力、污染消纳力都是有限的,人类必须把自己的行为控制在环境的承载力内,保证生命保障系统的可持续性;四是环境价值的观念,即环境具有不以人的意志为转移的内在的价值,环境本身也是一种稀缺的资源,人类必须善待环境,建设环境友好型的社会,因为只有环境友好的社会才是可持续的社会。

**专栏7.2 主要环境伦理观**

根据对"人与自然的伦理关系"以及"受人与自然关系影响的人与人的伦理关系"的看法的不同,可将环境伦理学分为人类中心主义、生态中心主义和自然中心主义。

(1)人类中心主义。把人类利益作为价值原点和道德判据,一切以人类利益为出发点和归宿,人类的生存和发展是最高的价值目标,人的一切活动都应遵循这一目标。

——强人类中心主义。认为人的一切需要都是合理的,自然界是一个供人任意索取的原料仓库,人类可以为了满足自己的需要而毁坏或灭绝任何自然物;只有人类具有内在价值,其他自然物只具有工具价值,而且是由人主观给予定义。

——弱人类中心主义。认为应该对人的需要做些限制,承认人的利益又肯定自然物的内在价值。主张对人的利益和需要进行理性把握和权衡,反对将人的利益和需要绝对化。认为自然物既具工具价值,又有内在价值。承认人的优越性,也承认人关心其他生命有机体的道义责任。

(2)生态中心主义。把人视为大自然的一部分,从道德上关怀包括人类在内的整个生态系统，在人与自然关系中，其给予人的权重介于人类中心主义和自然中心主义的两个极端之间，比较符合可持续发展的环境伦理。

——大地伦理学。为利奥波德提出。他认为人与大地是一个共同体，人是共同体的普通成员；将人的道德关怀从人与人、人与社会的关系扩展到人与大地的关系上；将大地美的审视与伦理的审视统一起来，肯定人类整体所具有的价值。

——深层生态学。为奈斯提出。他认为深层生态学包括两条基本原则：一是生态中心平等原则，即每种生命形式都拥有生存和发展的权利，若无充足理由，人类没有任何权利毁灭其他生命形式；二是自我实现原则，人类成熟到能够与其他生命同甘共苦，实现人类价值与整个生态系统价值的统一，将内在价值扩展到整个生态系统。

——自然价值论。为罗尔斯顿提出。他强调价值的客观性和客体性，把价值视为客观事物的客观属性；价值的重要属性在于它的创造性，自然的价值在于它具有创造万事万物的能力；自然价值包括由自然系统内在结构决定的内在价值和自然系统超越工具价值和内在价值的系统价值。

(3)自然中心主义。人类中心主义的对立物，过分强调自然物的权利，包括没有任何生命意识的自然物的权利。

——动物福利论。20世纪70年代以来流行的论证动物道德地位的伦理学说，包括动物解放运动和动物权利论。动物解放运动的代表人物是辛格。辛格认为，感觉痛苦和享受快乐的"感受力"是拥有利益的必要条件，一个没有感受力的存在，不拥有利益；相反，一个有感受力的存在至少拥有最低限度的利益，即不感觉痛苦的利益。一切神经阈以上的动物都是有感受力的，都拥有利益，因而都应得到道德关怀。动物权利论的代表人物是雷根。雷根认为，我们认定每个人都有不受损害的道德权利，并不是由于人拥有利益，而是由于人拥有某种优先于利益和效用的价值，即内在价值。拥有内在价值的个体本身就是目的，而不是别的目的的手段，因而拥有受到道德关怀的权利。这意味着人类有"起码的义务"不去伤害它们。

——生命中心论。认为一切生命个体都具有内在价值，人类对它们负有直接的道德义务。史怀泽提出"敬畏生命"，认为只有禀承对一切生命负有无限责任的德性的人才是健全的人。泰勒进一步用"尊重自然"构筑了生命中心论体系。认为存在物同时具有"自身的善"和"内在价值"。说一个存在物有"自身的善"，是指该存在物能够受到帮助或伤害，这个"善"是客观的，不涉及存在物是否有意识。说一个存在物具有内在价值，是指该存在物应得到道德关怀，其"自身的善"的实现本身就是目的，人类作为"道德代理者"对此负有起码的义务。一个存在物"自身的善"是它具有"内在价值"的必要而非充分条件。"自身的善"向"内在价值"的转换，必须建立这样的"信念体系"：第一，相信人与其他生物同是地球生命共同体的成员；第二，相信人类物种和所有其他物种是一个相互依存的系统中不可分离的要素，每个生物的存活及其盛衰变化不仅取决于环境物理条件，而且取决于它与其他生物的关系；第三，相信一切有机体都是以自身的方式追求自身的"善"的独立的生命目的中心；第四，相信人并不天生优越于任何其他生物。在这个信念体系内，有"自身的善"的存在物就是具有"内在价值"的存在物，人们只要接受该观点并付诸实践便是做到"尊重自然"。

资料来源：杨通进，2000；朱坦，2001；陈剑谰，2003

## 二、可持续发展的经济政策手段

经济政策是指在某种特定的经济秩序和经济结构的基础上，采用经济手段，去实现某种经济目标的行动准则或行动方针(洪银兴，2000)。经济手段从影响成本和收益入手，使价格反映全部的社会成本，引导经济当事人进行行为选择，以便实现改善环境质量和持续利用自然资源的目标。可持续发展的经济政策手段旨在通过经济活动的调节，使环境资源保护与经济发展相协调。

### (一)经济政策手段的选择原则

在执行可持续发展规划时，经济政策手段的选择需要考虑以下原则(张坤民，1997)：

(1)有效性。环境保护的政策目标一般会把某个地方的某项污染浓度控制在某个限度。评价经济手段的有效性，就是要评价将要实施的经济手段是否能够为政策对象提供减少污染和技术革新等方面的刺激作用，并能因此达到所设定的政策目标。

(2)效率性。从广义上说，经济效率是指政策手段的实施能够使得资源配置达到社会优化状态。从狭义上说，经济效率是指在达到给定的政策目标前提下，手段实施费用的最小化。

(3)公平性。分配是经济手段实施中的一个非常敏感的问题，它通常都会对不同的政策对象(团体和个人)产生不同的成本和效益变化作用，从而影响到所选择的手段是否具有可接受性。公平性是可接受性的前提。

(4)可接受性。可接受性是在不存在同现存规章制度、原则和政策相违背以及政策对象或受间接影响的团体的反对时，该手段能够被有效实施的程度。经济手段只有得到政策对象的接受，实施才有可能取得成功。

(5)监督管理的可行性。所有类型的政策手段都会涉及手段的实施机构问题，如果管理和执行机构之间的矛盾无法协调或管理成本过高，势必影响到政策的有效执行。

### (二)以价格为基础的措施

在社会经济运行中，市场机制自身的缺陷以及政府政策和管理问题，会产生市场失灵，进而导致环境退化、资源衰竭。政府可对市场价格进行直接干预，以达到优化资源配置、防止环境退化的目的。

(1)价格。建立符合可持续发展原则的自然资源的有偿使用制度和价格体系。稀缺资源及环境要素都应直接投入市场，依据价值规律和供需关系来确定它们的价格。改变现行资源价格只计资源开发成本的做法，使自然资源价格至少包括自然资源开发成本、环境破坏成本以及后代人因此丧失的机会成本，使其真正反映自然资源与环境要素的真实价值。

(2)收费。收费制度是对所使用的环境资源进行直接定价的方法。当产品生产过程中所利用的环境价值是无偿的，则产品价格不能真实反映生产成本，生产厂商会无节制地利用自然资源与环境要素，从而不可避免地引起环境退化。征收排污费和对环境和资源的利用进行收费，目的就是要让排污者或资源使用者为清理环境污染和补偿环境损失付费，以促进资源的可持续利用。

(3)税收。税收手段的目的在于通过调整比价、改变市场信号以影响特定的消费形式或生产方法，降低生产过程和消费过程中产生的有害排放水平，并鼓励有益于环境的利用方式以减少环境退化(张坤民，1997)。根据环境资源的开发、利用、污染、破坏和保护程度，确定征收或减免相关责任人的税额；对不同产品实行差别征税，对有益于环境的产品实行低额征税。

(4)补贴。政府应减少或取消对环境有害或影响资源可持续利用的特殊商品(尤其是生产资料)的价格补贴，如农业生产中的农药、化肥、塑料薄膜以及工业生产中的能源、燃料等价格补贴，通过正确的价格政策减少这类可产生严重环境问题的产品的消耗，实现清洁生产(曲福田和朱德明，2003)。

### (三)以产权为基础的措施

产权是基于物的存在和使用而引起的人们之间被认可的行为关系，是规定人们相互行为关系的社会基础性的规则。它规定了经济行为主体在稀缺资源使用方面的地位以及相互交往中必须遵守的规范和不遵守这些规范时必须承担的成本，以减少行为主体为争夺稀缺资源而发生冲突的可能性以及冲突带来的损失(洪银兴，2000)。对于外部性使资源缺乏有效的配置和环境的退化，以及共有资源在产权上的非排他性造成资源的浪费和不持续供给，可以通过产权措施去克服和消除。

(1)建立明晰稳定的产权结构。为使资源有效配置，一要明晰产权，分清资源的所有权和使用权，明确企业的责任和义务；二要稳定产权结构，如果产权不稳定，即使产权明确，也会对资源进行掠夺性的使用(陈新岗，2005)。完备的产权包括使用权、收益权、处置权。使用权即在权利允许的范围之内以各种方式使用资源的权利；收益权即在不损害他人利益的前提下获得资源收益的权利；处置权即拥有决定是自己使用资源，还是将其闲置不用、转让的权利。

(2)建立有效的产权实施机制。首先是克服滥用资源的特权。资源商品化并界定其产权，用法权取代特权，以事先的机会公平准则取代事后的特权式的或非制度性的规范。市场经济要求交易双方彼此以平等的身份和契约的形式来实现联系，维护市场秩序，就是要保证这种法权的公平。其次是克服“第三方付费”现象。第三方付费即在市场交易中买卖双方均不付代价，价格由第三方支付的现象，它使得企业能够转移成本，消费者可以突破自身预算约束。这样，市场参与者基于自身利益和风险责任，通过竞争实现均衡价格的机制不复存在，价格将不再能真实反映供求状况。这是对交易主体的权利和责任规定不严所致，是产权约束软化所引起的市场约束软化。因此必须从产权实施机制上加强产权的约束作用(洪银兴，2000)。

## 三、可持续发展的公众参与制度

公众是推动社会进步和实现可持续发展战略的主体，公众参与的程度和方式直接关系到可持续发展的战略目标能否实现。公众参与是指具有共同利益、兴趣的社会群体对政府涉及公共利益事务的决策的介入，或者提出意见与建议的活动(李艳芳，2004)。公众参与要求公众以制度主体身份参与到公共权力运作中，实现各方代表能够公开、充分表达自己的利益诉求，形成利益的充分博弈，以达到资源的优化配置。公平性是可持续发展的基本要求，公平性意味着人人都应参与可持续发展(陈耀邦，1996)。实现公平的过程是十分艰难的历程，必须加强可持续发展的公众参与制度建设。

### (一)公众参与决策制度

公众参与可持续发展，既需要参与有关环境与发展的决策过程，也需要参与对决策执行的监督(国家计委，1994)。只有保证决策的民主性，才能保证决策的有效性，公众参与决策是对可持续发展预防性原则的贯彻。

可持续发展要求公众参与决策的制度要健全。要明确规定公众参与决策的途径、程序、手段和主要内容，并使之制度化、程序化、具体化、法制化，从法律和制度上保证公众参与综合决策制度的实施(郝瑞彬和郑祥民，2002)。凡属国家或地区有关环境与发展的重大决策、重大项目、重大行动应允许公众参与，广泛地听取公众的意见，并充分调动公众参与的积极性，集思广益，增加决策的科学性、民主性和可预见性(莫神星，2004)。

可持续发展要求公众参与决策的条件要保障。要公开环境信息，扩展公众的环境知情权，给公众参与环境决策提供必要基础资料。环境知情权是公民和社会组织收集、知晓和了解与环境问题和环境政策有关的信息的权力，是公众行使环境决策权力的基础。环境信息包括定期向社会公布的公共环境信息(如环境状况公报、空气质量周报等)和应公众要求提供的个别环境信息(如某个建设项目的环境影响、某个企业的排污数据等)。只有让公众更多的了解有关环保的真实信息，他们才有可能参与到环境决策中来。

可持续发展要求公众参与决策的能力要提高。公众的文化素质、环境意识、法制观念决定着公众参与环境决策的程度和质量。要采用各种生动有效的形式，宣传国家环境保护的方针、政策、法律法规以及科普知识，提高公众的环境意识和参与环境决策的能力、程度和质量。

### (二)公众参与立法制度

立法是通过正规约束对公众行为进行规范和引导进而确保社会秩序的重要手段，法律实施的对象是广大公众，可持续发展实施的主体也是公众，公众参与立法是社会可持续发展的内在要求。

可持续发展要求公众参与立法的权利要明确。应为公众参与环境保护、资源

**专栏 7.3 公众参与的途径**

(1)听证会。听证起源于英美普通法上自然公正地听取意见的程序,逐渐发展成为司法、立法、行政程序中的重要的程序(李艳芳,2004)。可持续发展听证是指有关可持续发展的政策、决策必须通过公开、合理的程序形式在一定公众范围内进行公开辩论、听取意见,以避免不当决策给相关利益人(群体)带来不利或不公正的影响,从而实现可持续发展公平、公正的价值目标。听证应本着方便公众、客观、公正、及时的原则进行,尽可能地让公众了解有关提议、决策、行动以及相关评价、讨论的真确信息,并对公众的意见及时反馈,争取公众的理解与支持。

(2)社会调查。社会调查是指应用科学方法,有目的、有意识地对特定的社会现象进行了解、考察和分析,了解其发生的各种原因和相关联系,以达到认识其本质进而提出解决对策的一种自觉的社会实践活动。社会调查是人类正确认识社会和改造社会的重要途径,主要是通过访谈、信息、问卷或电话等方式收集信息。有宏观调查与微观调查、研究性调查与工作性调查之分。

(3)非政府组织。非政府组织是独立于政府、至少有部分资金来源于政府以外的私人捐款的组织。大多数情况下,非政府组织是非营利性的。非政府组织的存在目的各异,但大多数是为了推广其成员所信仰的政治理念,或实现其社会目标。非政府组织发挥作用的途径主要有两个:一是游说决策者、管理者和政策制定者;二是采取实际的行动。常见的非政府组织包括环境保护组织、人权团体、照顾弱势群体的社会福利团体、学术团体等。

(4)其他形式。公众参与的途径还有:专家咨询与审查、论证会、公示、走访、座谈会、信访、舆论讨论、公民监督、公民请愿和公民投票等。

利用和污染防治等方面的立法做出制度安排,规定公众参与的权利、义务及程序,规定公民在环境立法方面的建议权、知情权、批评权、监督权、申诉权、辩护权和诉讼权,使这些权利具体化与明确化(莫神星,2004)。

可持续发展要求公众参与立法的过程要民主。应重视民主政治协商,加强立法过程的民主化。立法的目的、内容和进程,要适时通过新闻媒体进行公布,以便公众及时了解相关情况并参与讨论,提出有针对性的建议。公众还可以通过人大代表、政协委员、民主党派反映有关意见和要求,使之在立法中得以体现。

可持续发展要求公众参与立法的途径要多样。《中华人民共和国立法法》第五条规定:"立法应该体现人民的意志,发扬社会民主,保障人民通过多种途径参与立法活动。"立法部门、综合决策部门、环保主管部门在制定环境与发展的法律和法规时,应采取立法听证、立法调查、专家咨询、公众座谈、网上问卷、代表提案和群众信访等多种途径征询公众的意见,听取各界的反映,确保立法的民主和科学。

### (三)公众参与管理制度

公众参与是一个过程。公众参与管理对资源利用和环境保护的各项活动进行监督,也是社会可持续发展的要求。

可持续发展要求公众参与管理的机制要完善。要保证公众参与管理的民主权利，鼓励公众参加可持续发展的培训、环保宣传活动，参与环境执法活动（肖艳，2000）。要推动公众参与环境影响评价的制度建设（陆书玉，2001）。要保证公众参与管理的途径的多样性和便捷性，例如，通过各级人民代表大会进行法律监督，通过各级政治协商委员会进行民主监督，通过各种新闻媒体进行舆论监督，通过工会、居委会、村委会和社会团体进行社会监督，参与可持续发展有关的管理活动。

可持续发展要求公众参与管理的社会基础要巩固。要保护和扶持各类环境保护的社会团体和群众组织（方洪庆，2000）；要正确引导社会团体和群众组织开展环保活动，要通过社区环保组织的建立来完善社区参与环境管理的制度建设（肖艳，2000）。

**专栏 7.4　厦门“PX 项目事件”中的公众参与**

PX 是“对二甲苯”(P-Xylene)的英文缩写。PX 在化纤、合成树脂、农药、医药和塑料等化工生产领域有着广泛用途，近年来，在中国呈现出供不应求、价位居高不下的局面。但 PX 液体的流动、搅动等会产生静电荷，蒸气易燃，被人体吸入后可刺激呼吸道、皮肤与眼睛，抑制中枢神经，危害人体健康。

厦门海沧区 PX 项目 2004 年经国务院批准立项，总投资 108 亿元人民币，投产后每年工业产值可达 800 亿元人民币。该项目中心地距离厦门市中心和国家级风景名胜区鼓浪屿只有 7km，5km 半径范围内的人口超过 10 万，10km 半径范围覆盖了大部分九龙江河口区、整个厦门西海域及厦门本岛的 1/5 。PX 项目的专用码头设在厦门海洋珍稀物种国家级自然保护区，该保护区的珍稀物种包括中华白海豚、白鹭和文昌鱼。

鉴于该项目的环境影响，2007 年 3 月，105 名政协委员联名提案，建议项目迁址，然后媒体跟进，公众高度关注。5 月 30 日厦门市政府宣布暂停 PX 工程。6 月 1 日厦门市民“上街散步”，“比较激动”地反对 PX 项目，在公众的压力下，厦门市政府针对该项目进行第二次环境影响评价，并采取公众投票、座谈会等公众参与形式听取意见。12 月 19 日，福建省政府和厦门市政府决定顺从民意，将该项目从厦门海沧区迁往漳州古雷半岛。

资料来源：综合“新思考网”、“新华网”、《南方日报》对该事件的相关报道

## 第二节　科技进步与可持续发展

科学技术是人类与自然界相互作用的中介系统，该中介系统被物化为人类认识、利用和改造自然界的工具（刘宗超，1997）。几千年来，人类运用不断进步的科学技术改造自然、改造社会，从而达到今天这样高度发达的物质文明和精神文明。当人类伴随社会进步出现一系列发展危机时，科学技术又成为解决危机的工具，技术进步成为推动各国可持续发展的强大动力。

### 一、科技进步与可持续发展的关系

科技进步包括科学发展和技术进步两个方面，科技进步指的是科研成果的生产和物化的综合过程，技术进步指的是实际应用的设备和工具特性的变化（包惠和

郭强,1999)。但在许多研究中,科技进步和技术进步经常混用,这是因为科学发展是技术进步的前提。

### (一)可持续发展依靠科技进步

人类经济自产业革命以来呈现加速增长的趋势。据预测,21 世纪中叶世界人口将增长到 100 亿,而全球经济规模将达到约 100 万亿。中国作为一个人口绝对数量仍将继续上升、经济规模不断壮大的发展中国家,在很长时期内,将在保护环境与发展经济之间面临着两难境地,科技进步或许就是走出这种两难处境的最有希望的一条道路。

对于环境的冲击的估量,常用人口数量、富裕程度和技术应用三者的乘积来表示。一般来说,遏制环境退化加剧的趋势可从控制人口增长、减少人均收入或减慢人均收入增长和降低污染强度三个方面来考虑。但无论是发达国家还是发展中国家,从根本上改变人口增长的发展趋势以及降低人均收入都是不现实的;相比之下,最有调控弹性的就是经济活动的污染强度。因此,只能通过大幅度降低污染强度来实现在人口总量绝对增长、人均收入水平日益提高的情况下抑制生态环境退化、实现可持续发展的目标,而大幅度降低污染强度的目标在相当大程度上要依靠科学技术的进步来完成(张坤民,1997)。

科技进步对可持续发展的作用十分重大。广义进化论奠基人欧文·拉兹洛认为,技术创新是导致社会进化的三大“突变分叉”(catastrophic bifurcation)中的第一个,因为技术是历史进步的发动机,技术能扩展人类作用于自然和人类相互作用的能力;一项技术创新不仅仅是工具的发明,而且是想象力的伸展和常识的改变;重大的技术突破总是造成超越自然的自然,并把反常的事情变成了正常的事情,把难以想象的事情变成了普普通通的事情;技术创新还对人的价值和习惯做法提出挑战,并且动摇已确立下来的制度的基础。“第一次工业革命”创立了人与人之间以及人与自然之间的新关系,动摇了旧的社会制度,革新了传统的价值体系和信仰体系;“第二次工业革命”的信息、自动化和通信技术对社会的冲击使社会生活的各个方面发生了革命性的变化;社会的进步主要是由创造、吸收、适应技术革命而获得的,技术革命改变了人与人以及人与自然之间关系的构型,导致社会的阶梯式跃进(欧文·拉兹洛,2004b)。

### (二)科技进步对环境具有双重影响

科学进步是把“双刃剑”,一方面,在人类管理不善的情况下,它能导致全球性的资源问题和环境问题;另一方面,人类又必须依赖科技进步来解决人类管理不善带来的资源问题与环境问题。

(1)科技进步作为资源问题与环境问题的形成因子。现代科学技术不仅赋予了人类适应自然的能力,更为人类提供了强大的改造自然的能力。当科学技术被用来对自然资源进行无休止的掠夺,满足不断膨胀的物质需求的时候,它就成为环境与资源问题的重要因子。工业社会的资源和环境问题,主要就是技术手段的不合理运用所造成的。传统的工业化体系以技术创新为力量源泉，以自然资源消耗为生产基础，以单纯的经济增长为追求目标。据研究，发达国家的经济增长中，技术进步的贡献率在20世纪初占5%左右，20～30年代提高到15%，40～50年代上升到40%，70～80年代达到60%，90年代有些国家已经高达70%以上(During，1991；Byrne and Hoffman，1996)。

(2)科技进步作为资源问题与环境问题的治理工具。科学技术的创新、应用和扩散，能高效利用自然资源，不断降低生产与生活的能耗和污染强度，推动可持续社会的建设。科学技术具有监测作用，可以用于监测全球问题的发展动向，认识其成因并最终找到解决问题的办法；科学技术具有控制作用，可以用来阻止环境污染和生态退化在时间上的延续和在空间上的扩展；科学技术具有保护作用，可以阻止物种的灭绝和资源的枯竭；科学技术具有恢复作用，可以使已经遭到破坏的生态环境恢复其功能；科学技术具有预警作用，可以为有关决策和行动提供智力支持，保证可持续发展战略的顺利实施(叶平和武高辉，2004)。

## 二、可持续技术与技术进步的可持续性

可持续技术是对技术性质的判识，技术进步的可持续性是对技术发展方向的判识。可持续社会要求，人类在生产和生活过程中所采用的技术是能提高可持续发展能力的，所选择的技术发展方向是符合可持续发展的要求的。

### (一)可持续技术

什么是可持续技术？学术界至今没有明确的定义。日本东京大学校长小宫山宏教授的《地球可持续技术》一书，虽然是以“可持续技术”为名，但也只是对节能技术、循环再利用、技术与社会的协调进行论述，并没有给“可持续技术”做出具体的定义。我们认为，可持续技术是适合可持续发展要求，能满足可持续社会需要，有利于提高可持续发展能力，并在使用过程中不产生资源环境问题和社会伦理问题的技术的总称。“绿色技术”和“生态技术”是可持续技术的代名词，也是可持续技术进步的主要手段。

(1)绿色技术。绿色技术是人类为了实现可持续发展而采取的旨在保护环境、维持生态平衡的各种方式的总和，它所包含的内容相当广泛，从各种减轻环境污染、减少使用原材料和能源的技术到各种为了治理污染而采取的管理手段等(刘思华，2002)。绿色技术与绿色生产、绿色产品和绿色消费有着内在的关系。广义上的绿色技术又称“淡绿色技术”，指以间接保护生态环境为目标，同时又具有多重目的的技术，包括末端治理技术、清洁生产技术和绿色产品技术等。狭义的绿色技术又称“深绿色技术”，指直接以保护生态环境为目的的技术，如专门处理环境污染的技术、工业废水和城市污水处理技术等，也就是末端治理技术。“末端治理技术”是指在默认现有生产技术体系和废弃物生成的前提下，通过对废弃物的分离、处理和焚烧等手段减少环境污染的技术。“清洁生产技术”是指在生产过程中采用减少污

染产生的先进技术，包括原材料替代、工艺技术改造、强化内部管理和现场循环利用等。与清洁生产概念所包含的清洁的能源、清洁的生产过程、清洁的产品和服务相对应，清洁生产技术也包含节能技术和绿色产品技术。“节能技术”泛指为实施节能所采用的原理、方法、技术方案及其相应的实施手段。“绿色产品技术”是指产品在消费及报废后的自然降解过程中不会对生态系统造成消极影响的生产技术。

(2)生态技术。生态技术是指遵循生态学原理和生态经济规律，能够保护环境，维持生态平衡，节约能源、资源，促进人类与自然和谐发展的一切有效用的手段和方法(秦书生，2006)。生态技术也可以理解为是为生态农业和生态工业以及生态文明建设服务的技术，因此，它包括生态农业技术、生态工业技术、生态保护技术和生态修复技术等。

(二)技术进步的可持续性

技术进步有狭义和广义之分，前者是指人们在物质生产中使用效率更高的劳动手段、更先进的工艺方法，以推动社会生产力不断发展的运动过程；后者是指一种存在于一切社会活动中的技术的变革对经济发展的促进作用，除狭义的技术进步内容之外，还包括管理技术和服务技术的变革。技术进步对环境质量存在有利和不利两方面的影响，判定技术进步是否具有可持续性，必须对技术开发进行环境影响评价。技术进步不能脱离历史和现实的基础，对传统技术的改造升级也是促进技术进步可持续性的重要途径。

**1. 技术开发的环境影响评价**

这是一个判识技术开发对环境的有利和不利影响，并分析这些影响的发展演变趋向及其可持续发展效应的过程。技术开发也是一种人类活动，就像所有的环境影响评价一样，技术开发的环境影响评价也要努力做到经济效益、社会效益和生态效益三者的统一。正如欧文·拉兹洛在《人类的内在限度》一书中所说：“技术应该是人类的奴仆，而不是人类的主人。评估技术应用不应仅看经济效益，还应考虑人类、社会和环境效益。”

在进行技术开发的环境影响评价时，应遵循的主要原则有：效益整体性原则——技术开发应当谋求经济、社会、环境综合利益的最大化。定向诱导性原则——技术开发过程中存在各种利益的博弈，技术开发者、环境主管者、环境影响评价者应协调关系，根据有关法律法规定向诱导，使人们的环境意识、社会行为与可持续发展的要求相一致。指标合理性原则——从国情出发，科学、合理地确立技术开发的环境影响评价的各种指标，使经济建设和环境保护处于循序渐进的发展动态中，但是当涉及人身损害、危及野生物种的生存或危及生态安全时，则须重新考虑技术开发项目的可行性(叶平和武高辉，2004)。

**2. 促进传统技术的改造升级**

要获得技术进步的可持续性，必须促进传统技术的改造升级，而这又有赖于知识产品生产的充分发展。一方面，知识产品(尤其是科学知识产品)在时间尺度上具有公共物品属性，由于其具有投资的高风险性和回报的长周期性，绝大多数企业处于经济利益的考虑不愿进行知识产品(尤其是基础科学的知识产品)的生产，以致知识产品在市场机制下往往出现生产不足的情况，从而阻碍传统技术的改造升级，最终影响技术进步的可持续性，因此，这就要求政府对知识产品生产的引导。另一方面，知识产品(尤其是技术知识产品)在短时期内还具有其私人产品属性，产品所有者可以利用知识产权的形式(如申报专利)对其进行一定期限的保护和独享，以便通过市场机制获取超额的利润，这样，知识产品的生产又离不开市场的机制。因此，政府、消费者、技术设计者在促进传统技术向可持续技术的进步过程中具有不可替代的作用。

在促进传统技术朝可持续技术方向的技术进步过程中，政府在许多方面可发挥主导作用。例如，制定和实施国家可持续发展科技纲要和地方可持续发展科技计划；增加可持续发展科技的投入；促进教育事业的发展和科技人才的培养；为科技创新创造良好的社会环境；使科技型企业具有宽松的融资环境，激发科技企业的知识产品生产热情；建立高效、协调的可持续发展科技管理体系；推进可持续发展科技管理工作的科学化、制度化和法制化(孙瑛和刘呈庆，2003)。

消费者对产品有选择权，消费者需求的更新是技术创新的基本动力(王胜，2007)。不但如此，消费者需求的更新还引导技术创新的发展方向。例如，消费者的生态需要是其消费者生存、发展和享受的需要(尹世杰，2004)，这种需要不仅涉及技术发展的极限，而且关系技术进步的方向(吕乃基，2003)。因此，满足人类高层次的生态需要，发展生态技术，是保障技术进步可持续性的必然要求，而生态需要的质和量不仅决定了可持续技术的发展方向，也规范了可持续技术进步的速率。

技术设计者，包括技术进步的制度设计者，在促进传统技术朝可持续技术转变的过程中，具有“前线指挥员”的作用，他们必须树立企业是技术创新主体的观念，使企业的技术创新能力随企业经济实力的增强而增强；必须将技术改造、技术引进和技术创新紧密结合，实现从依赖技术引进向自主开发技术的转变(朱坚强和韩狄明，2002)；必须改进科技界与决策者及社会大众之间的联络和合作，以便根据最佳的现有知识执行可持续发展战略。

## 第三节　社会意识与可持续发展

从国际社会与现代科技对解决全球生态、资源、环境危机所做出的努力中，我们不仅看到了人类的美好愿望，而且也看到了这种努力所取得的成效。但要真正协调好人与自然以及人与人的关系，建设一个可持续的社会，仅仅靠制度建设与技术进步是远远不够的，还必须有与可持续发展社会相适应的社会意识，这就是环境意识、生态文化和行星意识。

### 一、环境意识的建设

环境意识是反映人与自然环境和谐发展的一种新的价值观念(余谋昌，1999)，是人对环境的能动反应与认识，是在主张人与自然和谐的前提下，从最优解决人与自然关系的原则出发，去认识和处理当代人类面临的环境问题的一种思维方式（朱坦，2001）。简言之，环境意识是人们指向自然资源与自然环境的自然观、资源观、价值观的综合反映。社会可持续发展要求在全社会成员养成与之相适应的环境意识。

### （一）环境意识的历史发展

环境意识随人类发展而演变，不同的文明类型和文明阶段，人们有着不同的环境意识。

（1）农耕文明的环境意识。人类自有文明记载以来，人与自然关系就一直是人类关注的重要对象。中国早在两千多年前就有了“杞人忧天”的环境忧患意识和“不夭其生，不绝其长”的环境保护意识。在中国古代，人与自然的关系即“天人之际”，讲究人与自然的和谐，就是要实现“天人合一”。农业是人类活动与自然环境关系最直接、最密切的产业，中国自古以来就是以农立国，因此“天人合一”的环境意识在农业领域也表现得最为充分，形成了许多具有朴素的可持续发展思想的环境意识，例如，自然资源是国家资产的财富观、山川是自然资源载体的承载力观、保护自然资源生产力的保护观、德及禽兽的环境伦理观、天地人一体的系统观，天地人和谐的发展观，指出自然资源的利用既要适时又要适度，和谐是自然系统的根本和本质，实现天地人的和谐关键在人，等等。关于这些，我们在第九章“中国古代朴素的可持续发展思想”一节中还会详细论述。

（2）商业文明的环境意识。商业文明是以城市发展为标志的人类文明形式。欧洲商业文明和海洋文明有着密切关系，是海盗的兴起带动了欧洲早期的商业文明（胡平，2005）。地理大发现后国际贸易的发展，加速了英国城市的发展，因此在英国诞生了近代商业文明。但那时的环境，只是人们攫取资源和财富的空间，由于生产力水平的提高，“人定胜天”的思想盛行，反而环境投入在经济系统中的作用被忽视，环境意识反而没有农耕文明时代浓厚。至于20世纪中叶以来的现代商业文明，由于与工业生产密切相关，国际贸易甚至成为环境问题的因子。

（3）工业文明的环境意识。工业文明极大地促进了城市的发展，使城市数量与规模剧增，成为人类社会政治、经济、文化活动的中心。但是，工业文明引发了比商业文明时代更加严重的环境问题，导致可持续发展思想产生的人口、资源、环境、经济、社会背景，诸如人口激增、资源枯竭、环境恶化、经济差距加大、世界和平受到威胁等问题，无一不与工业文明的生产方式和增长方式有关。工业文明把环境视为摄取资源的取之不尽的仓库和排放废物的用之不竭的容器。

（4）生态文明的环境意识。当前，人类已经迈入知识经济时代，人类社会正从工业化发展模式转向生态化发展模式，从工业文明转向生态文明。工业化发展模式只注重经济效益而不顾人类福利和生态后果，生态化发展模式则兼顾人口、社会、经济、环境和资源的可持续发展（冯维波，2000），注重生态-经济-社会复合系统的整体效益。生态文明是人类遵循人与人、人与自然、人与社会和谐发展规律而取得的物质成果与精神成果的总和，是人类系统与自然系统协同进化的文明形态。它以尊重和维护自然为前提，以人类系统与自然协同进化为宗旨，以建立可持续的生产方式和消费方式为内涵，以建设可持续社会为归宿。它强调人的自觉与自律，强调人与自然和人与人的和谐。因此，生态文明的环境意识就是可持续发展的环境意识。

（二）可持续发展的环境意识

环境意识包括两个方面：一是人们对环境功能和作用的认识，主要是环境价值观念；二是人们对待环境的态度、情感与自律，主要是环境伦理观念。两者相辅相成，缺一不可。关于环境价值观和环境伦理观的具体内容，我们曾在第五章和第三章分别做了介绍，这里再对公众应该树立的可持续发展的环境意识加以梳理。

在环境价值观方面，可持续发展要求我们正确认识自然环境的作用和功能，并且正确认识人与自然的关系。

——人类是自然的产物，自然是人类的载体，人类社会与自然环境是生命共同体，我们必须尊重自然、关爱自然、保护自然。

——地球是人类的生命保障系统，我们只有一个地球，每个人对维护这个生命共同体的健康都负有不可推卸的责任。

——生态环境是精细地平衡的，生态系统忍受人类活动的干扰和冲击也是有限度的，我们必须坚持与自然以一种健康的、具有支持力的、多样性的和可持续的状态协同共存。

——生态系统是个有机系统，地球是一个有机的整体，她的整体的健康取决于她各部分的健康。

——地球是一个有限的系统，空间、资源和再生能力都有限，它能支持的负荷有上限。

在环境伦理观方面，可持续发展要求我们把大自然纳入道德关怀的范畴，正确看待自然，认真对待自然。

——人与自然平等，自然不是人类征服的对象，人类也是永恒的生态规律的作用者。

——人有人的权利，自然有自然的权利，自然环境具有和人一样与生俱来的内在价值。

——我们关心自然，自然也会关心我们；我们善待自然，自然也会善待我们。

——我们人类必须承认我们不仅对其他人，而且也对自然有责任。人类必须尊重地球和一切生命。

——保护自然是当代对子孙后代在道义上的义务的一部分，任何一代人对地球都没有自由保有的权利，我们所拥有的只是租赁权和全部的修补租约。

——人类大家庭的所有成员只有一个共同的未来。我们的未来是繁荣昌盛还是断子绝孙,必须由我们自己来决定。

——要知道无数人过着和我们不一样的生活,不是因为他们还很原始,不能掌握我们的这些高明技术,而是因为他们所崇尚、维持的社会经济政治秩序与我们的截然不同。那些我们误以为"不开化"的人民有着他们自己的世界观、自己的社会组织和自己的科学。

——只有与周围的人和环境共生的人,而不是为了鼻尖下那点蝇头小利破坏环境的人,才能在这世上活下去。

环境意识是环境伦理建设的范畴,环境意识建设是可持续社会建设的重要内容,可持续社会要求形成以下的环境意识。

——把生态、经济、社会视为一个有机的整体,协调人与自然的关系,保持生态系统的健康、稳定和功能最优化。

——给资源环境进行合理定价,且其价值评估不是仅以人类为标准,而是以人与自然依存的生命共同体为尺度;不是仅以人类利益为目标,也是以人与自然和谐发展为目标。

——既承认自然界对于人类的各种效用价值,也承认自然界固有的存在价值,以及生命和自然界可持续生存的价值。

——不要以损害和牺牲环境的方式去追求经济增长,应该在生产过程中采用清洁生产技术,在消费过程中采用绿色消费技术,对自然保持尊重,对环境保持友好。

## 二、生态意识的建设

生态意识是人们对生态系统性质、结构、功能及其与人类生存和发展关系的认知、态度和情感的总和。生态意识与环境意识关系密切,但又不同于环境意识。环境意识主要是从人类功利以及人与自然分离的角度来看待自然世界的价值和功能的,而生态意识是从自然的内在价值以及人与自然整体的角度来看待生命共同体的价值和功能的。

### (一)生态意识的历史发展

生态意识孕育生态文化。所谓生态文化,有人说是关于人与自然环境之间的关系的研究、认识及基于这种认识之上的为维护人与生态之间的协调关系而建立的各种制度和组织的总和(彭晓琳和方法林,2000);也有人说是一种有利于生态环境和自然资源可持续发展的人类生存方式,狭义上是指以自然价值论为指导的社会意识形态、人类精神和社会制度;广义上是指以自然价值论为指导的人与自然和谐发展的生产方式和生活方式(余谋昌,2005)。我们认为,生态文化是生态意识的产物,生态意识的发展即生态文化思想的演变。

(1)古代生态文化思想。中国古代生态文化思想是东方生态文化思想的代表,其最大特点是用农耕文明的环境意识阐明人与生态的关系。例如,指出生物多样性源于土壤多样性，生物多样性是生态系统持续性的关键，文化多样性是人类社会持续性的关键，栖息地和物种保护是生物多样性保护的关键。这些生态文化思想，是中国古代朴素的可持续发展思想的重要内涵(详见第九章)。古希腊也有朴素的生态文化思想，斯多葛学派的创始人芝诺曾经指出："人生的目的就在于与自然和谐相处。"古罗马学者普林尼在《自然史》中也曾指责人们对资源的滥采。文艺复兴时期的达·芬奇称："人类真不愧为百兽之王，因为他的残暴超过一切野兽。我们是靠其他动物的死亡而生存的，我们真是万物的坟场。"中世纪的欧洲是神学统治的时期，人们对生态自然较为忽略(王玉德，2005)。

(2)近代生态文化思想。近代欧洲的文化总体是征服自然的文化，人们认识自然是为了征服自然和改造自然。17～18世纪，欧洲的机械自然观占主导地位，人与自然的二分模式成为时代思潮。1753年瑞典植物分类学家林奈的《自然系统》把物候学、生态学和地理学观点结合起来，综合描述外界环境条件对动物和植物的影响，以及自然万物之间的依赖关系。1762年，法国杰出的启蒙思想家卢梭出版《爱弥尔》一书，主张限制人的欲望，对破坏自然的工业文明展开批判。他注重生命链，认为蚂蚁、蜜蜂等在本质上是平等的，各自在自然的秩序中有其地位。1798年，马尔萨斯的《人口论》关注人口与生态环境的关系，从食物链进行分析，试图揭示人口增长与食物供应之间的关系。1851年，达尔文在《物种起源》中提出自然选择学说，强调生物进化是生物与环境交互作用的产物。1864年，美国学者约翰·缪尔进入到加拿大的荒野，抨击人类中心主义，他著有《我们的国家公园》，后来被称为"国家公园之父"。同年，美国自然资源保护学者马什著《人与自然》，思考了人类活动与自然的关系，提出人对地球应有伦理的态度。1866年，德国博物学家恩斯特·海克尔首次提出"生态学"概念，他在《形态学大纲》一书中把生态学定义为研究动物与其有机及无机环境之间相互关系的科学。

(3)现代生态文化思想。20世纪是人类发展最快的时代，也是生态环境恶化最快的时代。自20世纪60年代以来，人们的环境意识不断提高，生态文化思想始终紧随着可持续发展思想的发展而前进，生态保护、生态修复、生态技术，生态农业、生态工业、生态旅游、生态产品、生态城市、生态社区、生态住宅，生态哲学、生态伦理和生态文明等概念被广泛接受，生态文化已经成为一种社会意识和时代精神，这种意识和精神是对以往生态文化思想的整合，是以生态系统的整体性和多样性为基础的社会伦理的导向。

### (二)可持续发展的生态意识

生态意识是个历史范畴，可持续发展要求生态意识的创新。生态意识创新是一种思想变革，核心是生态观念的创新，目的是通过生态观念的创新，进而促进制度、技术、产品的创新，不断地解决各种生态问题，使人类走上可持续发展的道路。

生态观念创新是在以人为主体的自然与社会发展中，因生态因素介入而引起的人的观念变革和更新，如人与自然关系认识的更新、消费观念的更新、环境权益观、价值观和财富观的更新等(高文杰等,2000)。狭隘的"人类中心主义"是导致当代环境问题的深层次根源。可持续发展要求重建人与自然的伦理关系,树立人与自然平等的观念,在提高人类生活质量的同时别忘了提高生态环境的质量,在考虑人类社会系统的可持续性的同时别忘了考虑自然生态系统的可持续性,在维护人类生存和发展的权益的同时别忘了维护环境存在与进化的权益。

生态制度创新就是探索并建立能维护和促进生态可持续发展的社会制度和组织,主要依赖政府职能和法律约束的途径实现(韩晔,2006)。除正规约束制度的创新外,非正规约束制度的创新也很重要,例如,倡导和建立可持续发展的环境伦理和社会风尚,把法律法规所要求的保护和关爱生态的约束变成人们的自觉行动,使广大公众积极投身到生态保护和生态建设的过程中来。

生态技术创新是以环境保护为目的的管理创新和技术创新的统称,核心是能减少环境污染、降低能源和资源消耗的工艺技术创新。企业要利用先进生态工艺减少环境污染,降低物耗,实现经济效益与生态效益的统一。

生态产品是利用生态原理和生态技术生产的,符合可持续社会需求的,清洁的物质的与精神的产品。生态物质产品即清洁产品或绿色产品,是在使用过程中及使用之后不危害生态环境和人体健康的产品。生态精神产品既包括以生态环境保护、生态文明建设为内容的各种形式的文化产品,也包括以人与自然和谐为主旨的生态观念、生态伦理和生态制度。生态精神产品总是通过影响人们的环境意识进而影响到自然生态与人类生活。

可持续社会的生态意识强调在保护生态完整性的基础上谋求生态与经济的协调发展。当前,人类的生态需求越来越广,也越来越高,生态环境保护和生态文明建设已经成为社会的共识,但"人类中心主义"的思想仍在一定社会环境中发挥着作用。因此,树立生态环境的基础性地位,在经济发展与环境保护出现矛盾时,优先考虑生态环境保护是十分必要的(高文杰等,2000)。

## 三、行星意识的建设

全球性原则是可持续发展的重要原则,因为我们只有一个地球,因为我们所有的地球成员只有一个共同的未来。"行星意识"即全球意识,其概念是广义进化论创始人欧文·拉兹洛在其著作《第三个千年》中提出来的。与环境意识相比,行星意识更注重地球系统的整体性和相互依赖性,是可持续发展全球性原则的直接体现。

### (一)行星意识的历史发展

行星意识的形成与可持续发展思想的形成是相伴而行的。它肇始于 1972 年的《只有一个地球》,发展于 1987 年的《我们共同的未来》和 1989 年《人类的内在限度》,形成于 2001 年的《第三个千年》。

《只有一个地球》是联合国"人类环境大会"的主题报告,它是可持续发展思想形成的一个重要里程碑。该报告有一个副标题——“对一个小小行星的关怀和维护”,它称地球为“一个小小的行星”,可以说是“行星意识”的发轫之作。更重要的是,该报告有些观点就是“行星意识”的体现,例如:

——人类必须担负起地球管理员的责任。

——地球是一个有机整体,人类应该共同享有生物圈,并在技术圈中共存。

——我们已进入了人类进化的全球性阶段,每个人显然有两个国家:一个是自己的祖国;另一个是地球这个行星。

——我们确实都是离不开地球的一群旅行者,都以地球上薄薄而脆弱围屏里的空气和水来维持生命,并且不断使用和再使用地球上非常有限的自然资源。现在地球上凡是能住人的地方都为人所占有,对于地球的细心维护已成为人类继续生存和为全世界人民创造舒适生活必不可少的条件。

《我们共同的未来》是世界环境与发展委员会制定“全球的变革日程”的产物,不仅是可持续发展思想形成的重要里程碑,而且是行星意识形成的重要里程碑。该报告自始至终都是从全球的维度来考虑的,既表达全球“共同的关切”,也揭示全球“共同的挑战”,还呼吁全球“共同的努力”。该报告没有类似于《只有一个地球》那样的副标题,但其开篇却是以“从一个地球到一个世界”为题,并且这样开宗明义地描述:“20 世纪中叶,我们从太空第一次看到了地球。历史学家最终可能会发现,这一事件对思想的影响可能比 16 世纪哥白尼革命还要巨大。哥白尼革命揭示了地球不是宇宙的中心,从而改变了人类自我的形象。从太空中,我们看到了一个小而脆弱的圆球,显眼的不是人类活动和高楼大厦,而是一幅由云彩、海洋、绿色和土壤组成的图案。人类不能使其活动与这幅图案相适应,这正从根本上改变着地球系统。”正因为如此,《我们共同的未来》把地球视为一个有机的整体来探讨人口、资源、环境和发展之间的相互关系,这也是行星意识的体现。

《人类的内在限度》也是关注全球问题的著作。这部著作虽然还没有明确提出“行星意识”的概念,可是它建立了“行星意识”的理论基础——广义进化论。该理论的创始者就是提出“行星意识”的欧文·拉兹洛。欧文·拉兹洛认为,进化不仅仅指生物物种的进化,而且指在我们认识到的宇宙范围内出现、存在、变化或消失了的所有事物的进化,在人类文化和社会历程中的进化也绝不亚于地球上生物历程中的进化。在他看来,进化就是秩序的展开,首先是物质世界秩序的展开,其次是生物世界秩序的展开,最后是人类世界秩序的展开;物质世界、生物世界和人类世界都有一定的秩序展开的范式,也就是说,都有一定的进化规律。

欧文·拉兹洛指出,在现实世界中,所有进化的东西,不论是物理系统、化学系统、生物系统、生态系统,甚至社会系统,都是动态的开放实体,不断地与其环境进行着能量、物质和信息交换。这些复杂的开放系统极易受其内部及环境的变化的影响,一旦达到或超越其稳定的上限,便产生内部结构的崩溃,这时,有序变为无序,但无序并非完全失去秩序,无序通常是通往新秩序的途径。新秩序是“突变分叉”(catastrophic bifurcation)的产物，通常比旧秩序更能适应系统的环境。人类社会发生分叉时，不论其失衡是由技术创新的“T分叉”所引起，还是由战争和征服的“C分叉”所造成，或者由经济社会危机的“E分叉”所导致，社会制度总是相应调整，以适应危机引发的张力和压力，而结果几乎无一例外地是进化出更有序、更复杂、更庞大的社会系统。因此，他认为，进化不是命运而是机遇，未来不是被预见而是被创造，人类虽然不能预见进化的途径，但是可以掌握进化的进程。这就是说，人类可以通过干预进化过程来优化我们的人文世界，来引导社会朝所希望的目标前进。所以他说：“就我们现有的人来说，掌握我们在这个星球上的命运的唯一方法就是驾驭社会变化和改变形态的过程，通过干预社会的进化，使它走向按我们的知识和能力所能达到的最好的结果。”

欧文·拉兹洛进一步指出，历史的进化和自然的进化一样，只是可能而不是必然。人类进化的下一阶段是全球化时代，但这个时代不会自然到来。人类能否超越现代社会，进入全球时代，取决于我们能否超越我们的内在限度，能否超越那些束缚和困扰当今世界的陈腐观念或行为。因此，每一代人都应该根据人类普遍的生存状态发展出“新的价值观和信仰”，这些新的价值观和信仰就是他后来所说的“行星意识”，这里所说的“超越”也就是他后来所说的“意识革命”。他写道“地球美妙绝伦，但也非常脆弱，在宇宙中即使这不是所有生命的唯一家园，至少要找到第二个也很困难。保护地球的完整目前已经成为人类的殊荣和不可推卸的责任”；“我们的世界是相互依靠的，又合理地保持多样性，没有一种制度能够取代多样性的弹性和适应性”；“如果不尽快建立全球性的伙伴关系，通过国际合作追求全世界的目标，那么不安全、饥饿、能源和资源匮乏、贫富悬殊和环境状况将会恶化，导致灾难”；“必须保障全人类为满足生存、进步和公正等基本需求而奋斗的权利，因为不论我们如何独立，一处不能生存、进步和公正，处处和平和成就都会受到威胁。只有可持续的社会才能满足生存、进步和公正的要求”(欧文·拉兹洛，2004a)。这些观点，就是他所说的新的价值观的内容。

如上所述，广义进化论是相对达尔文主义的自然进化论而言的，它是一种包括了物质进化、生物进化和社会进化的总体进化的理论。这种理论不仅无声地驳斥了当时的悲观主义倾向，回答了人类社会未来的走向，而且为可持续社会的建设提供了强有力的理论支撑。

《第三个千年》是欧文·拉兹洛《人类的内在限度》的后续成果，在可持续发展思想形成过程中具有里程碑意义。如第一章所述，这是一部以广义进化论为依据，以克服人类内在的限度为手段，以培养“地球公民”的“行星意识”为目标，以个人、企业、政府、社会、文化的“新诫命”为内容，倡导整体论、意识进化和可持续发展的著作。它首次提出了“行星意识”的概念，并对其进行了具体的阐述。

### (二)可持续发展的行星意识

什么是“行星意识”？欧文·拉兹洛认为“发展不够产生失望，而失望引起不良行为进而阻碍发展。此循环须在它最易变通的环节上被打破,那就是人的精神和意识的发展”,其发展的方向就是行星意识的形成,“除非人们的精神和意识进化到行星维度,否则使全球化社会和自然系统遭受沉重压力的过程将强化并产生一个冲击波,它可能危及向一个和平与合作的全球社会过渡的整个过程。这将是人类的挫败并危及每一个人。使人的精神和意识进化是整个人类大家庭共同担负的第一项生死攸关的事业”,因为只有具备了行星意识的人才会在进化过程中负责任地生活,因此,“我们中每一个人必须从自己开始,使自己的意识进化到这个行星的维度;然后我们才能变为我们社会的变化和进化的负责任的和有效的动因。行星意识是知道并感觉人类的性命攸关的相互依赖的关系和本质上的整体性,以及有意识地采用此产生的伦理和特有的精神。进化出行星意识是人类在此行星上生存的基本诫命”。

印度精神领袖卡兰·辛格在评论欧文·拉兹洛的《第三个千年》时写道“科学的突破和技术的才华已经给了我们战胜所有挑战的能力,所缺少的是做这些事情的智慧和同情心”,因此,“人类的生存需要有一种有创造性和同情心的行星意识”。在他看来,行星意识也就是“整体主义意识”,主要内容是:地球是唯一有生命的星球,人类是一个相互关联的大家庭,人类事务必须从全球统一的背景下观察;必须解救和保全地球行星的生态并使之丰裕,采用更加公平的消费模式进行消费;必须克服憎恨、愚忠、贪婪等腐蚀性情绪,树立爱和同情、关怀和慈善、友谊和合作的全新的全球意识;世界各大宗教要为人类的福利互相合作;教育必须承认人的个性的多维性并且寻求整合的人的和谐发展(欧文·拉兹洛,2004b)。

如何将人类意识进化到行星意识?欧文·拉兹洛认为要在个人、企业、政治、社会、人民和文化诸方面采取新的“诫命”。

(1)个人的新诫命是:全球性思考,负责任地生活,以所有其他人均能照此生活的方式生活,停止追求所有其他人不可能照此生活的方式生活。

(2)企业的新诫命是:创造一种负责任的企业文化,使企业职工成为具有全球观点和生态责任意识的可持续性的建设者。

(3)政治的新诫命是:扩展政府的视野,使政治家们的眼光超越国家的边界,从自己民族国家的水平上升到互相联系和互相依赖的全球社会。

(4)社会的新诫命是:采取一种对待自然的新态度,建立一种合乎时宜的生态伦理,即我们人类必须承认我们不仅对其他人,而且也对自然有责任,尊重地球和一切生命。

(5)人民和文化的新诫命是:从被动共存转变为主动互存,在多样性中寻找统一性。每一种文化都有其发展的权利,尊重它的根和传统,但同时要培养使它的人民同其他文化及自然和谐共处的价值和眼光,从一种对抗和共存的文化转变为一种参与和互存的文化。

## 第四节 民生保障与可持续发展

可持续社会是一个公正的社会，追求所有人都可期望获得的生活方式，追求所有人都能发挥其最大潜能的社会公正。贫困不能导致可持续社会，疾病不能建设可持续社会，消除贫困，保障健康是建设可持续社会的两大必然要求。

### 一、消除贫困与可持续发展

贫困是经济、社会、文化落后的总称，是由低收入造成的基本物质、基本服务相对缺乏或绝对缺乏以及缺少发展机会和手段的一种状况（陈玉光和崔斌，1995）。贫困意味着一些基本能力的缺乏，使得陷入这种状况的群体不能很好地生产和生活（UNDP，1997）。贫困有狭义与广义、绝对与相对之分。狭义贫困仅指经济上的匮乏，即个人或家庭的生活水平达不到社会可接受的最低标准；广义贫困还包括文化、精神上的匮乏。绝对贫困是指基本生活没有保障，温饱没有解决，简单再生产不能维持或难以维持；相对贫困是指温饱基本解决，简单再生产能够维持，但低于社会公认的基本生活水平，扩大再生产的能力缺乏或很弱。

#### （一）贫困是最大的环境问题

贫困是一种社会现象，可由社会不公引起；贫困也是一种自然现象，可由人地冲突引起。不断增加的贫困加重了对环境资源的压力，因为贫穷饥饿的人们为了生存，不得不更直接的依赖环境资源，许多政府也因此不得不放弃保护环境的努力，放弃在发展规划中考虑生态问题，致使贫穷成为一个全球性的重大灾难（世界环境与发展委员会，1997）。

(1)贫困与生态环境。资源的不合理开发利用和生态环境的恶化是造成贫困的重要原因之一。世界上最贫困的人口大多生活在恢复能力最低、环境破坏最严重的地区。贫困引起环境退化，环境退化导致进一步的贫困（戴维·皮尔斯和杰瑞米·沃福德，1997）。中国的贫困人口大多生活在生态脆弱地带，作为主要贫困地区的西部地区，其贫困类型即多为环境型贫困（郭怀诚，2004）。研究表明，脆弱生态环境的贫困程度与农业比重呈正相关，与工业比重呈负相关（赵跃龙和刘燕华，1996）。

(2)贫困与社会公平。社会公平是社会的政治利益、经济利益和其他利益在全体社会成员之间合理而平等的分配，包括权利平等、分配合理、机会均等和司法公正等，它是衡量社会进步的重要尺度（包玉秋，2007）。社会不公平会导致贫困加剧，贫困加剧又会导致更多甚至更深刻的环境问题。尽管经济增长是摆脱贫困的基本条件，但经济增长不会自然消除贫困，如有些穷国在力图恢复经济增长时，削减了教育投资，结果造成教育不公，导致教育贫困，更加加深了国家的贫困（王莺莺，1995）。在一国内部，穷人比富人更加依赖于自然资源，如果他们没有可能得到其他资源的话，他们可能会更快地消耗自然资源，因此一国内部的非公平性会助长非可持续性(戴维·皮尔斯和杰瑞米·沃福德,1997)。国际上,不平等的国际贸易关系进一步加重了发展中国家消耗资源和污染环境的压力,贫穷和人口增长,对发展中国家实行有利于环境保护的政策带来了巨大的困难(费广胜和陈伟,2004)。

(3)贫困与生活质量。"人类发展指数"(HDI)是联合国开发计划署用来测度国民生活质量的指标,它包括的参数有:人的健康状况——出生时的人均预期寿命;人的智力程度——组合的教育成就;人的福利水平——人均国民收入或人均GDP。其中,福利水平是影响生活质量的主要因素。贫困地区由于福利水平低,以致卫生和教育的投入水平低,然后,依次地,导致居民健康状况较差,智力程度难以提高;导致地区经济社会发展滞后,阻碍居民福利水平的提高;导致居民陷于相对贫困的状态;最终又回到贫困与环境退化的恶性循环中。

### (二)消除贫困与可持续发展

一个以贫穷为特点的世界将永远摆脱不了生态的和其他的灾难,不消除贫困就不能阻止环境的退化,就不可能实现社会的可持续发展。协调人与自然关系以及人与人的关系,也是消除贫困的必然要求。

(1)消除贫困与人地关系协调。可持续发展要求,在社会生产、生活中,人类使用可再生资源的速度不得超过其更新速度;使用不可再生资源的速度不得超过其替代品的开发速度;排污速度不得超过环境对污染物的吸收能力。恶劣、脆弱的自然环境是贫困地区的重要因子,如频繁的自然灾害、地方病的流行;不但如此,贫困地区的人们为了生存与发展,在生产过程中,还很容易与上述可持续发展的原则背道而驰,致使自然环境进一步恶化,并造成生物多样性锐减和某些资源永久性丧失,到头来又影响到地区居民的脱贫。因此,消除贫困首先要协调好人与自然的关系,斩断贫困与环境之间的恶性循环。协调贫困地区的人地关系,一要控制人口增长,使贫困地区保持适度的人口规模与合理的人口密度,不宜人居的地区要进行生态移民;二要提高人口素质,提高人们的文化水平和环境意识,推行生态农业的生产方式;三要加强生态修复和生态建设,调整产业结构,因地制宜地发展经济,宜农则农,宜牧则牧,适宜旅游则发展旅游;四要努力消除造成人与自然对立的政治、文化、社会因素,协调区域之间的关系。

(2)消除贫困与人际关系协调。可持续发展的社会公正原则要求:当代人的发展不能损害后代人的利益,本区域的发展不能损害其他地区的利益。过往对自然资源的破坏,既有贫困者为求生存和发展对自然资源的过度利用,也有富裕者为求最大利润和奢侈享受对自然资源的滥用。贫困地区人与人关系的协调,首先,要解决区域之间的代内公正问题,即协调好国家之间、区域之间、地方之间的关系,实现发展权利与机会、资源利用与分配的社会公正,要优先考虑满足贫困地区的发展需求,"提倡贫困者的生存需求优于富裕者的奢侈需求"(霍秀媚,1997);富裕地区不能以"变资源优势为经济优势"为借口掠夺贫困地区的资源,不能以"先富帮后富,实现共同富裕”为借口向贫困地区转移淘汰的和污染企业。其次,要解决区域内部的代际公正问题,即要保持贫困地区良好的生态和资源基础,不能为了当代的快速脱贫而牺牲后辈子孙的发展权益和社会福利。

(3)可持续的扶贫模式。扶贫模式是指扶贫主体运用一定的生产要素和资源,利用一定的方法和手段作用于扶贫客体,促进扶贫客体脱贫致富的方式、方法和措施的总称(赵昌文和郭晓鸣,2000)。按照扶贫主体的不同,可分为政府主导扶贫、企业主导扶贫、对口扶贫、民间扶贫四种模式;按照扶贫主、客体作用的方式,可分为救济式扶贫和开发式扶贫两种模式;按照扶贫主体投入要素的不同,可分为物质扶贫、文化教育扶贫和信贷扶贫三种模式;按照扶贫客体的脱贫地域的不同,可分为就地扶贫和异地迁移扶贫两种模式;按照扶贫资源分配对象的不同,可分为区域(社区)扶贫和扶贫到户两种模式。

那么,什么样的扶贫模式是可持续的扶贫模式?我们认为,只有那些能够从根本上消除贫困地区和贫困人口的贫困,提高贫困地区的可持续发展能力和贫困人口的可持续生活能力,并且在脱贫过程中不构成资源和环境新的威胁和危害的扶贫模式才是可持续的扶贫模式。因此,可持续的扶贫模式至少要满足以下三个条件:一是脱贫过程要生态化和清洁化,做到资源节约和环境友好;二是能使贫困地区和贫困人口脱贫;三是能提高贫困地区的可持续发展能力和贫困人口的可持续生活能力。但是,贫困地区或贫困人口的脱贫过程都不是一蹴而就的,在不同的阶段和不同的地域,针对不同的对象应该采取不同的扶贫方式。在上述各种扶贫模式中,最典型的是开发式扶贫,它是指扶贫主体通过投入一定的扶贫要素(资源)扶持贫困地区和贫困居民改善生产和生活条件、发展生产、提高教育和文化科技水平,以促使贫困地区和贫困居民生产自救,逐步走上脱贫致富道路的扶贫方式。从这个定义不难看出,开发式扶贫模式也只具备了一定的可持续性。

## 二、贫困与健康的辩证关系

贫困和健康有着十分密切的关系。因为贫困的问题,人们无法享受良好的健康和保健服务;因为健康的问题,人们难得享受高质量的富裕的生活。有许多人因为贫困而丧失了健康,也有许多人因为健康问题而陷于贫困的境地。

### (一)贫困是健康的风险

贫困对人类健康构成巨大而直接的威胁。贫困与疾病是一对孪生兄妹。因为贫困,人们没有能力购买保健的产品和服务,生活质量也因此受到影响;因为贫困,人们往往从事那些相对肮脏、危险、有毒等有害健康的职业;因为贫困,人们没有能力及时治疗疾病,致使小病酿成大病,大病酿成致命。因此,贫困的人口总是健康风险最多的人口,贫困家庭总是健康问题最多的家庭,贫困地区总是健康水平最低的地区。

经济的贫困导致健康的贫困。“健康贫困”是指由于经济发展水平低下、支付能力不足所导致的参与医疗保障、卫生保健和享受基本公共卫生服务的机会丧失，以及由此所造成的健康水平下降、参与经济活动的能力被剥夺，从而带来的收入减少和贫困的发生或加剧(孟庆国和胡鞍钢，2000)(图 7.1)。健康的贫困是人文的贫困。人文贫困其含义包括寿命、健康、居住、知识、参与、个人安全和环境等方面的基本条件得不到满足，因而限制了人的选择。在这个概念下，贫困意味着一些基本能力的缺乏，使得陷入这种状况的群体不能很好地生产和生活。贫穷地区的人大都得不到良好的健康教育，相反，犯罪与暴力的增长，威胁着他们的健康与安全。而且，由于发展中国家的人民，特别是穷国中的穷人在更大程度上依赖于自然资源生存，所以，世界性的生态系统遭到破坏和环境的污染，对于这些国家及人民的生产、生活影响最大(UNDP，1997)。

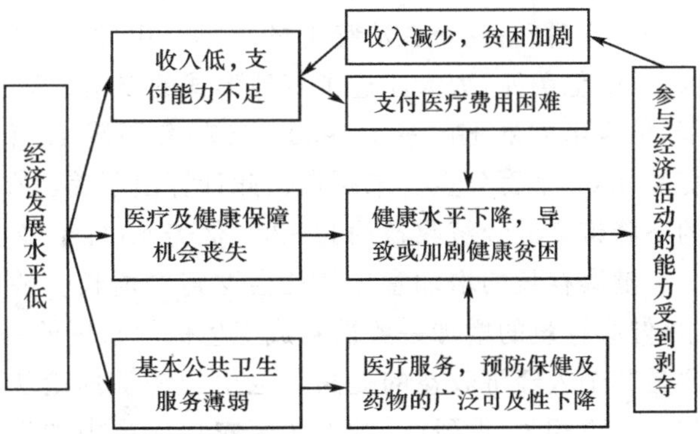


图 7.1　健康贫困的发生机制(孟庆国和胡鞍钢，2000)

贫困人口有着更多的健康风险。在一个并不那么公正的社会里，贫困人口是弱势群体，其因贫致病的健康风险对他们来说往往起着雪上加霜的危害，他们本来就很菲薄的收入，很可能因为一场疾病而付诸东流，甚至阖家举债，一病致贫，以致贫困地区“小病不治，大病等死”的现象比较普遍存在。因此，与富裕地区相比，在贫困地区，反映健康状况负向指标如人口粗死亡率、婴儿死亡率、孕产妇死亡率、年龄别病残发生率和残疾人口发生率都比较高，而反映健康状况的正向指标如平均预期寿命、死因构成模式则相对低。据调查，1998 年，我国农村地区的因病致贫率达到 21.6%，在贫困地区甚至达到 50%以上(封进和余央央，2007)。2004 年，这个比例还有进一步的上升，我国农村地区因疾病和损伤致贫者约占 30%，因缺乏劳动力致贫者占 25%，而疾病是劳动力健康损害的重要方面(卫生部统计信息中心，2004)。

贫富悬殊加大区域健康风险。收入差距的扩大不利于公共医疗服务的提供和个体健康的改善，这是因为，富裕群体倾向于到区域外寻求更好的医疗服务，而贫困群体由于支付能力低，对本地医疗服务的需求也不足。这种需求差异，使得本区域基础医疗设施无法得到很好的改善，同时也加重了接诊医疗机构的负担，潜在的巨大威胁是医疗门槛也会相应提高，这样，富者可能因此返贫，贫者的健康状况可能不断恶化。表 7.1 是贫困与健康风险的关系表。

**表 7.1　贫困与健康风险的关系表**

| 健康风险 | 贫困人口 | 中等收入人口 | 高收入人口 |
| --- | --- | --- | --- |
| 人口相对数量 | 较多 | 多 | 少 |
| 基本卫生服务利用 | 基本服务需要量大，但利用率低 | 需求量大，能抵御低水平经济风险，但可能致贫 | 抗疾病经济风险能力强，能及时利用 |
| 医疗服务利用 | 无力承担疾病经济负担，高风险 | 因病致贫，高风险 | 特大风险时因病致贫 |

### （二）健康是社会的财富

健康是财富的一种形式。1909 年，费雪在给美国国会的国家健康报告中指出，疾病所带来的损失包括：因为早亡而丧失的未来收益的净现值；因为疾病而丧失的工作时间；花费在治疗上的成本。由此，他估计 1900 年美国的健康资本存量为 2500 亿美元，大大超过了其他形式的财富数量。德尼森在规模收益不变的假设下，估算出如果死亡率在 1960～1970 年下降 10 个百分点，则美国经济增长率可以提高 0.02 个百分点。米西肯据此计算出了美国在 1900～1960 年由于人口死亡率的下降带来的经济收益约为 8200 亿美元（杜本峰，2005）。

健康存量的增加意味着社会财富的增长。健康是人的基本权利，在现代社会中，健康存量的增加一般被看成卫生保健投资的一种回报，而这种回报就个体而言便是其个人经济收益的提高。卫生经济学理论认为，人的健康存量通常与其经济收益呈正相关，据研究，贫困地区农户成员中如果有成年人口患病者，其家庭收入水平要比没有成年人口患病者的家庭低 30%～40%（陆杰华，1999）。显然，贫困地区农户的健康存量状况直接影响着其家庭收入水平的高低。

健康可以确保未来的收益、现在的工作效率和收益、节省治疗成本。据世界银行专家测算，1970 年以来，世界经济增长中 8%～10%可归因于人群健康水平的提高。哈佛大学研究认为，30%～40%的亚洲经济增长源于人群健康水平的提高。世界银行前行长詹姆逊比较了中国和印度成年人生存率，发现印度劳动力人口死亡率比中国高 16%，如果今天的中国劳动人口按照印度的成年人死亡率，则中国经济水平应该低于目前水平的 15%～20%。在 20 世纪 80 年代中期，同济大学通过分析新中国成立 30 多年居民健康状况改善的指标，按延长的劳动时间，结合生产力水平综合计算发现，我国国民生产总值的增加，至少有 20%是由于居民的健康状况改善而获得的。不难看出，健康、高素质的劳动人口是社会生产力的重要组成部分，良好的健康状况是促进经济与社会发展的中心环节（杜本峰，2005）。

健康是人力资源的核心价值。健康状况影响个人的劳动市场的表现，人们寿命的延长，力量强度、耐久力、精力的维持与提高，有利于提高个人的劳动生产率；促进对自然资源的利用，使人们有更多的机会就业、延长工作时间；良好的健康状况有利于提高入学率，从而确保了教育投资的实现；减少疾病的直接或间接损失从而促进经济增长（耿爱生等，2003）。

健康投资具有超额的回报。健康投资的回报巨大，只是具有滞后性，投资健康就是投资未来。一方面，健康投资可以通过增加健康存量增加国民的收入，并且通过这些新增的国民收入的再分配可以创造新的就业岗位，从而缓解社会阶层的心态失衡，降低社会犯罪率和政府管理成本。另一方面，人群健康水平的提高有利于减轻卫生事业的负担，使国家对卫生事业的投入重点放在预防保健工作上，促进全社会人群整体健康水平的提高，为社会创造更多的财富。

总之，对个人来说，健康是生活质量的保障；对家庭来说，健康是幸福安宁的保障；对社会来说，健康是资本增值的保障；对经济发展来说，健康是体能、技能、智能的载体，是生产发展和技术进步的基础。健康，是人类的第一财富，是富国强民之本；人类失去健康，才是真正的贫穷。

## 三、人类健康与可持续发展

健康是人类生存和发展的基础，健康发展是人类永恒的追求。人类在追求生态、经济、社会可持续发展的过程中，更加重视自身健康的可持续性。正如《关于环境与发展的里约宣言》所言："人类处在关注可持续发展的中心，他们有权同大自然协调一致，过上健康的、创造财富的生活(United Nations，1972)。"

### (一)人类健康是可持续发展的基础

人类健康是可持续发展的重要战略目标。良好的健康状况是人类福利和生产率的基础(世界环境与发展委员会，1997)，"没有健康的人就不可能有健康的发展"①。人类健康的损失不仅是经济成果的损失，更是可持续发展能力的损失。"要想实现可持续发展的各个目标，必须消除各种普遍存在的、能够削弱人类能力的疾病，同时使所有需要消除贫穷的人身体健康"②。《我们共同的未来》报告也指出："人民的福利是所有环境政策和发展政策的最终目标"(世界环境与发展委员会，1997)。所以，人类健康是可持续发展的重要战略目标，减少人类健康损失是可持续发展能力建设的内在要求。

人类健康是可持续发展要素系统的关键参数。人口要素在可持续发展系统中是"牵一发而动全身"的关键要素。可持续发展不仅关注人口的数量、结构，更关注人口的质量、观念。人的体能、技能和智能，人的态度、精神和观念，都是可持续发展能力建设的重要内容。可持续发展谋求人的素质(身体素质、文化素质、道德素质)的全面提高，实质上就是要实现人在身体、心理和社会状态上的完好，实现人类健康的可持续发展。健康是可持续发展系统中起关键作用的"序参数"，健康指标也是可持续发展指标体系中不可或缺的重要指标；经济、社会发展既依赖于人类健

---

① Commission on Sustainable Development. 1992. Agenda 21. http://www.un.org/esa/sustdev/documents/agenda21/english/agenda21chapter6.html

② World Summit on Sustainable Development. 2002. Plan of Implementation. http://cssd.acca21.org.cn/2002/hot35.html

康水平的提高，又能有效促进人口质量的改善；人类健康不仅是经济、社会发展的重要目标，更是经济、社会发展的重要手段（宋新明，2002）。

人类健康是衡量可持续发展系统功能的标尺。“只有健康的生态系统才能造就健康的机体”（Tenenbaum，2002），人类身体状态的损害直接或间接地由人与自然关系的不和谐而造成。“健康最终取决于成功地处理物质、精神、生物和经济、社会环境之间相互作用的能力”[①]，追求身体状态的完好，必须协调好人与自然的关系。人类心理状态和社会状态的完好，有赖于人与人之间关系的协调，包括区际关系的协调和代际关系的协调。在区际关系方面，频繁的种族冲突、地区冲突是人类健康的大敌，它们造成人类环境的破坏，导致人类健康的损失，带来人类心灵的创伤，不同程度地损害人类健康乃至整个人类社会的可持续发展。

（二）人类健康可持续发展的含义

“全体人民都能获得基本的卫生保障服务，总体上达到与小康水平相适应的健康水平”，这是《中国21世纪议程》提出的国家卫生与健康的目标（龙敏，2003）。生命健康、生产发展、生活富裕、生态良好是现代文明发展道路的基本特征；没有生命的健康，就不可能有生产的发展、生活的富裕和生态的良好。

“人类健康可持续发展”是我们提出的一个新概念。所谓人类健康可持续发展，是指人类在合理利用资源和保护环境的前提下，在促进生态、经济、社会朝可持续方向发展的同时，自身在生理、心理和社会幸福感等方面也获得全面发展，这种发展既与人的全面发展一致，也与社会的全面进步相适应。它是群体的人的健康发展，它谋求的是全球、国家、区域和地方人群在生理、心理和社会状态上的完好性。它是在满足当代人健康需求的同时又不损害后代人满足其健康需求的能力，在满足本区域人健康需求的同时又不损害其他区域人满足其健康需求能力的发展（龚胜生和罗媞，2005）。

健康是人的天赋权利，健康需求是人的基本需求；人类健康可持续发展要求满足所有人的健康需求，尤其是那些处在病痛折磨中的、在健康方面显得“贫困”的人的健康需求，“特别要重视妇女和儿童，以及残疾人、老年人和土著人等社会其他脆弱群体”（World Summit on Sustainable Development，2002）。同时，环境资源、经济水平、技术条件和社会组织又对健康需求的满足造成限制，健康资源的可获得性和医疗保健的可进入性是衡量其限制水平的重要指标。随着生态环境的变迁和人类社会的进步，人类的死因谱和疾病谱不断变化，人类的健康需求也因之改变。

在可持续发展系统中，人类健康可持续发展既是社会可持续发展的基础部分，也是实现社会可持续发展的根本保证。人类健康的可持续发展必须依赖于生态的和经济的可持续发展，同时它又制约着生态的和经济的可持续发展。没有人的健康的可持续发展，就不可能有生态的、经济的和社会的可持续发展。

---

① Commission on Sustainable Development. 1992. Agenda 21. http://www.un.org/esa/sustdev/documents/agenda21/english/agenda21chapter6.html

# 本章小结

制度是要求大家共同遵守的办事规程或行动准则,是人类设计的制约人们相互行为的正规的和非正规的约束条件,以及这些约束的实施特性。建设可持续社会需要对人类行为加以制度约束。在正规约束方面,最主要的是要进行保护资源和环境的法制建设;在非正规的约束方面,最迫切的是要建立人与自然平等的环境伦理。经济政策手段通过调节经济活动,使资源环境保护与经济发展协调统一。以价格为基础的经济政策手段是政府通过对市场价格的直接干预,实现资源的优化配置和环境退化的遏制;以产权为基础的经济政策手段是通过建立明晰的产权结构和有效的产权机制,克服资源配置的失效和环境退化,克服公共资源的浪费。公众是实施可持续发展战略的主体,公众参与的程度和方式直接关系到可持续发展战略的成败。公众参与制度包括公众参与决策、公众参与立法、公众参与管理等的制度。

科学技术是社会生产力中的第一生产力,建设可持续社会离不开科技进步。但是,在人类管理不善的情况下,科技进步也能导致全球性的资源环境问题。因此,可持续社会需要的是可持续的技术。可持续技术是适合可持续发展要求,能满足可持续社会需要,提高可持续发展能力,并在使用过程中不产生资源环境问题和社会伦理问题的技术。"绿色技术"和"生态技术"是可持续技术的代名词,也是可持续技术进步的主要手段。

社会意识是精神文化形成的土壤,环境意识、生态意识、行星意识是可持续社会必备的社会意识。环境意识是人们指向自然资源与自然环境的自然观、资源观、价值观的综合反映,它主要从人类功利以及人与自然分离的角度来看待自然世界的价值和功能。生态意识是人们对生态系统性质、结构、功能及其与人类生存和发展关系的认知、态度和情感的总和,它主要从自然的内在价值以及人与自然整体的角度来看待生命共同体的价值和功能。行星意识即全球意识,它的理论基础是广义进化论,它注重地球系统的整体性,要求人类事务必须从全球整体来观察。

可持续发展是以人为本的发展。贫困不能导致可持续社会,疾病不能建设可持续社会。贫困既可由社会不公引起,也可由人地冲突引起,协调人与自然关系以及人与人关系是消除贫困的必然要求。可持续的扶贫模式要求脱贫过程生态化和清洁化,能实现地区和人口的脱贫,能提高地区的可持续发展能力和人口的可持续生活能力。贫困和健康有着千丝万缕的关系。因为贫困问题,人们无法享受良好的健康和保健服务;因为健康问题,人们难得实现高质量的富裕的生活。健康是人类的第一财富,是富国强民之本;人类失去健康,才是真正的贫穷。因此,人类健康既是可持续发展系统的关键要素,也是可持续发展系统的功能标尺。所谓人类健康可持续发展,是指在满足当代人健康需求的同时又不损害后代人满足其健康需求的能力，在满足本区域健康需求的同时又不损害其他区域满足其健康需求能力的发展，它要求人类在合理利用资源和保护环境的前提下，在促进生态、经济、社会朝可持续方向发展的同时，自身在生理、心理和社会幸福感等方面也获得全面发展。

## 思 考 题

1. 可持续发展的制度建设中的正规约束和非正规约束。
2. 可持续发展的经济政策手段及其选择原则。
3. 科技进步与可持续发展的关系。
4. 可持续技术与可持续技术进步。
5. 可持续发展的环境意识、生态意识和行星意识。
6. 贫困、健康与可持续发展的关系。
7. 人类健康可持续发展的内涵与作用。

# 第八章　可持续发展系统评价

**本章导读**

前面几章解析了可持续发展系统的各要素。可是，为什么要解析它们呢？可持续发展系统就好像是一辆小汽车，我们已经对它的整体轮廓、基本性能、速度限制有了认识，甚至把它的主要部件都拆开来做了展示，但是，拆开可持续发展系统这辆“小汽车”的目的并不只是为了看看它的内部构造，更重要的是要把它重新组装起来，对它的整体功能和价值进行评估。只有这样，才能真正地确保它在正确的方向和道路上行驶。因此，现在需要将可持续发展系统重新组装起来，从整体上来评价它的功能和价值，所以本章将讨论可持续发展系统的评价问题。

评价是一个管理的过程，也是一个纠偏的过程。可持续发展系统的评价，既是对发展过程的监测，也是对发展趋势的预测。社会在不停地发展，技术在不断地进步，我们的社会是不是前进在可持续发展的道路上，我们的技术进步是不是可持续性的技术进步，这些都需要我们做出正确的判断。因此，可持续发展系统评价对区域可持续发展战略的实施起着保驾护航的作用，它可以确保区域发展的过程始终如一地朝着我们期望的方向前进，可以确保区域发展的系统始终如一地保持着人与自然和人与人的和谐。在这一章里，我们不仅要了解可持续发展系统评价的哲学、内涵、原则，而且要了解可持续发展系统评价的过程、方法和意义。

- 可持续发展系统评价的哲学
- 可持续发展系统评价的内涵
- 可持续发展系统评价的单项指标
- 可持续发展系统评价的指标体系
- 可持续发展系统评价的过程与方法

## 第一节　可持续发展系统评价的基础

可持续发展是一个趋向人与自然以及人与人关系和谐的社会进化过程。自20世纪90年代以来，世界各国都在致力于可持续发展。可是，什么样的发展方向才是可持续发展的方向？什么样的发展道路才是可持续发展的道路呢？如何判断发展的方向始终保持在可持续发展的轨迹上，这是可持续发展系统评价的任务。可持续发展系统评价的意义不在于告诉人们什么时候可以达到可持续发展状态，而在于测度人类发展的方向是否始终处于可持续的状态之中。

## 一、可持续发展系统评价的哲学

评价是一个运用标准对事物做出价值判断的过程，这是一个需要方法论指导的过程。对可持续发展系统的评价，同样需要哲学方法论的指导。哲学是智慧之学，是世界观和方法论的统一，是美好生活的向导。世界观是人们对世界的总体看法和根本观点，方法论是人们认识世界、改造世界的一般方法。世界观主要解决世界"是什么"的问题，方法论主要解决"怎么办"的问题。可持续发展系统的评价，不仅要回答发展是否具有可持续性的问题，更要回答怎样实现可持续发展的问题。

### （一）认识论与可持续发展系统评价

认识论是探讨人类认识的本质、结构，认识与客观实在的关系，认识的前提和基础，认识发生、发展的过程及其规律，以及认识的真理标准等问题的哲学学说。唯物主义认识论坚持从物质到意识的认识路线，认为物质世界是客观实在，强调认识是人对客观实在的反映，声明世界是可以认识的。辩证唯物主义的认识论则进一步把实践作为认识的基础，把辩证法运用于认识论。

评价是认识上的反映，评价活动属于认识活动。认识论的评价以评价主体的"需求"为出发点，反映评价对象的属性与评价主体的"需求"之间的价值关系，因此，只有被评价主体意识到的需求才能成为评价活动的出发点和评价标准。"利益"是需求在主体意识中的反映，是评价活动的主体标准。人的需求是一个层次系统，不同人群的需求是不一样的，当它转化为利益时，需求就具有可比性。正是人类需要的多样性决定了人类利益的丰富性，进而形成完整的利益体系。从这个意义上说，评价活动实质就是人类权衡各种利益并形成价值关系的过程，人类选择评价标准，实质就是选择与人类需求相联系的那些价值关系来反映评价对象的利益得失。

从认识论来看，可持续发展系统评价反映的是可持续发展系统属性与评价者需要之间的价值关系，即明确可持续发展系统价值的过程（华红莲和潘玉君，2005）。要进行可持续发展系统评价，评价者首先必须树立可持续发展的价值观，然后建立一套可持续发展的评价标准，这就是根据人们的生态、经济、社会需求建立的指标体系。由于人类对需求的选择具有主观性、动态性和可预见性，这使得可持续发展系统的评价也具有主观性、动态性和预测性。

基于认识论的可持续发展系统评价的缺陷是：其一，它把评价看作是纯粹的反映需求和判断价值的认识活动，限制了评价活动的视域，削弱了评价的实际作用；其二，人的认识具有局限性，这种局限一方面使得人们难以判断自己的需求是否合理，另一方面也使得评价者难以正确把握不同人群的不同层次的需求，难以对各种利益诉求进行科学比较，一旦无法正确地判断需求和比较利益，评价结果就可能产生误导，不利于指导可持续发展的实践。

### （二）本体论与可持续发展系统评价

本体论是关于世界本原或存在本质的哲学学说。中国古代哲学称之为“本根论”，是探究天地万物产生、存在、发展变化的根本原因的学说。本体论评价试图走出认识论评价的局限，是评价者对评价对象的批判、发掘、展开和筹划，它不仅具有反映的功能，而且还有预测、规范和纠正的实际作用。从本体论看，可持续发展系统评价不仅要发掘可持续发展系统的价值和功能，而且要筹划可持续发展系统的实施途径和对策措施。

(1)意义本体论与可持续发展系统评价。古汉语中，“意”是外物对于“我”的功用价值，是主观的价值判断；“义”是外物内在的价值，是客观的存在价值。意义本体论评价是评价者对评价对象的“意义”的判断和筹划，在哲学上与环境价值说和环境伦理学有着一定的渊源关系，其评价活动是价值发掘、判断、筹划、实现的过程，一方面是发掘和判断“我”的各种发展的可能性，并筹划这些可能性的有效实现，包括发扬实现可能性的各种有利条件，去除阻碍可能性实现的各种不利障碍；另一方面是发掘和判断外物之于“我”的功用价值及其自身内在的存在价值。因此，基于意义本体论的可持续发展系统评价有助于发掘和全面评价自然资源与环境的价值，有助于建立尊重自然和关怀自然的环境伦理学。

(2)语言本体论与可持续发展系统评价。语言是符号系统，是以语音为物质外壳、以语义为意义内容的、音义结合的词汇建筑材料和语法组织规律的体系。语言是一种社会现象，是人类最重要的交际工具，是进行思维和传递信息的工具，是人类保存认识成果的载体。语言本体论认为，评价是一种“言说”，它是人的存在方式的组成部分，人只要生活在社会中，就必然要进行评价。在这里，评价并不仅仅是评价者对评价对象的“言说”，更是评价者对“外物”和“我”的存在状态及其相互关系的“展开”。“进化”一词来自于拉丁语，其含义是“展开”，展开是自然界和人类社会进化的一种方式(欧文·拉兹洛，2004a)。因此，基于语言本体论的可持续发展系统评价实质上是对人类世界和自然世界中人、自然、社会及其关系的展开，有助于正确评价人与自然和人与人的关系，有助于产生社会意识的革命，有助于形成行星意识和人类社会的有意识的进化。

(3)实践本体论的评价。实践本体论是指包括评价活动等在内的语言现象对实践活动的本质依赖，即这些现象只能在实践活动中生成与持存。评价活动是在人的实践活动中实现的，它是实践活动的产物，并包含在实践活动中。在这里，评价活动既是对“价”的意义追求，又是“评”的语言活动，根本上是一种追求人的存在意义的实践活动。它既是对人的生存与发展的实践活动方式的一种批判，又是对人的生存与发展的各种可能性及其合理有效的实现的揭示和筹划(华红莲和潘玉君，2005)。因此，基于实践本体论的可持续发展系统评价弥补了基于认识论的可持续发展评价以人的需求进行价值判断的缺陷，有助于从系统和整体的角度揭示可持续发展系统的特征属性、内在关系、结构功能和运行机制，有助于发掘和展开实现可持续发展的可能性、方法和途径。

## 二、可持续发展系统评价的内涵

可持续发展系统评价是一个运用可持续发展原理和科学评估方法来判断、表征、评估一定区域的发展状态、趋势、性质及其可持续发展的程度，有针对性地为区域可持续发展战略的实施提供决策咨询的动态过程。它兼有描述、评价、解释、预警和决策咨询的功能，在时间上反映发展的速度和趋向，在空间上反映发展的布局和结构，在质量上反映发展的规模和质量，在层次上反映发展的功能和水平。可持续发展系统是生态可持续发展、经济可持续发展、社会可持续发展组成的层次系统，因此，可持续发展系统评价包括经济可持续发展评价、生态可持续发展评价、社会可持续发展评价和可持续发展系统综合评价四个方面。

**1. 生态可持续发展系统评价**

生态可持续发展评价是对生态系统演变过程的可持续性的评价，它倡导人类生产和生活的生态化、自然资源的可持续利用和生态环境的保护，强调生态系统完整性和生物多样性的保持，强调生态系统的可持续性，着重对基本的生态过程、生态系统的稳定性、自然资源存量的变化、环境污染的影响、环境承载力的变化进行评价。它主要从资源禀赋、资源开发、资源消费、环境状况、环境治理、生态状况和生态保护等方面的评估来判断区域发展在生态上的可持续性。

**2. 经济可持续发展系统评价**

经济可持续发展评价是对经济系统发展过程的可持续性的评价，它倡导清洁生产、文明消费、提高生活水准，强调经济活动与人口、资源、环境的协调性，强调经济系统的可持续性，着重对经济发展的效率、效益、质量和资源配置的状态、结构、公正性进行评价。它主要从经济发展、经济动力等方面的评估来判定区域发展在经济上的可持续性。

**3. 社会可持续发展系统评价**

社会可持续发展评价是对社会系统进化过程的可持续性的评价，它倡导制度建设、公众参与、消除贫困、改善民生，强调人的全面发展和社会的全面进步，强调社会系统的可持续性，着重对人与人关系、社会分配、社会公正和社会稳定等进行评价。它主要从人口状况、人口调控、生活质量、社会发展、管理状况和管理能力等方面来判定区域发展在社会上的可持续性。

**4. 可持续发展系统综合评价**

可持续发展系统综合评价是在对生态、经济、社会子系统的可持续性及其子系统之间的协调度进行评价的基础上，对可持续发展系统进行整体的评判。它通过获取可持续发展水平综合指数来判定区域发展的可持续程度，通过揭示代际关系、区际关系、人地关系的和谐与公平来判定区域发展系统的协调度，通过揭示影响可持续发展进程的因子来提出实现可持续发展的对策建议；它关注系统内各要素、各层次之间的发展度、协调度和可持续性，强调对区域可持续发展能力的评价和对区域可持续发展实践的指导。

## 三、可持续发展系统评价的原则

任何评价都要遵循一定的评价原则。根据可持续发展的目标，可持续发展系统评价需要遵循以下原则：

**1. 两个利益相结合**

可持续发展系统最核心的概念是可持续性，最能保证可持续性的是代际公平，最能体现代际公平的是当前利益和长远利益的结合。当前利益是近期内就能获得或实现的利益；长远利益是将来才能获得的利益。当前利益和长远利益相结合是可持续发展内涵的必要要求，是代际公平的重要体现。当代人不能因为自己的发展与需求，只顾眼前利益而损害后代人满足其需求的条件——自然资源与环境基础；但也不能一味地追求长远利益而忽视和不顾当前利益，要强调在发展中保护资源和环境。

**2. 三个效益相协调**

可持续发展系统是生态可持续发展、经济可持续发展和社会可持续发展组成的层次系统，生态效益、经济效益、社会效益的统一是可持续发展系统评价的必然要求。生态效益是指人们在生产中依据生态平衡规律，使自然生态系统对人类的生产、生活和环境条件产生的有益影响和有利效果，它的基础是生态平衡和生态系统的良性、高效循环。经济效益是通过商品和劳动的对外交换所取得的社会劳动节约，即以尽量少的劳动耗费取得尽量多的经营成果，所谓经济效益好，就是资金占用少，成本支出少，有用成果多。社会效益是最大限度地利用有限的资源满足人们日益增长的物质文化需求，主要表现在公众反映和社会评价体系上。经济效益是生态效益得以提高的重要的社会环境和外部条件。生态效益是形成经济效益的客观自然基础。在通常情况下，当两者发生矛盾时，决不能以牺牲生态效益去换取暂时的、局部的经济效益。社会效益与经济效益、生态效益也是相互依赖和相互制约的，所以，进行可持续发展系统评价时，必须高度重视生态效益、经济效益和社会效益的统一（洪银兴，2000）。

**3. 五个维度相统一**

可持续发展系统评价是从时空角度出发的，涉及人口、资源、环境、经济和社会五个要素子系统的诸多因子关系的协调，以及不同区域之间、各区域层次之间、人与自然之间、当代人和后代人之间和当代人内部各阶层之间等关系的协调。因此，对可持续发展系统进行评价时，必须将时间维、空间维、要素维、关系维和综合维这五个维度有机地结合起来，并加以综合考量。这五个维度是观察可持续发展系统运行质量的视角，是可持续发展系统评价必须考察的基本领域。时间维注重发展的可持续性，注重代际的公平；空间维注重发展的区域性，注重区际的公平；要素维注重政治、经济权利的平等和资源分配利用的公平性，注重社会的公平；关系维注重人地关系、区际关系(代内关系)、代际关系的协调性，注重可持续发展系统整体的最优化；综合维注重可持续发展原理和可持续发展实践的共同性，要让全体公众知道，面临的问题、挑战、危机是共同的，实施可持续发展战略的原则、目标、措施是共同的，需要大家肩负起共同的责任(龚胜生，1999b)。

## 第二节　可持续发展系统评价的指标

评价需要“标准”，在可持续发展系统评价中，这个标准就是单个的指标或者一系列的指标体系，因此，指标的确定和指标体系的建立是可持续发展系统评价的基础。

### 一、可持续发展系统评价的指标类型

指标是评价“标准”的具体化，也是发展“目标”的工具化。在可持续发展系统里，一个发展目标总是需要多项指标来表征，从这个意义上来讲，指标又是组成发展目标的单元。

#### (一)指标的定义、类型、功能及其生成

“指标”一词来源于拉丁语，本义是揭露、指出、宣布、使公众知道、评估和标明等，它以数字信息的形式简化复杂现象，使信息便于人们了解和掌握，同时又不失其代表性。简言之，指标就是综合反映事物属性和特征的定量化信息，它具有数量性、综合性、替代性、客观性和动态性的特点，具有反映、监测、比较、评价、预测和规划的功能。

根据不同的划分标准，可以将指标分为不同的类型：①客观指标和主观指标。客观指标是反映客观现象的指标；主观指标是反映人们对客观社会现象的主观感受、愿望、态度、评价等心理状态的指标。②描述性指标和评价性指标。描述性指标是具体反映某种现象状态的指标，它只是对现象状况的客观描述；评价性指标也称分析性指标或诊断性指标，它是评价相互联系与协调程度的指标。③正指标、逆指标和中性指标。正指标是反映有利于经济发展、社会进步和生态趋好的指标，逆指标是反映不利于经济发展、社会进步和生态趋好的指标，中性指标是与经济发展、社会进步和生态趋好没有直接联系的指标。

指标具有以下特征：①数量性。人们构建指标的基本目的，就是要将复杂的现象或状况转化为可以度量、计算和比较的数据、数字、符号。②综合性。任何单一的数据、数字和符号都不可能完全反映复杂的现象并揭示其规律，而单个的现象也不可能完全反映和代表复杂的现象。③替代性。指标并不是现象本身，只是以数据等形式来代表现象，并在有限的范围内说明现象和揭示规律，因此可以采用不同的指标来说明同一个现象。④客观性。事物是客观的存在，数据反映的问题也应

该是具体的和客观的。⑤动态性。现象是不断发展变化的，反映这些现象的数据也是不断变化的，一定时期的数据只能反映一定时期的发展状况或趋势。

指标具有以下功能：①反映功能，这是指标最基本的功能。②监测功能，它是反映功能的延伸，是动态中的反映功能。③比较功能，通过它可以比较两个或两个以上事物的好坏、利弊、得失。④评价功能，这是指标的核心功能，它是反映功能、监测功能、比较功能的深化和发展。⑤预测功能，它能在评价基础上对现象的未来趋势做出预测。⑥规划功能，它是根据预测结果对实际工作做出计划安排或提出措施对策(朱启贵，1999)。

指标的生成过程，一般要经历这样三个步骤：①理论思维和逻辑概括。评价者对评价对象进行抽象和概括，认识评价对象的基本特征，形成特征概念，如统计指标。②理论概念指标化。理论概念是定性的、抽象的、模糊的，指标化就是使特征概念变成可以进行统计操作和观测的数量性指标。③对指标进行测量。确定评价对象某方面特征的量值，通过指标量值间接地认识评价对象的数量特征和属性(潘玉君等，2005)。选择指标进行评价时，必须考虑指标的效度和信度，前者是根本，后者是保证。指标效度即指标概念的科学性，概念的科学性反映指标的有效性；指标信度即指标数值的准确性，数值准确性反映指标的可靠性。

### (二)可持续发展系统指标评价的分类

可持续发展系统评价的指标是用来评价可持续发展系统状况及其目标实现程度的标准。在衡量可持续发展系统水平时，不同国家、不同机构甚至不同的评价者由于评价的出发点不同，形成了不同类型的指标评价方法，大致可分为两大类：单项指标评价和指标体系评价。

单项指标评价是用一个综合性指标来概括一个国家或区域的可持续发展水平与能力。它们有的着眼于经济的评价，有的着眼于生态的评价，有的着眼于社会的评价(表 8.1)。单项指标评价的结构简约，系统性、逻辑连贯性和评价功能较强，易于作国家或区域之间的比较，因而比较受决策者的青睐，但存在描述功能相对薄弱，难以统一度量的问题。

**表 8.1 可持续发展系统单项指标评价的类型**

| | |
|---|---|
| 立足于经济的评价指标 | 环境调节的国内生产净值(EDP)<br>调节国民经济模型(ANP)<br>新国家财富指标<br>真实储蓄 |
| 立足于生态的评价指标 | 能值分析法<br>生态足迹法 |
| 立足于社会的评价指标 | 物质生活质量指数(PQLI)<br>人文发展指数(HDI)<br>社会进步指数(ISP)<br>美国社会卫生组织指数(ASHA) |

指标体系评价是由一系列相互联系、相互补充、具有层次性和结构性的指标来分析一个区域、一个行业、一个方面的可持续发展水平与能力，并针对发展过程中存在的问题提出相应的导向可持续发展的对策建议。评价一个区域的可持续发展水平，一般用指标体系来做综合评价。指标体系评价大体可以分为系统型、菜单型和专题型三类(表 8.2)。指标体系评价的结构复杂，覆盖面广，适于各种尺度区域的评价，灵活性较大，描述功能较强，但综合程度差，评价功能相对薄弱，信息量庞大，评价过程工作量大。

**表 8.2 可持续发展系统指标体系评价的类型**

| | |
|---|---|
| 系统型指标体系 | 表述社会经济活动与环境之间关系<br>如 UNCSD 可持续发展指标体系 |
| 菜单型指标体系 | 以菜单的形式列出各领域中重要的描述和评价指标<br>如中国一些研究机构设计的指标体系 |
| 专题型指标体系 | 按照可持续发展的战略目标、关键领域和关键问题等来设计指标<br>如英国政府可持续发展指标体系 |

无论是单项指标评价还是指标体系评价，其目的都是为了监测和揭示发展过程中的社会、经济、环境问题，分析各种问题与可持续性的关系及其形成原因，判断区域的、部门的、行业的可持续发展水平，为政府部门制订和实施可持续发展战略提供科学依据。

## 二、可持续发展系统评价的单项指标

单项指标评价涉及经济、生态、社会诸方面，不可能一一介绍，这里只各选一种较常使用的指标加以介绍，即立足于经济评价的环境调节的国内生产净值，立足于生态评价的生态足迹(EF)，立足于社会评价的人文发展指数。

### (一)环境调节的国内生产净值

环境调节的国内生产净值(environmentally-adjusted domestic product，EDP)是 1993 年联合国提出的“环境与经济综合核算体系”(system of integrated environment and economic accounting，SEEA)中的核心指标。该指标由于把资源耗减和环境降级的成本核算在内，因此被视为是“绿色 GDP”。其具体核算过程是：把环境作为“非经济资产”纳入核算框架，将经济过程造成的“资源耗减”和“环境降级”视为这些资产的“使用”，并将它们从国民经济最终生产成果中扣除，从而形成国内生产净值指标。计算公式如下

$$\text{EDP}=\text{总产出}-\text{中间投入}-\text{固定资本消耗}-\text{环境投入} \tag{8.1}$$

EDP＝最终消费＋净出口＋经济积累＝最终消费＋净出口＋(资本形成－固定资产消耗引起的资产价值减少－环境资源消耗引起的资产价值减少)　(8.2)

式(8.1)解释了 EDP 的形成过程，反映了某一时期经济产出扣除所有经济产

品投入和环境投入后的真实成果。式(8.2)解释了 EDP 的使用去向,其中经济积累的部分既包括了当期产品积累引起的资产增加,也包括了固定资产磨损和环境资源投入引起的资产价值减少。

EDP、人均 EDP 水平及其增长率的变化可用于评价可持续发展的状态和趋势;EDP/GDP 的比值可以反映环境投入对经济过程的贡献。其优点是:易为决策者所理解和接受;能完整刻画经济过程。其缺陷是:忽略了社会因素;环境因素的货币化测度很困难;体现不了资产存量在可持续发展中的意义;要求有较全面的数据。

(二)生态足迹

生态足迹是指在现有的技术和经济条件下,某区域内维持人口消费的资源和吸纳所产生的废弃物所需要的生物生产性土地和水域的总面积,也称生态占用。

**1. 生态足迹理论**

生态足迹在 20 世纪 90 年代初由加拿大生态学教授里斯提出。它用以说明在现有技术条件下,一个人口单位(一个人、一个城市、一个区域或全球)需要多少具备生物生产性的土地和水域,来生产所需资源和吸纳所衍生的废物。例如,一个人的粮食消费量可以转换为生产这些粮食所需的耕地面积,他所排放的二氧化碳量可以转换成吸收这些二氧化碳所需要的森林面积。因此,它可以形象地被理解成一只负载着人类及其创造的城市、工厂、道路和农田等的巨脚踏在地球上时留下的脚印的大小。它的值越高,人类对生态的破坏就越严重。

生态足迹理论从具体的生物物理量角度来研究自然资本消费的空间,其基本思想是将人类消费所需要的自然资产的“利息”(生态足迹)与自然资产产生的“利息”(生态承载力)转化为可以共同比较的生物生产性土地和水域面积,由此判断人类对自然资产的利用是否过度,人与自然是否和谐,区域生态系统的承受能力是否安全,社会经济发展是否可持续。计算生态足迹,须遵循以下 5 个基本假设:

(1)可获得资源的年消费量和产生的废弃物量;

(2)大部分资源消费量和废弃物量可折算为生物生产性土地面积;

(3)可赋予各种不同类型的生物生产性土地面积一定的权重,将其转化成一个标准的全球公顷单位(具有世界平均生产能力);

(4)各种土地利用是排他性的,即如果被用作耕地,它就不可能是林地、道路或草地等,因而总需求可通过各种资源消费所利用的面积与吸纳废弃物的面积之和得到;

(5)总需求可以超过总供给。

**2. 生物生产性土地及其分类**

“生物生产性土地”是进行生态足迹分析时针对各类自然资本提供的统一度量基础。它是指具有生态生产能力的土地或水域。生态足迹分析的所有指标都是基于“生物生产性土地”这一概念而定义的。生态足迹理论将地球表面的生物生产性土地划分为耕地、草场、林地、建筑用地、化石能源土地和海洋水域等六大类型。

**3. 均衡因子和产量因子**

由于生态足迹理论所划分的地球表面的六类生物生产性土地的生态生产力不同，为了使各类生物生产性土地之间便于比较及汇总，生态足迹理论引入了均衡因子和产量因子的概念。

(1)均衡因子。均衡因子是指在现行条件下，全球某类土地的平均生态生产力与全球所有六类土地的平均生态生产力的比值，即

$$\mathrm{EQ}_j = d_j / D, \quad j = 1,2,3,\cdots,6$$

式中：$\mathrm{EQ}_j$ 为第 $j$ 类土地的均衡因子；$d_j$ 为全球第 $j$ 类土地的平均生态生产力；$D$ 为全球所有六类土地的平均生态生产力。如 $j$ 表示耕地，$\mathrm{EQ}_j$ 就是耕地的均衡因子。

均衡因子描述了不同土地类型间生物生产能力的差异。耕地是最有生产能力的土地类型，它提供了人类所利用的大部分生物量。建筑用地由于人类倾向于定居在最肥沃的土壤上，其面积的增加几乎等效于耕地面积的减少，当前在计算生态足迹时，耕地和建筑用地的均衡因子均取 2.8。林地具有吸收二氧化碳的功能，化石能源土地是人类应该留出用于吸收二氧化碳的土地，由于人类对森林资源的过度开发，全世界现有林地的生产能力大多较低，因此，森林和化石能源土地的均衡因子取 1.1。草场的生产能力比耕地和林地都要低很多，均衡因子取 0.5。海洋水域现实的生态生产力更低，其均衡因子取 0.2。

(2)产量因子。产量因子是指某一国家或地区某类型土地的平均生产力与世界同类土地的平均生产力的比率。产量因子描述了当地和全球平均实际生产能力的差异，主要反映了土地利用技术和管理方面的差异。

**4. 生态足迹的计算**

生态足迹的计算步骤和计算公式如下：

(1)划分消费项目，找到各项消费对应的生物生产性土地类型。

(2)计算各种消费项目的人均占有生物生产性面积，并进行汇总。

$$A_{ij} = \frac{C_i}{\mathrm{WAP}_j} = \frac{P_i + I_i - E_i}{\mathrm{WAP}_j}, \quad i = 1,2,\cdots,n; j = 1,2,\cdots,6$$

式中：$A_{ij}$ 为第 $i$ 种消费项目折算的第 $j$ 类生物生产性土地的人均生态占用面积；$C_i$ 为第 $i$ 种消费项目的人均消费量；$\mathrm{WAP}_j$ 为第 $i$ 种消费品对应的第 $j$ 类生物生产性土地的世界年平均产量；$P_i$ 为第 $i$ 种消费项目的人均生产量；$I_i$ 为第 $i$ 种消费项目的人均进口量；$E_i$ 为第 $i$ 种消费项目的人均出口量。

各消费项目折算的第 $j$ 类生物生产性土地的人均生态占用面积的和为

$$A_j = \sum_{i=1}^{n} A_{ij}, \quad j = 1,2,\cdots,6$$

(3) 通过均衡因子的转化计算人均生态足迹和区域总生态足迹，公式为

$$\mathrm{EF} = N \cdot \mathrm{ef} = N \cdot \sum_{j=1}^{6} A_j \cdot \mathrm{EQ}_j$$

式中：EF 为区域总生态足迹($\mathrm{hm}^2$)；$N$ 为区域人口总数；ef 为区域人均生态足迹。

**5. 生态承载力的计算**

生态承载力是与生态足迹需求相对应的概念，是指一个区域能够提供给人类的生态生产性面积的总和。在计算生态承载力时，不同国家或地区的土地生产力的差异需用产量因子来消除。生态承载力的计算步骤如下：

(1) 汇集各类生物生产性土地面积。

(2) 计算各类生物生产性土地的人均生态承载力并加总。

(3) 扣除 12% 的生物多样性保护面积，区域总生态承载力为

$$EC = N \cdot ec = N \cdot \sum_{j=1}^{6} a_j \cdot EQ_j \cdot YQ_j$$

式中：EC 为区域总生态承载力($hm^2$)；$N$ 为区域总人口数；ec 为人均生态承载力($hm^2$/人)；$a_j$ 为第 $j$ 类生物生产性土地的人均面积；$EQ_j$ 为均衡因子；$YQ_j$ 为产量因子。

**6. 生态赤字(盈余)**

某区域的生态承载力与生态足迹的差若小于(大于)零，则表示该区域为生态赤字(盈余)，生态赤字(盈余)反映了某个区域的人口对自然资源的利用状况。生态赤字表明该区域的人类负荷超过了其生态容量，要满足该区域的人口在现有生活水平下的消费需求，则该地区必须从其他地区进口欠缺的资源，或通过消耗自然资本存量来弥补不足。这说明该地区的发展处于不可持续状态，可用生态赤字来衡量其不可持续程度。而生态盈余表明该地区的生态容量足以支撑其人类负荷，该地区的发展模式是可持续的，其可持续程度可用生态盈余来衡量。

**7. 生态足迹强度指数**

生态足迹强度指数(EFI)是指生态足迹与生态承载力的比值，即单位生态承载力的土地面积所要承受的本地生态足迹的大小。当 EFI>1 时，其值越大，表明该地区的生态超负荷程度越严重；当 EFI=1 时，表明该地区的生态环境处于平衡状态；当 EFI<1 时，表明该地区的生态环境处于生态盈余状态，即处于可持续发展状态。

生态足迹对区域可持续发展系统评价的优点是；可操作性强，应用范围广阔，便于做国际和区际的比较。缺陷是：对经济、技术、社会的考虑还不够；未考虑一些重要资源的功能以及污染的生态影响，这样的简化处理可能会导致过于乐观的估计。

### (三)人文发展指数

人的选择原则上可以是无限的，人的发展是扩大选择的过程。无论在何发展阶段，在何种发展水平，人们都有三个基本的选择，即获得健康长寿、获取知识教育和获得提高生活水平所需要的资源。

人类发展指数(human development index，HDI)由联合国开发计划署于 1990 年提出。其中，健康长寿，用出生时预期寿命来衡量；教育获得，用成人识字率(2/3

权重)及大、中、小学综合入学率(1/3 权重)来衡量;生活水平,用实际人均 GDP(购买力平价美元)的对数来衡量。它们分别反映了人的长寿水平、知识水平和生活水平。三个指标均以标准化处理后的指数来表示,三个指数的算术平均值即 HDI。其值为 0～1,数值越大越好,指数越接近 1,说明这个国家的经济和社会发展程度越高。

人类发展指数的数值和结构变化可以反映一个国家或地区发展水平的变动趋势及其原因。其优点是:①它从人类发展的角度全面评价一个国家的福利,数据易获得,方法较简单;②它适用于不同的群体,可通过调整反映收入分配、性别差异、地域分布、少数民族之间的差异。其缺陷是:①它只选择三个指标来评价一国的发展水平,无法全面反映一国人文发展水平;②它没有反映环境方面的情况,对经济的考虑也不够全面;③它的值易受极大值和极小值的影响,因为它是用实际值与最大值和最小值来评价相对发展水平的,当最大值或最小值发生变化时,即使一国的三个指标值不变,它的值也可能发生变化。

专栏 **8.1** 其他几个较重要的单项评价指标

(1)调节国民经济指标

调节国民经济指标(ANP)是从 GNP 中减去所有部门的“外部成本”。这些外部成本包括环境保护、污染损失补偿和公益事业等方面的支出;不健康消费行为、风险敏感性和安全稳定性等方面的成本;生产过程中间环节的额外成本。

(2)真实储蓄率

真实储蓄率通过测量各种资本指标的变化来度量可持续发展能力的变化。计算公式为

真实储蓄率=(GDP−总消费+教育投资−资本折旧−资源损耗−污染损失)÷GDP

真实储蓄率评价的优点是:具有很好的政策指导意义。缺陷是:需长期监测才能准确把握可持续发展的未来方向。

(3)人类活动强度指数

1983 年,以色列希伯莱大学的道夫尼尔提出运用发展度和感应度来测度人对区域的作用。发展度用城市人口比例表示,感应度用文盲人数的比例表示,计算公式为

人类活动强度指数=(城市人口比例−文盲人数比例)÷2。

如果指数低于 50%,说明环境相对安全;若高于 50%,则说明人的作用强度已经超过环境的容忍程度,应当采取有效措施保护环境。

## 三、可持续发展系统评价的指标体系

可持续发展系统指标是标示可持续发展进程的变量,要全面、科学地评价一个可持续发展系统的过程,单个变量是远远不够的,必须由若干变量有机结合成一个指标体系。因此,可持续发展系统评价大多为指标体系评价。

（一）构建指标体系的基本原则

关于可持续发展系统指标体系的构建原则，仁者见仁，智者见智，学术界并没有形成一致的认识。我们认为，综合起来，主要有以下一些原则。

（1）全面性原则。指标体系须涵盖人口、资源、环境、经济和社会五个要素和生态可持续发展、经济可持续发展、社会可持续发展三个层面的主要变量。

（2）科学性原则。指标体系须切中所要解决的问题以及管理人员的目标和目的，测算方法须标准，统计方法须规范，揭示含义须明确；具体指标须具有信息的可获得性和问题的针对性，指标和问题之间的关系明确，能反映可持续发展的内在要求和实现程度。

（3）可比性原则。指标体系须注重各种空间尺度的区域可比性、不同阶段的时间可比性、不同层次的整体可比性；具体指标须反映可持续发展系统变量的区域性、层次性、阶段性和动态性，因此要充分考虑时间分布、空间分布和群体分配问题，要有以一致的方法采集的数据做支持。

（4）完备性原则。指标体系须反映可持续发展的状态、过程和趋势，描述与评价相结合，动态与静态相结合，定性与定量相结合；具体指标须有高度概括性和代表性，能充分表述变量的可持续发展特征。

（5）主导性原则。指标体系须考虑指标数量的限制性，突出主成分性、代表性和综合性，力求计算和评价的简便易行；具体指标须具有相对独立性，在度量技术、投资和时间上是可行的，可用准确的方法和合适的仪器进行监测，避免指标间信息的重叠性和外延的交叉性。

（二）构建指标体系的基本方法

明确指标体系的设计原则后，须根据具体的评价对象，按照一定的方法构建指标体系。归纳起来，主要有以下三种构建方法。

（1）系统法。即按系统学分类，逐类定出指标。可持续发展系统是由人口、资源、环境、经济和社会子系统组成的复杂系统。系统的指标构成有两种类型：一是反映系统当前状态和存续性的指标；二是反映系统及其所依存的子系统的关系的指标。中国科学院可持续发展战略研究组据此设计了一套“五级叠加，逐层收敛，规范权重，统一排序”的包括总体层、系统层、状态层、变量层和要素层五个层次的总共 249 个指标的指标体系。

（2）综合法。即对指标群进行聚类，使之体系化，又称归类法。现行的许多指标体系都是通过综合归类整理形成的，如联合国可持续发展委员会的“驱动力-状态-响应”指标体系。该体系由社会和人口、经济和资源、环境和生态，以及制度和科技教育等四大领域的 142 个元素指标组成。在性质上，这些指标可分为三大类：第一类是驱动力指标，反映人类活动进程和方式对可持续发展的影响，即表明环境问题的根源；第二类是状态指标，衡量特定时间人类活动所致环境质量或状态的变化，即描述可持续发展的状况；第三类是响应指标，对可持续发展状况变化所做的选择和反应，即显示社会及其制度机制为减轻压力影响所作的努力。

(3)分析法。先将评价对象和度量目标分成若干部分，然后对各部分逐级细分，直到每一部分和侧面都可以用具体的统计指标来描述和评价，又称分层法。中国国家统计局和中国21世纪议程管理中心的指标体系属于此类，其总体结构是将可持续发展系统分为经济、社会、人口、资源、环境和科教六个部分，每个部分再依据不同侧重点扩展相应的分子系统，分子系统由196个描述性指标和100个评价性指标组成。

(三)指标体系的概念框架模式

指标体系的概念框架是设计指标体系的逻辑思路和逻辑结构。目前，可持续发展指标体系的概念框架模式主要有压力-状态-响应模式、投入-产出模式、生态-经济-社会模式和人类-生态系统福利模式。

(1)压力-状态-响应模式。该模式为加拿大统计学家弗雷德于1970年提出，后被世界经济合作组织采用。该模式认为，环境状态的变化来自于人类活动所施加的压力的影响，而当人类认识到这种因果关系并采取适当的响应措施后，这些压力和影响是可以预防、减轻甚至消除的。该模式应用到可持续发展系统评价，形成了驱动力-状态-响应模式、驱动力-压力-状态-影响-响应模式等。对于环境类指标，该模式能突出环境压力和环境退化之间的因果关系，有利于采取适当的政策手段来维持环境的质量，但对于经济类和社会类指标，由于压力和状态之间没有必然联系，受到一定局限。

(2)投入-产出模式。该模式是基于经济学原理的模式，主要有三种类型：一是常规循环型。它考虑家庭消费，分析商品流和服务，以“真实进步指数”为代表。二是物能平衡型。它考虑所有物质和能量的流动及其支配这些物能流动的物理规律，分析自然资源同生态系统结构和功能之间的关系，以德国的“可持续进程指数”为代表。三是损耗污染型。它考虑对资源某个方面的“提取”和对其他方面“残留”的排放，分析经济系统与自然系统之间的关系，以荷兰国立公共健康与环境保护学院提交给联合国环境署的概念框架为代表。

(3)生态-经济-社会模式。可持续发展系统的五个要素可以综合成生态、经济、社会三个子系统，所以该模式又称为“三成分模式”。该模式是用系统法和分析法构建的可持续发展指标体系，层次清楚，体系庞大，适用于区域可持续发展系统的综合评价，如加拿大阿尔伯特和美国西雅图的可持续发展指标体系等。

(4)人类-生态系统福利模式。这是加拿大国家环境与经济圆桌会议(NRTEE)之可持续发展监测组设计的指标体系模式。与“三成分”模式相比，其基本区别是把可持续发展系统的三个成分再综合成两个成分：人类系统和生态系统。这两个成分最多可构成四类指标：用于评估人类福利的人类系统指标；用于评估生态系统福利的生态系统指标；用于评估人类系统和生态系统界面效应的相互作用指标；用于评估系统现状和未来整体特征的综合指标。“可持续性晴雨表”是该模式的主要参数。

**专栏 8.2　国内可持续发展系统评价指标体系研究举例**

(1)区域可持续发展系统评价指标体系

中国科学院可持续发展研究组的指标体系。五级叠加,逐层收敛,规范权重,统一排序。适于评价省域和国家可持续发展系统。缺点是指标数量庞大,指标选取人为因素影响明显。见中国科学院可持续发展战略研究组分年度的《中国可持续发展战略报告》。

北京大学环境科学中心的指标体系。重点观察资源、经济、社会和环境四大系统的“协调度”。适于评价各类区域的可持续发展系统。缺点是没有给出衡量区域可持续发展的“协调度”的理想标准,自然资本耗减与退化数据的收集与量化都相当困难。见叶文虎《可持续发展的衡量方法及衡量指标初探》、《论可持续发展的衡量与指标体系》等著述。

具体区域的可持续发展指标体系。针对特定地域设计,反映区域特点,呈多元化发展趋向。这方面的研究成果非常多,不胜枚举。特殊地域,如沿海地区可持续发展指标体系(吴承业等,2000);脆弱生态区可持续发展指标体系(冷疏影等,1999);黄土高原区可持续发展指标体系(崔灵周等,2000);青藏高原区可持续发展指标体系(沈镭等,2000);发达地区可持续发展指标体系(王合生等,1997),等等。省域,如山东省可持续发展指标体系(毛汉英,1996)、山西省可持续发展指标体系(郝时尧,2002)、河南省可持续发展指标体系(乔家君等,2005)、吉林省可持续发展指标体系(顾康康,2006);甘肃省可持续发展指标体系(石培基等,2007),等等。县域,如山区县域可持续发展指标体系(冯玉广,2000)、生态示范区县可持续发展指标体系(程淑兰等,2000)等。

(2)部门和城镇可持续发展评价指标体系

部门可持续发展指标体系。这类研究指标数目较少,针对性强。例如,农业可持续发展指标体系(刘慧,1997)。旅游业可持续发展指标体系(牛亚菲等,2002)。林业可持续发展指标体系(高瑞馨等,2005)。工业企业可持续发展评价指标体系(朱云梅,1999)。煤炭企业可持续发展评价指标体系(吴凤庆,2001)等。

城镇可持续发展指标体系。成果非常多,省会城市基本都有相应的研究,经济文化较为发达的城市,如北京、南京、广州和上海等,尤其如此,不胜枚举。

## (四)构建指标体系的基本过程

图 8.1 是构建可持续发展系统指标体系的一个流程图,图 8.2 是可持续发展系统指标体系构建过程的范例。以下我们根据这两幅图简要说明可持续发展指标体系的建立过程。

(1)确定可持续发展系统评价的目标。建立可持续发展系统评价的指标体系,首先应了解并掌握可持续发展的基本原则,将可持续发展系统评价的目标建立在可持续发展原理的基础之上。我们认为,可持续发展系统评价有四个根本目的:监测过程、寻找差距、预测趋势和提出对策,即通过对发展过程的分析监测,寻找现实发展过程中的问题症结、了解现实状态与可持续发展状态之间的差距、预测未来的发展方向与轨迹、提出实现可持续发展的策略。这些目的必须在指标的设计和遴

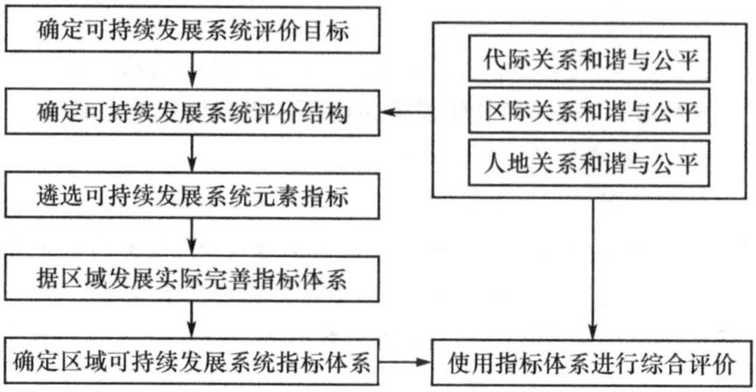


图 8.1 区域可持续发展系统指标体系的构建过程

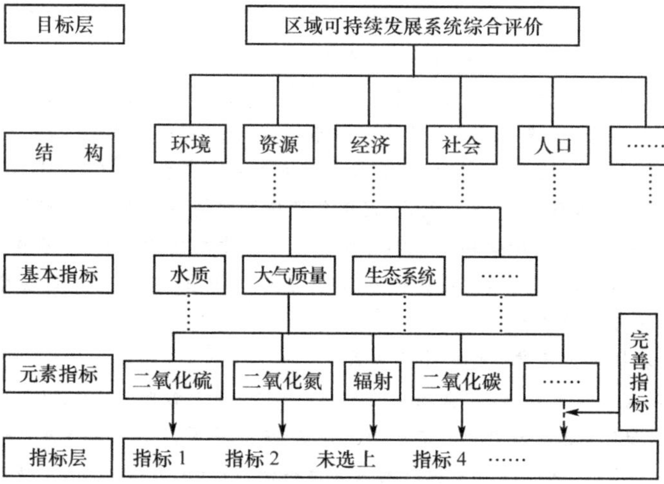


图 8.2 可持续发展系统指标体系构建过程示例

选过程中得到贯彻和落实。

(2)确定可持续发展系统评价的结构。在可持续发展系统评价目标确定之后，接下来就是设计可持续发展系统评价的结构。如图 8.2 所示，从系统论出发，一般将可持续发展系统分为人口、资源、环境、经济和社会等要素子系统，这些要素之间相互联系和相互影响形成三大内在关系，即代际关系、区际关系和人地关系。如前所述，也有将评价结构分成生态、经济、社会三成分结构，人类系统、生态系统两成分结构，以及压力、状态和响应结构的。

(3)遴选可持续发展系统评价的元素指标。评价结构确定后，接下来的工作是分析哪些要素问题与可持续性有关，将需要解决的所有问题进行细分，直到找到相应的能描述或评价其特征的具体指标为止。这样的指标就是元素指标。元素指标建立在基本指标的基础之上，是对基本指标的细分。在图 8.2 中，“大气质量”为基本指标，二氧化硫含量、二氧化氮含量、二氧化碳含量和辐射等为元素指标。

(4)根据区域发展实际完善指标体系。元素指标是根据可持续发展系统的一般结构和可持性的一般问题来细分的,难以反映它们的空间分布或具体的环境极限。但是,可持续发展系统评价最终总是要落实到具体的地域范围,因此,必须坚持实证研究与规范研究相结合,根据区域实际对指标体系加以完善,使所选择的指标数量既足以反映可持续发展系统的特征,完成区域可持续发展系统的评价,又不会因为指标过多而导致数据收集和信息处理成本的增加。所谓区域可持续发展的"实际",有两个方面必须考虑:一是边界问题,元素指标选择要考虑其适用的空间范围;二是不确定性问题,要对元素指标进行聚类分析,将具有显著差异指标纳入可持续发展指标体系,简化可持续发展的指标体系。这样,就可以得到一个可操作性的区域可持续发展系统评价的指标体系。

一个完整的可持续发展指标体系一般都由目标层、结构层和指标层三个部分组成。目标层是区域可持续发展系统评价的目标,结构层是区域可持续发展系统的子系统和分子系统层,指标层是区域可持续发展系统的基本指标群和元素指标群。表 8.3 是一个范例。该指标体系将"区域可持续发展能力"列为目标层(A);将区域可持续发展系统分为资源、经济、环境、生态、人口、社会、管理、区域和代域9 个子系统,构成子结构层(B);将子结构层进一步细分为 19 个分子系统,构成分子结构层(C);将分子结构层进一步细分,构成 57 个指标组成的基本指标层(D);基本指标层进一步细分为 205 个元素指标,构成元素指标层(E)。该指标体系将社会要素中的管理因子独立出来,突出了"管理"的作用;设置了"区域"和"代域"两个子系统,突出了可持续发展系统三大内在关系中的"代际关系"和"区际关系";将环境要素分离成"环境"和"生态"两个部分,突出了环境污染的影响。但是,该指标体系指标量过多,需进行简化。具体过程可分两步走:第一次简化是根据国家可持续发展战略的总体要求、地区经济社会发展的具体特点、我国现阶段地区核算的基础条件等对指标进行直接筛选,将元素指标减少到 78 个,这些指标在表 8.3 中用黑体字表示;第二次简化是对这 78 个元素指标进行聚类分析和非参数检验分析,将指标体系进一步减少到 38 个指标(表 8.4)。

**表 8.3　区域可持续发展系统指标体系的一个案例**

| A | B | C | D | E |
|---|---|---|---|---|
| 区域可持续发展能力 | B1 资源 | C1 自然资源禀赋 | D1 **土地资源** | E1 人均耕地面积<br>E2 土地复种指数<br>E3 **耕地变化率** |
| | | | D2 **林木资源** | E4 **森林覆盖率**<br>E5 森林采伐量(或木材生产量)/蓄积量<br>E6 活立木总蓄积量/区域面积 |
| | | | D3 草地资源 | E7 人均草地面积<br>E8 平均每公顷产草量 |

续表

| A | B | C | D | E |
|---|---|---|---|---|
| 区域可持续发展能力 | B1 资源 | C1 自然资源禀赋 | D4 **水资源**（包括海水） | E9 草地资源平均利用面积比例<br>E10 **人均淡水资源量**<br>E10a 海水可养殖面积利用率<br>E10b 浅海滩涂可养殖面积利用率<br>E10c 渔获（生产）量占鱼储量的比例 |
| | | | D5 **矿产资源** | E11 **人均主要矿产资源保有量**<br>E12 **主要矿产资源采储比**<br>E13 洁净能源/总能源 |
| | | | D6 气候资源 | E14 年降水量<br>E15 年平均气温<br>E16 年无霜期<br>E17 年日照总时数 |
| | | | D7 生物资源 | E18 野生动物种数<br>E19 野生动物资源密度<br>E20 野生植物物种数<br>E21 野生植物资源密度<br>E22 珍稀野生生物物种数/野生生物物种总数 |
| | | C2 资源开发 | D8 **资源开发投资** | E23 **资源开发投资/总投资** |
| | | | D9 **资源开发人力投入** | E24 资源型产业职工数/社会劳动力总数<br>E25 **资源型产业劳动生产率** |
| | | | D10 资源开发技术投入 | E26 资源型产业技术人员数/科技人员总数 |
| | | | D11 **资源开发产出** | E27 **能源加工转换效率**<br>E28 **资源型产业总产值**/GDP<br>E29 资源型产业利税/利税总额<br>E30 能源生产弹性系数<br>E31 电力生产弹性系数 |
| | | C3 资源消费 | D12 **能源消费** | E32 能源消费弹性系数<br>E33 电力消费弹性系数<br>E34 **人均一次能源消费量** |
| | | | D13 **原材料消费** | E35 人均原材料消费总值<br>E36 **原材料消费总值**/GDP |
| | | | D14 **主要生活消费品消费** | E37 **城镇居民家庭人均年消费食品价值量**<br>E38 农民家庭人均年消费食品价值量 |
| | | | D15 **淡水资源消费** | E39 水资源回用率<br>E40 **亿元 GDP 耗水量**<br>E41 城市人均生产生活用水量<br>E42 工业废水处理率<br>E43 农村人均生产生活用水量 |

| A | B | C | D | E |
|---|---|---|---|---|
| 区域可持续发展能力 | B2 经济 | C4 经济发展 | D16 **经济规模** | E44 人均 GDP |
| | | | | E45 粮食自给率 |
| | | | | E46 **人均 GDP 增长率** |
| | | | | E47GDP **密度** |
| | | | | E48 人均社会商品零售总额 |
| | | | D17 **产业结构** | E49 **工业增加值增长率** |
| | | | | E50 **第三产业产值/GDP** |
| | | | | E51 高新技术产业增加值增长率 |
| | | | | E52 几个相邻省市区 GDP 差异系数 |
| | | | | E53 第二产业从业人员/从业人员总数 |
| | | | | E54 **第三产业从业人员/从业人员总数** |
| | | | D18 **经济效益** | E55 全社会劳动生产率 |
| | | | | E56GDP **物质消耗率** |
| | | | | E57 财政收入占 GDP 的比重 |
| | | | | E58 **各地市人均 GDP 变异系数的倒数** |
| | | | | E59 每万元 GDP 消耗的能源 |
| | | | | E60 工业经济效益综合指数 |
| | | | | E61 **人均工业企业利税值** |
| | | C5 经济推动力 | D19 **投资水平** | E62 总投资/总人口 |
| | | | | E63 **外贸依存度** |
| | | | | E64 全社会固定资产投资/GDP |
| | | | | E65 **人均固定资产投资** |
| | | | D20 **基础设施状况** | E66 农业基本建设投资/固定资产投资额 |
| | | | | E67 **人均运输线路长度** |
| | | | | E68 平均每万人拥有民用机场数 |
| | | | | E69 平均每百人拥有电话数 |
| | B3 环境 | C6 环境状况 | D21 **大气污染** | E70 **大气污染综合指数** |
| | | | | E71 单位国土面积工业废气排放量 |
| | | | D22 **水污染** | E72 **城市国控河流平均污染综合指数** |
| | | | | E73 **大水系平均综合污染指数** |
| | | | | E74 单位国土面积工业废水排放量 |
| | | | D23 噪声污染 | E75 城市噪声等效声级 |
| | | | D24 **固体废弃物排放** | E76 **单位国土面积工业固体废物排放量** |
| | | | | E77 城市人均生活垃圾粪便净清运量 |
| | | | | E78 单位国土面积化肥农药污染量 |
| | | C7 环境治理 | D25 **环境控制** | E79 工业废水排放达标率 |
| | | | | E80 工业废气净化处理率 |
| | | | | E81 **工业废弃物综合利用率** |

| A | B | C | D | E |
|---|---|---|---|---|
| 区域可持续发展能力 | B3 环境 | C7 环境治理 | D25 **环境控制** | E82 **污染治理资金/GDP** |
| | | | | E83 **人均 GDP 与环境质量指数的比值** |
| | | | D26 **环境建设** | E84 人均公共绿地面积 |
| | | | | E85 **环保投资/GDP** |
| | B4 生态 | C8 生态状况 | D27 **土壤质量** | E86 荒漠化土地面积占国土面积的比例 |
| | | | | E87 盐碱耕地面积占耕地面积的比例 |
| | | | | E88 易涝地面积占耕地面积的比例 |
| | | | | E89 **水土流失面积占国土面积的比例** |
| | | | D28 物种变化 | E90 濒危物种比例 |
| | | | | E91 野生动物物种变化率 |
| | | | | E92 野生植物物种变化率 |
| | | | D29 **气候变异** | E93 自然灾害的受灾人口/总人口 |
| | | | | E94 **自然灾害成灾率** |
| | | C9 生态保护 | D30 **生态建设** | E95 自然保护区数 |
| | | | | E96 城市人均园林绿地面积 |
| | | | | E97 **人均造林面积** |
| | | | | E98 **水土流失治理率** |
| | B5 人口 | C10 人口状况 | D31 **人口规模** | E99 **人口自然增长率** |
| | | | | E100 人口密度 |
| | | | D32 **人口结构** | E101 **城镇化水平** |
| | | | | E102 劳动力资源总数/总人口数 |
| | | | | E103 老龄人口比重 |
| | | | D33 **人口素质** | E104 **每万人大学生拥有量** |
| | | | | E105 成人文盲率 |
| | | | | E106 每万人专业技术人员拥有量 |
| | | | | E107 小学学龄儿童入学率 |
| | | | | E108 **人均预期寿命** |
| | | C11 人口调控 | D34 **计划生育** | E109 **计划生育率** |
| | | | | E110 计划生育投资额 |
| | B6 社会 | C12 生活质量 | D35 **贫困和就业** | E111 **贫困人口/总人口** |
| | | | | E112 城镇登记失业率 |
| | | | | E113 妇女就业率 |
| | | | D36 **物质生活** | E114 人均粮食占有量 |
| | | | | E115 居民人均可支配收入 |
| | | | | E116 **城镇与农村人均收入的比率** |
| | | | | E117 居民人均消费性支出 |
| | | | | E118 **全社会恩格尔系数** |
| | | | | E119 城市平均每人居住面积 |

续表

| A | B | C | D | E |
|---|---|---|---|---|
| 区域可持续发展能力 | B6 社会 | C12 生活质量 | D36 **物质生活** | E120 商业、服务业等网点平均服务的人口数<br>E121 享有安全饮用水人口的比例<br>E122 移动电话普及率 |
| | | | D37 **文化生活** | E123 万人拥有文化事业机构数<br>E124 **人均图书杂志出版数**<br>E125 每百人每天有报纸份数<br>E126 城镇每百户拥有彩色电视机数<br>E127 **农村每百户拥有电视机数** |
| | | | D38 **医疗卫生保健** | E128 **婴儿死亡率**<br>E129 **每万人拥有医生数量**<br>E130 完成全程免疫人数比例<br>E131 **每万人拥有医院病床数**<br>E132 财政性卫生经费支出<br>E133 城镇家庭平均每人全年医疗保健支出<br>E134 农村家庭平均每人全年医疗保健支出<br>E135 人口平均寿命 |
| | | C13 社会发展 | D39 **社会保障** | E136 社会保障覆盖面<br>E137 抚恤和社会福利救济费占财政支出比例<br>E138 **人均保险费** |
| | | | D40 **社会稳定** | E139 **刑事案件发案率**<br>E140 **刑事案件破案率**<br>E141 群众上访人次/人口数<br>E142 群众上访问题解决比例<br>E143 通货膨胀率 |
| | | | D41 **教育发展** | E144 **小学适龄人口入学率**<br>E145 人均财政性教育经费<br>E146 **专任教师/总人口**<br>E147 在校学生/总人口<br>E148 普通高校学生/在校学生总数<br>E149 人均受教育年限 |
| | | | D42 **科技发展** | E150 **研究与发展经费**/GDP<br>E151 科技事业费和科技三项费用/科技人员数<br>E152 **万人科学家和工程师数**<br>E153 科技成果获省部级以上奖项数/科学家和工程师数<br>E154 **技术市场成交额**/GDP<br>E155 批准专利同比增长率 |

续表

| A | B | C | D | E |
| --- | --- | --- | --- | --- |
| 区域可持续发展能力 | B7 管理 | C14 管理状况 | D43 **区域管理中心状况** | E156 公务员数/就业人口数 |
| | | | | E157 大学以上学历的公务员数/公务员总数 |
| | | | | E158 **人均财政收入** |
| | | | | E159 **政府消费**/GDP |
| | | | D44 公众参与状况 | E160 科普讲座和科普展览参加人数/人口数 |
| | | | | E161 人大代表和政协委员提案件数 |
| | | C15 管理能力 | D45 **区域管理中心能力** | E162 **财政自给率** |
| | | | | E163 **财政收入**/GDP |
| | | | | E164 行政管理费/财政收入 |
| | | | | E165 城乡人均收入变化率 |
| | | | D46 公众参与能力 | E166 人大代表和政协委员/人口数 |
| | | | | E167 文化教育事业费支出/财政支出 |
| | B8 区域 | C16 区域系统 | D47 **国家投入** | E168 国家年投入额/人口数 |
| | | | | E169 **国家年投入额占本区域财政收入比例** |
| | | | | E170 国家年投入额占全国的份额 |
| | | | D48 **上缴利税** | E171 人均上缴国家利税额 |
| | | | | E172 **单位** GDP **上缴国家利税额** |
| | | | | E173 上缴国家利税额占全国的份额 |
| | | C17 区际关系 | D49 **资金吸引力** | E174 **实际利用国外投资额/本区域总投资额** |
| | | | D50 **进出口能力** | E175 **外贸进出口总值占全国份额** |
| | | | | E176 **外贸进出口总值**/GDP |
| | | | D51 **人才吸引力** | E177 具有高级职称人员年增长数 |
| | | | | E178 **高层次人才指数** |
| | | | D52 **区位优势** | E179 **到达首都与最近陆地国界距离差** |
| | | | | E180 **到达首都与国内最近出海口距离差** |
| | | | | E181 **国内相邻区域数减去相邻国家数** |
| | | | D53 **外部性** | E182 **外来重要污染源数** |
| | | | | E183 向区外排放的重要污染源数 |
| | | | D54 **区际公平** | E184 能源生产总量/全国能源生产总量 |
| | | | | E185 **能源消耗总量/能源生产总量** |
| | | | | E186 粮食产量/全国粮食产量 |
| | | | | E187 粮食消耗量/粮食产量 |
| | | | | E188 区域内人均收入/全国人均收入 |
| | | | | E189 区域人均税额/全国人均税额 |
| | | | | E190 **区域人均** GDP/**全国人均** GDP |
| | B9 代域 | C18 代内关系 | D55 **经济公平** | E191 城乡消费水平差异变化率 |
| | | | | E192 城乡收入水平差异变化率 |
| | | | | E193 **基尼系数** |

续表

| A | B | C | D | E |
|---|---|---|---|---|
| 区域可持续发展能力 | B9 代域 | C18 代内关系 | D56 **社会公平** | E194 城镇在校中小学生数/城镇人口<br>E195 农村在校中小学生数/农村人口<br>E196 城镇从业人员数/城镇适龄劳动者总数<br>E197 乡村从业人员数/乡村适龄劳动者总数<br>E198 **城镇居民家庭人均可支配收入**<br>E199 **农民家庭人均纯收入** |
| | | C19 代际关系 | D57 **代际公平** | E200 **百年平均主要矿产资源保有量**<br>E201 地方财政存款/地方财政收入<br>E202 固定资产投资增长率<br>E203 银行和其他金融机构存款余额增长率<br>E204 科学论文和著作增长率<br>E205 **人口总负担系数** |

资料来源:张学文,2003

## 四、可持续发展系统指标体系评价

可持续发展系统是一个涉及多要素、多层面、多目标的复杂系统,对其进行指标体系评价也是一项复杂的系统工程,因此,必须遵循一定的过程规范和方法操守。

### (一)可持续发展系统指标体系评价的过程

区域可持续发展系统的指标体系确定后,接下来的工作就是要获取各个指标准确、有效的数据和信息,然后对这些数据和信息进行分析处理,进行区域可持续发展系统的综合评价。区域可持续发展系统的评价过程一般需要经历以下四个环节。

(1)指标无量纲化。无量纲化实质上是一个将指标原始值转化为评价值的标准化过程。这是因为,指标的原始值都是有单位的,而且各不相同,经无量纲化处理后,原始值转换成标准的评价值,这样就没有单位了,便于比较分析和综合分析。指标无量纲化的方法很多,主要有极差正规化、标准差标准化变换和功效系数法等。

(2)指标赋权。在指标体系中,每个指标所起的作用是不一样的,有的作用大,有的作用小,因此,必须分别给出它们在系统、子系统、分子系统各层次中的权重,这就是赋权。所谓指标赋权,就是对各具体指标在指标体系中的重要程度或贡献大小进行定量定值。赋权的方法也很多,但以层次分析法(AHP)最常用。层次分析法是一种定性与定量相结合的决策分析方法,它把区域可持续发展问题中的各种因素划分成相互联系的有序的层次系统,并根据事实判断,就每一层次的相对重要性给予定量表示,利用数学方法确定每一层次全部元素的相对重要性次序的权值,然后通过排序来分析和解决问题。表 8.4 是由表 8.3 简化所得的区域可持续发展系统的指标体系及其权重值。不难看出,区域可持续发展系统作为一个整体,系统总体的权重值为 1,各子系统权重值之和以及各分子系统的权重之和也为 1。各指标在整个体系中的权重可通过其所属子系统的权重和其在分子系统中的权重值相乘获得。

**表 8.4 区域可持续发展系统指标体系及其赋权示例**

| A | B(子系统) | E(元素指标) | 子系统 B 中的权重 | 总系统 A 中的权重 |
|---|---|---|---|---|
| 区域可持续发展能力 | B1 资源 (0.116) | E4 森林覆盖率 | 0.45 | 0.0522 |
| | | E10 人均淡水水资源量 | 0.30 | 0.0348 |
| | | E11 人均主要矿产资源保有量 | 0.25 | 0.0290 |
| | B2 经济 (0.231) | E46 人均 GDP 增长率 | 0.20 | 0.0462 |
| | | E49 工业增加值增长率 | 0.15 | 0.0347 |
| | | E50 第三产业产值/GDP | 0.15 | 0.0346 |
| | | E54 第三产业从业人员/从业人员总数 | 0.15 | 0.0347 |
| | | E58 各地市人均 GDP 变异系数的倒数 | 0.15 | 0.0346 |
| | | E61 人均工业企业利税值 | 0.10 | 0.0231 |
| | | E63 外贸依存度 | 0.10 | 0.0231 |
| | B3 环境 (0.106) | E81 工业废弃物综合利用率 | 0.30 | 0.0318 |
| | | E82 污染治理资金/GDP | 0.20 | 0.0212 |
| | | E83 人均 GDP 与环境质量指数的比值 | 0.25 | 0.0265 |
| | | E85 环保投资/GDP | 0.25 | 0.0265 |
| | B4 生态 (0.063) | E89 水土流失面积占国土面积的比例 | 0.40 | 0.0252 |
| | | E94 自然灾害成灾率 | 0.60 | 0.0378 |
| | B5 人口 (0.044) | E99 人口自然增长率 | 1.00 | 0.0440 |
| | B6 社会 (0.175) | E111 贫困人口/总人口 | 0.10 | 0.0175 |
| | | E118 全社会恩格尔系数 | 0.15 | 0.0262 |
| | | E124 人均图书杂志出版数 | 0.07 | 0.0123 |
| | | E127 农村每百户拥有电视机数 | 0.08 | 0.0140 |
| | | E129 每万人拥有医生数量 | 0.08 | 0.0140 |
| | | E131 每万人拥有医院病床数 | 0.07 | 0.0123 |
| | | E139 刑事案件发案率 | 0.08 | 0.0140 |
| | | E140 刑事案件破案率 | 0.07 | 0.0122 |
| | | E144 小学适龄人口入学率 | 0.08 | 0.0140 |
| | | E146 专任教师/总人口 | 0.07 | 0.0122 |
| | | E150 研究与发展经费/GDP | 0.08 | 0.0140 |
| | | E152 万人科学家和工程师数 | 0.07 | 0.0123 |
| | B7 管理 (0.097) | E158 人均财政收入 | 0.50 | 0.0485 |
| | | E162 财政自给率 | 0.50 | 0.0485 |
| | B8 区域 (0.11) | E174 实际利用国外投资额/本区域总投资额 | 0.40 | 0.0448 |
| | | E175 外贸进出口总值占全国份额 | 0.30 | 0.0336 |
| | | E178 高层次人才指数 | 0.30 | 0.0336 |
| | B9 代域 (0.056) | E193 基尼系数 | 0.50 | 0.0280 |
| | | E200 百年平均主要矿产资源保有量 | 0.25 | 0.0140 |
| | | E205 人口总负担系数 | 0.25 | 0.0140 |

(3)计算区域可持续发展的综合指数和协调度。首先计算各子系统的可持续发展指数,然后对各子系统的可持续发展指数进行加权加和,得出区域可持续发展系统的可持续发展综合指数。可持续发展综合指数可以反映系统整体的发展状况,但还不能充分反映各子系统之间的关系,因此,必要时还要根据评估目的对子系统之间的关系进行分析,计算关键的子系统与其他各子系统之间的协调度。

(4)给出评价结论和意见建议。可持续发展系统评价的目的是要对区域可持续发展的状况和潜力进行评估,获得可持续发展综合指数(SDI)后,必须给出明确的评价结论和政策建议。首先,评价者要对区域可持续发展的状况做出定性评价。即根据可持续发展水平综合指数的高低来确定发展程度的等级,有的分为弱可持续发展、可持续发展、强可持续发展三个等级;有的分为不可持续发展、弱可持续发展、基本可持续发展、强可持续发展四个等级;有的分为极弱可持续发展、弱可持续发展、一般可持续发展、较强可持续发展、强可持续发展五个等级;还有的分得更细(表 8.5)。评价者通过比较同一地区不同时段 SDI 值的变化,可以对该地区的发展趋势进行评判;通过比较同一时期不同区域 SDI 值的差异,可以对该时期的发展格局进行评判。其次,评价者要对区域可持续发展的优势和瓶颈做出具体结论,指出对可持续发展贡献最大的因子有哪些,制约可持续发展进程的因子主要有哪些,各子系统之间的关系如何,最薄弱的"短板"是什么,等等。最后,评价者要针对区域可持续发展所存在的问题提出系统的、可操作性的政策建议和行动方案。

**表 8.5　六分法可持续发展系统综合评价表**

| 分级 | 可持续发展综合指数 | 基本特征 |
|---|---|---|
| Ⅰ | SDI>0.90 | 最强可持续发展 |
| Ⅱ | 0.75<SDI=0.90 | 强可持续发展 |
| Ⅲ | 0.60<SDI=0.75 | 可持续发展 |
| Ⅳ | 0.45<SDI=0.60 | 基本可持续发展 |
| Ⅴ | 0.30<SDI=0.45 | 基本不可持续发展 |
| Ⅵ | SDI=0.30 | 不可持续发展 |

### (二)可持续发展系统指标体系评价的方法

可持续发展系统评价是一项应用性很强的工作,评价者除需要掌握指标体系设计的原则、方法、过程以及评价的基本流程外,更重要的是要掌握可持续发展系统评价的方法。在可持续发展系统评价过程中,从指标体系建立到综合指数的获得,不同阶段要采取不同的方法。这里,对指标无量纲化方法、指标赋权方法、系统综合评价方法择要加以简单的介绍。

**1. 指标无量纲化方法**

指标无量纲化是一个标准化处理过程。常用方法有极差正规化、标准差标准化变换、功效系数法等。

设原始观测数据矩阵为 $X=(x_{ij})_{n\times m}$,$n$ 为样本数,$m$ 为变量数,$x_{ij}$ 为原始观测

数据中元素或样本 $i$ 对于 $j$ 变量的观测值，则极差正规化公式为

正指标：$x'_{ij} = \dfrac{x_{ij} - \min\limits_{i}\{x_{ij}\}}{\max\limits_{i}\{x_{ij}\} - \min\limits_{i}\{x_{ij}\}}, i = 1,2,\cdots,n; j = 1,2,\cdots,m$

逆指标：$x'_{ij} = \dfrac{\max\limits_{i}\{x_{ij}\} - x_{ij}}{\max\limits_{i}\{x_{ij}\} - \min\limits_{i}\{x_{ij}\}}, i = 1,2,\cdots,n; j = 1,2,\cdots,m$

标准差标准化变换公式为

$$x'_{ij} = \frac{x_{ij} - \bar{x}_j}{S_j}, i = 1,2,\cdots,n; j = 1,2,\cdots,m$$

$$\bar{x}_j = \frac{1}{n}\sum_{i=1}^{n} x_{ij}, S_j = \sqrt{\frac{1}{n-1}\sum_{i=1}^{n}(x_{ij} - \bar{x}_j)^2}$$

**2. 指标赋权方法**

层次分析法是常用的指标赋权方法，它的基本思路是按照各类因素之间的隶属关系把它们排成从高至低的若干层次，建立不同层次元素之间的相互关系，根据对同一层元素相对重要性相互比较的结果，决定层次各元素重要性的先后顺序，以此作为决策的依据。层次分析法的基本步骤是：

第一步，分析研究对象，建立层次结构。根据对区域可持续发展问题的初步分析，将区域可持续发展系统分解成由若干子系统和分子系统构成的层次系统。

第二步，构造判断矩阵。判断矩阵表示针对上一层次中的某元素而言，评定该层次中各有关元素相对重要性的状况。假定上一层次中的某元 素为 $A_k$，与 $A_k$ 关联的下层次各元素为 $B_1, B_2, \cdots, B_n$，由专家咨询综合量化，确定 $B_i$ 元素对 $B_j$ 的相对重要性得出两两比较的判断矩阵 $B = (b_{ij})_{n\times n}$。其中，$b_{ij}$ 表示对上层元素 $A_k$ 而言，下层元素 $B_i$ 与 $B_j$ 比较的相对重要性的数值表现形式。$b_{ij}$ 的取值及含义见表 8.6。

**表 8.6　判断矩阵取值及含义**

| 标度 | 取值含义 | 说明 |
|---|---|---|
| 1 | $B_i$ 与 $B_j$ 同等重要 | 判断矩阵的主对角线元素为 1 |
| 3 | $B_i$ 比 $B_j$ 稍微重要 | 若元素 $B_i$ 与元素 $B_j$ 的重要性之比为 $b_{ij}$，则元素 $B_j$ 与元素 $B_i$ 的重要性之比为 $b_{ij}$ 的倒数 |
| 5 | $B_i$ 比 $B_j$ 明显重要 | |
| 7 | $B_i$ 比 $B_j$ 强烈重要 | |
| 9 | $B_i$ 比 $B_j$ 极端重要 | 此为两元素间最大差异 |
| 2、4、6、8 | 上述 两相邻判断的中间值 | |

一般而言，判断矩阵的数值是根据数据资料、专家意见和分析者的认识，加以平衡后给出的。为了能考察层次分析法得到的结果是否基本合理，需要对判断矩阵进行一致性检验。

如果判断矩阵存在关系

$$b_{ij} = \frac{b_{ik}}{b_{jk}}, i,j,k = 1,2,\cdots,n$$

则称它具有完全一致性。

第三步，层次单排序。根据判断矩阵，计算对于上一层某一元素而言，本层次与之有联系的元素重要性次序的权值的过程，称之为层次单排序。

层次单排序的问题可以归结为计算判断矩阵的特征根和特征向量问题，计算判断矩阵$B$的最大特征根$\lambda_{max}$及对应的特征向量$\alpha=(a_1,a_2,\cdots,a_n)$，将$\alpha$进行归一化，即得权重向量$W=(W_1,W_2,\cdots,W_n)=(a_1/\sum_{i=1}^{n}a_i,a_2/\sum_{i=1}^{n}a_i,\cdots,a_n/\sum_{i=1}^{n}a_i)$。$W$的分量$W_i$就是对应元素单排序的权重值。

为了检验判断矩阵的一致性，需要计算它的一致性指标，即

$$\mathrm{CI}=\frac{\lambda_{max}-n}{n-1}$$

显然，当CI=0时，判断矩阵具有完全一致性；反之，CI愈大，判断矩阵的一致性就愈差。为了检验判断矩阵是否具有令人满意的一致性，需要将CI与平均随机一致性指标RI进行比较(表8-7)。

**表8.7　平均随机一致性指标**

| 阶数 | 1 | 2 | 3 | 4 | 5 | 6 | 7 | 8 | 9 |
|---|---|---|---|---|---|---|---|---|---|
| RI | 0 | 0 | 0.58 | 0.90 | 1.12 | 1.24 | 1.31 | 1.41 | 1.45 |

由于一阶、二阶矩阵总是具有完全一致性，其RI值只是形式上的。对于二阶以上的判断矩阵其一致性指标CI与同阶的平均随机一致性指标RI之比，称为判断矩阵的随机一致性比例，记为CR，则CR=CI/RI。当CR<0.1时，我们就认为判断矩阵具有令人满意的一致性；当CR≥0.1时，就需要调整判断矩阵，直到具有满意的随机一致性比例为止。

第四步，层次总排序。利用同一层次中所有层次单排序的结果，就可以计算针对上一层次而言的本层次所有元素的重要性，这就称为层次总排序。层次总排序需要从上到下逐层排序进行，对于最高层之下的第二层，其层次单排序即为总排序。假定上一层所有元素$A_1,A_2,\cdots,A_m$的层次单排序已完成，得到的权重为$a_1,a_2,\cdots,a_m$，与$A_i$对应的本层次元素$B_1,B_2,\cdots,B_n$单排序结果为$b_1^i,b_2^i,\cdots,b_n^i$。这里，若$B_j$与$A_i$无联系时，则$b_j^i=0$，元素$B_j$对总目标的权重为

$$b_j=\sum_{i=1}^{m}a_ib_j^i,j=1,2,\cdots,n$$

显然，有$\sum_{j=1}^{n}\sum_{i=1}^{m}a_ib_j^i=1$，即层次总排序是归一化向量。

第五步，一致性检验。为了评价层次总排序的计算结果的一致性如何，需要计算与层次单排序类似的检验量。

层次总排序的一致性指标：$CI = \sum_{i=1}^{m} a_i \cdot CI_i$

层次总排序随机一致性指标：$RI = \sum_{i=1}^{m} a_i RI_i$

层次总排序随机一致性比例：$CR = \frac{CI}{RI}$

式中：$CI_i$ 为 $a_i$ 对应的 $B$ 层次中判断矩阵的一致性指标；$RI_i$ 为 $a_i$ 对应的 $B$ 层次判断矩阵的随机一致性指标。同样，当 $CR < 0.1$ 时，则认为层次总排序的计算结果具有令人满意的一致性；否则，就需要对本层次的各判断矩阵进行调整，直至层次总排序具有令人满意的一致性。

**3. 可持续发展综合评价方法**

可持续发展的综合评价方法很多，对同一区域的可持续发展变化进行时间比较和不同区域的可持续发展进行空间比较，采用的评价方法是不同的。以下以表8.3为例，采用功效指数法来说明可持续发展系统的评价过程。

第一步，计算各指标的功效系数。设 $x_j$ 是第 $j$ 个评价指标实际值，$\alpha_j$ 和 $\beta_j$ 分别为对应于第 $j$ 个评价指标的满意值和不允许值。满意值可采用规划发展目标值或国际国内标准值，不允许值可采用预警指标或警戒指标。当第 $j$ 个评价指标达到满意值时，则赋予功效 $d_j = 1$；当出现不允许值时，赋予功效 $d_j = 0$。一般地，第 $j$ 个评价指标的单项功效系数为

$$d_j = \frac{x_j - \beta_j}{\alpha_j - \beta_j}$$

第二步，由层次分析法确定各评价指标的权重 $W_j$。层次分析法的具体计算过程如上所述。

第三步，计算各子系统的功效

$$F_i = \sum_{j=1}^{n} W_j d_j, \quad i = 1,2,\cdots,m$$

第四步，计算可持续发展系统的总功效

$$SDI = \sum_{i=1}^{m} a_i F_i$$

式中：$F_i$ 为子系统 $i$ 的可持续发展指数；$m$ 为子系统个数；$n$ 为各指数所包含的指标个数；$W_j$、$d_j$ 分别为各指标的权重和功效；$a_i$ 为各子系统可持续发展指数的权重。SDI 为总功效，即可持续发展水平的综合指数，其值为 $0 \sim 1$。

第五步，计算可持续发展的协调度。一般以某个关键子系统为因变量，其他子系统为自变量，进行多项式的回归拟合，同时进行指数方程、对数方程和"S"形曲线方程等的拟合，从中选取残差平方和最小的拟合曲线作为最佳拟合方程。将可持续发展指数代入最佳拟合方程，然后利用隶属度函数计算子系统之间的协调度。描述两系统之间的互相协调发展状况的状态协调函数，即

$$U(i,j)=\frac{\min\left\{u\left(\frac{i}{j}\right),u\left(\frac{j}{i}\right)\right\}}{\max\left\{u\left(\frac{i}{j}\right),u\left(\frac{j}{i}\right)\right\}}$$

其中

$$u\left(\frac{i}{j}\right)=\exp\left\{-\frac{(x-x')^2}{s^2}\right\}$$

式中：$U(i,j)$表示 $i$ 系统与 $j$ 系统的协调发展指数；$u\left(\frac{i}{j}\right)$表示 $i$ 系统对 $j$ 系统的协调发展指数；$u\left(\frac{j}{i}\right)$表示 $j$ 系统对 $i$ 系统的协调发展指数；$x$ 表示 $i$ 系统综合发展指数；$x'$ 表示 $j$ 系统对 $i$ 系统要求的综合发展协调值；$s$ 表示 $i$ 系统综合发展指数的标准差。以上计算过程一般采用 SPSS 统计软件进行。

## 本章小结

可持续发展系统评价的哲学基础是认识论和本体论。从认识论看，可持续发展系统评价是一个明确可持续发展系统价值的过程；从本体论看，可持续发展系统评价不仅要发掘可持续发展系统的价值和功能，而且要筹划可持续发展系统的实施途径和对策措施。基于意义本体论的评价有助于环境价值的评估和环境伦理的建立；基于语言本体论的评价有助于社会意识的变革和社会有意识的进化；基于实践本体论的评价有助于整体揭示可持续发展系统的特性、结构、功能和运行机制，寻找实现可持续发展的方法和途径。

可持续发展系统评价是一个运用可持续发展原理和科学方法，来判断、表征、评估一定区域的发展状态、趋势、性质及其可持续发展程度，有针对性地为区域可持续发展战略的实施提供决策咨询的动态过程。它不仅要回答发展是否具有可持续性的问题，而且更重要的是要回答怎样实现可持续发展的问题。可持续发展系统评价主要包括经济可持续发展评价、生态可持续发展评价、社会可持续发展评价和可持续发展系统综合评价。

可持续发展系统评价要兼顾当前的现实利益与长远的战略利益，要将经济效益、生态效益和社会效益有机地结合起来，要全面考察可持续发展系统的时间维、空间维、关系维、要素维和综合维；既要考察各个子系统的可持续性，更要考察子系统之间的协调性。

可持续发展系统的评价指标是用来评价可持续发展系统状况及其目标实现程度的标准。可持续发展系统的评价，可用单项指标评价，也可用指标体系评价。全面性、科学性、可比性、完备性和主导性是构建可持续发展系统指标体系的基本原则；系统法、综合法、分析法是构建可持续发展系统指标体系的基本方法；压力-状态-响应模式、投入-产出模式、生态-经济-社会模式和人类-生态系统福利模式是构建可持续发展系统指标体系的基本框架。构建一个完整的可持续发展系统评价的指标体系一般需要经历这样四个步骤：确定评价的目标；确定评价的结构；遴选评价的元素指标；根据实际完善指标体系。一个完整的可持续发展系统评价的指标体系一般都由目标层、结构层和指标层三个部分组成。

评价一个区域的可持续发展水平，一般用指标体系来做综合评价。可持续发展系统指标体系的评价过程包括三个关键步骤：首先，指标无量纲化与赋权；其次，可持续发展水平综合指数和协调度的计算；最后，给出评价结论和意见建议。对应于不同的评价阶段，需要采取不同的评价方法，如指标筛选方法、指标无量纲化方法、指标赋权方法和指标体系综合评价方法。

## 思 考 题

1. 可持续发展系统评价的哲学基础。
2. 可持续发展系统评价的主要内涵。
3. 可持续发展系统评价的基本原则。
4. 绿色 GDP 与生态足迹的概念及其计算。
5. 建立可持续发展指标体系的原则、方法和过程。
6. 可持续发展系统指标体系评价的过程和主要方法。

# 第九章　区域可持续发展战略

**本章导读**

可持续发展是一个由要素组成的具有一定结构和功能的系统，而且任何可持续发展系统，无论是全球的和超国家的，还是国家的和地方的，都是区域的发展系统，这是因为，所有的可持续发展战略最终都要落实到具体的区域范围。前面几章分别剖析了可持续发展系统的人口、资源、环境、经济和社会诸要素与可持续发展系统之间的关系，并且介绍了可持续发展系统的评价方法。应该记住，我们对可持续发展问题的探讨，不是为了研究而研究，不是为了学术而学术，而是为了优化我们的人文世界，为了人类社会朝着我们所愿望的方向有意识地进化。因此，现在是我们对区域可持续发展战略进行探讨的时候了。我们不仅要了解区域可持续发展战略的一般理论，了解自己祖国的可持续发展思想的形成和可持续发展战略实践的进展，更重要是，要掌握区域可持续发展战略规划的目标、尺度、内容和过程。

- 区域可持续发展战略的概念与类型
- 区域可持续发展战略的目标体系
- 区域可持续发展战略的能力体系
- 区域可持续发展的战略规划理论
- 中国古代朴素的可持续发展思想
- 中国可持续发展战略的形成过程
- 中国可持续发展实验区的建设

## 第一节　区域可持续发展战略的理论基础

管理学是区域可持续发展战略的理论基础。“战略”一词起源于军事科学，指决定和指导战争全局的计划和谋略。现在多应用于管理学，常指重大的、带全局性的或决定全局的谋划。可持续发展理论从综合战略的角度和管理决策的高度，揭示生态-经济-社会系统的演化规律，提出生态-经济-社会系统的调控原理与方法，引导生态-经济-社会系统走向可持续发展，具有高度明显的管理学特征（刘培哲，2001）。

## 一、区域可持续发展战略的概念与类型

区域可持续发展战略是区域的长远发展战略，是可持续发展的思想理念和管理方法在一定空间范围内的实践。不同的区域由于发展的内容、水平、速度各不相同，需要采取不同的可持续发展战略。

### （一）区域可持续发展战略的概念

什么是区域可持续发展战略？目前学术界没有一致的定义。但是，区域可持续发展从空间立论，具有区域性和综合性，这是取得了共识的。比如：

——（区域）可持续发展战略是指促进发展并保证其具有可持续性的战略，是改善和保护人类美好生活及其生态系统的计划与行为的过程，是多个领域的发展战略的总称（赵丽芬和江勇，2001）。

——（区域）可持续发展战略是区域由不可持续发展跃迁到可持续发展的努力方向、宏观途径与策略要点。通过可持续发展战略的实施，推动区域发展模式质的转变；提升区域可持续发展能力；增强政府整合政府行为、企业行为和公众行为的能力（万劲波和叶文虎，2005）。

根据对可持续发展系统的解析，我们认为，区域可持续发展战略是区域的长远发展战略，是运用可持续发展的思想理念和管理方法导向可持续社会的区域管理战略，是通过对区域内人口、资源、环境、经济和社会诸要素及其所构成的人地关系、区际关系和代际关系进行综合规划和系统管理，以实现区域的生态、经济、社会的可持续发展的综合的和长远的谋划。人地关系和谐、区际关系和谐、代际关系和谐是区域可持续发展战略必须贯彻的三条原则，发展度、协调度和可持续度是区域可持续发展战略必须考虑的三个维度，“三种生产”的背离、效率与公平的偏离、生产价值与生态价值的脱离是区域可持续发展战略必须克服的三个瓶颈。

### （二）区域可持续发展战略的类型

联合国《21世纪议程》将可持续发展战略确定为全球长期发展战略，是在全球范围内实施可持续发展战略的行动准则。虽然这是一个不具有法律约束性的文件，但它代表了最高级别的政治承诺，很多国家为此都制定并实施了本国的可持续发展战略。《21世纪议程》涉及人类可持续发展的所有领域，它的前半部分是由经济、资源、环境、人口四大要素组成的全球可持续发展的目标系统；后半部分是由管理、教育、科技、公众参与等要素组成的可持续发展的能力建设系统。《21世纪议程》把经济、社会、资源与环境视为一个密不可分的整体，构筑了一个全球性、综合性、长期性和渐进性的可持续发展战略框架。

但是，世界的发展是不同步的，不同的国家或区域应该采取不同的可持续发展战略，发达国家宜采取维持型可持续发展战略，而发展中国家宜采取赶超型可持续发展战略。

**1. 维持型可持续发展战略**

发达国家是在其工业化发展到一定程度、环境污染超过生态环境自净能力的临界点之后才遇到环境问题,并实施可持续发展战略的(赵丽芬和江勇,2001)。因此,其可持续发展战略是维持型的,主要表现:一是维持其现有的比较良好的生态环境,其改善环境除推广清洁生产减少环境污染外,也通过向发展中国家转移污染来实现;二是维持其原有的高标准的消费方式,这样不可避免地要从发展中国家获取更多的自然资源。不难看出,这种维持型的浅层次的可持续发展战略,难以从根本上降低全球性自然资源的消耗,是全球步入低消耗的可持续社会的一大障碍。

1993 年 2 月,欧盟通过了"环境与可持续发展新战略",主要包括三个方面的内容:一是欧盟的可持续发展目标。主要通过有效管理资源的开发与利用,鼓励再生利用,避免自然资源的浪费,进一步合理化能源的生产与消费,改变社会现有的消费方式和行为方式,推进欧盟经济发展模式的转型等措施来实现可持续发展。二是欧盟可持续发展的优先领域。三是欧盟可持续发展的重点部门,涉及工业、能源、交通、农业和旅游业等。

1993 年 5 月,时任美国总统的克林顿组织成立了"总统可持续发展委员会"(PCSD),该委员会制定了美国可持续发展的战略目标及应采取的措施和步骤,发布了《可持续发展的美国》的报告,这是一个典型的维持型可持续发展方案,它强调美国式高消费生活方式的维持。报告涉及的主要内容有宏观经济问题、消费与废弃物问题、能源问题、交通运输和空气污染问题、农业问题、森林问题、野生动物和海洋渔业问题,以及水资源问题等。近些年来,美国以信息产业和高新技术支撑的知识经济迅速发展。这种以替代自然资源消耗为前提的新经济形态的出现,为全球人类步入低消耗的可持续社会提供了新的希望。

**2. 赶超型可持续发展战略**

与发达国家相比,发展中国家实现可持续发展的难度要大得多,主要困境是:一是缺乏满足基本需求的经济基础和生产能力;二是经济增长方式主要是高消耗、低产出、高污染的粗放型增长。因此,发展中国家实施可持续发展战略,壮大经济基础、转变经济增长方式、加强可持续发展能力建设是关键。

1992 年联合国环境与发展大会后,中国政府即着手制定中国的可持续发展战略,并于 1994 年发布了《中国 21 世纪议程》。这是切合联合国《21 世纪议程》要求同时又具有中国特色的国家可持续发展战略。由于中国是发展中国家,所以《中国 21 世纪议程》开宗明义就指出:中国将坚定不移地走可持续发展的道路,但是中国是世界上最大的发展中国家,其可持续发展的前提是发展。

1992 年联合国环境与发展大会后,比中国稍晚,另一个发展中大国巴西政府也制定了国家可持续发展战略,并把社会稳定发展与自然供需平衡作为其可持续发展战略的基石。具体目标和要点是:逐步消除贫困;合理利用资源;建立新的交通体系,包括发展铁路、海运和内河货物运输等;建立生态平衡经济发展区,并根据各发展区的经济发展特点确立发展方向，采取相应的政策措施；发展农业多品种种植和食品多样化；开发多样化生物品种；强化可持续发展手段等。

应该指出，无论是维持型的还是赶超型的可持续发展战略，都有自身的局限性，与可持续发展理论所设计的理想模式都有较大的差距。但是，我们也必须认识到，世界的发展是不同步的，可持续发展战略的实现是一个长期的趋势过程，存在这样的差距也是合理的。只要每个国家都在努力地朝可持续发展的方向前进，人类就会有更美好的明天。

## 二、区域可持续发展战略的目标体系

《我们共同的未来》在第二章“走向可持续发展”的“结论”一节中写道：可持续发展战略旨在促进人类之间以及人类与自然之间的和谐。在 20 世纪 80 年代发展与环境危机的具体条件下，寻求可持续发展的要求是建立相应的政治体系、经济体系、社会体系、生产体系、技术体系、国际体系和管理体系。这里，我们根据可持续发展的层次结构，将区域可持续发展战略的目标体系分为生态目标、经济目标和社会目标。可持续发展要求以平等的精力来追求经济的、生态的和社会的目标。

### （一）区域可持续发展战略的生态目标

区域可持续发展战略的生态目标总体上是要保持自然资源库的稳定和生态系统的良性循环，实现区域生态的可持续发展。核心目标是：

（1）资源的获取量不超过自然的和人工的更新率，保持自然资源库的恒定或稳量；

（2）废物的排放量不超过自然的和人工的生态系统的相应的净化量；

（3）维持生态系统的完整性、生物的多样性和大气的稳定性，保持生态系统的良性循环和生产能力。

《我们共同的未来》提出的目标体系中并没有直接设置可持续性的生态目标体系，而是将生态和经济整合到一起，使生态目标寓于经济目标之中，或者说是将生态目标作为实现经济目标的约束条件。例如，人类的社会经济活动不能超出生态承载力的限度，要保持生态系统的完整性和生物物种的多样性，要预防资源和环境问题的出现和修复环境的损害。

### （二）区域可持续发展战略的经济目标

区域可持续发展战略的经济目标总体上是要建设生态经济体系，实现区域经济的可持续发展。核心目标是：

（1）维持资本库存的动态平衡，使人均福利随时间增长而增长；

（2）在自然资产不减少的前提下，使人均福利随时间增长而增长；

（3）在保持自然资源的质量和其所提供的服务的前提下，使经济发展的净利益得到最大限度的增长。

《我们共同的未来》寻求“在自力更生和持久的基础上能够产生剩余物质和技

术知识的经济体系”、“尊重保护发展的生态基础的义务的生产体系”和“促进可持续性方式的贸易和金融的国际体系”。我们认为，这些体系都是着眼于经济可持续发展的，都旨在建设一个可持续的生态经济体系，保护生态基础的生产体系和可持续方式的贸易体系对应的是生态经济体系中的生产环节和消费环节。

生态经济是指人们按照生态学原理和自然演化规律来进行物质生产，同时协调物质生产与环境生产、人的生产之间的关系的经济体系。它以生态农业、生态工业、生态旅游、绿色贸易和绿色消费为主要内容，以生态技术为工具，将生态过程贯穿于生产、流通、消费各环节，其核心问题是如何实现经济系统与生态系统、社会系统的协调发展。因此，有人指出：“生态经济体系是指在区域经济系统运行机制理论指导下，区域内自然系统、经济系统和社会系统之间，相互联系、相互影响、相互制约而构成的有序、立体、网络关系的生态经济社会结构(张敦富，1999)。”区域生态经济体系集优良的生态环境、发达的生态经济、高尚的生态道德、先进的生态文明于一体，是实现区域可持续发展的关键前提。建设区域生态经济体系，首先要树立良好的生态意识，将单一追求经济效益的目标转变为兼顾经济效益与生态效益的目标(曲格平，2002)；其次要培养具有生态意识的高科技人才，大力开发生态技术，使生产、流通、消费的各个环节实现生态化，形成良性循环的产业系统。

### (三)区域可持续发展战略的社会目标

区域可持续发展的社会目标总体上是要建设可持续的社会，实现区域社会的可持续发展。核心目标是：

(1)广泛的公众参与；

(2)维护社会公正，以公平的方式满足人们的需求，提供令人满意的社会服务；

(3)保持文化多样性与高度多元化的社会结构；

(4)个人的全面发展，社会的全面进步。

《我们共同的未来》寻求“保证公民有效参与决策的政治体系”、“不断寻求新的解决方法的技术体系”、“具有自身调整能力的灵活的管理体系”和“为不和谐发展的紧张局面提供解决方法的社会体系”。我们认为，这些体系都是可持续发展的社会目标体系，其中最关键的是公众参与、技术创新和管理创新。

广泛的公众参与需要社会态度和个人行为的根本性改变。建立公众有效参与的政治体系，关键是要建立制度化的公众参与机制，确保公众参与决策、参与立法、参与管理、参与监督的渠道的多样性和结果的有效性。

科技进步是一把“双刃剑”，建立可持续社会，必须使技术创新的方向符合可持续发展的要求，正如联合国粮食及农业组织所指出的：技术创新的方向必须保证当代人和后代人的需求能得到持续的满足(阮本清和元奋生，1996)。具体来说，技术创新一要体现对生态、经济、社会各子系统的促进功能；二要体现对生态-经济-社会复合系统的整体协调功能(程萍，2003)。

人类环境管理的失败被认为是人类困境形成的重要原因，可持续发展的管理创新就是要形成具有自我调整能力的管理体系，主要是对资源配置、环境效应、社会成本的管理。在企业中推行绿色管理是管理创新的一项重要内容。绿色管理是将生态环境管理纳人工业企业的经营管理之中，使生态环境保护和经济发展协调共进的一种企业管理模式，它注重经济效益和生态效益的统一，注重人与自然、人与人和人与社会之间关系的协调。绿色消费观念的形成有利于绿色管理的实施。

## 三、区域可持续发展战略的能力体系

“可持续”一词本身就是对发展能力的一种表述，这是它与“持续”概念最本质的区别。“可持续发展能力”是个集合概念，中国科学院可持续发展研究组定义其为：“一个特定系统在规定目标和预设阶段内可以成功地将其发展度、协调度、持续度稳定地约束在可持续发展阈值内的概率”（中国科学院可持续发展战略研究组，2002）。

与可持续发展系统的要素人口、资源、环境、经济和社会等相对应，区域可持续发展战略的能力体系包括区域智力支持能力、区域生存支持能力、区域环境支持能力、区域发展支持能力和区域社会支持能力。

### （一）区域智力支持能力

区域智力支持能力是区域人口在创新、决策和管理等方面的发展能力，主要从区域的教育能力、科技能力和管理能力三个方面来度量。区域智力支持能力是区域可持续发展系统的人口支撑。

区域教育能力是指区域在教育资源投入、人才培养、人力资源开发在社会贡献方面所具备的综合实力。教育能力是智力支持的基础，是科技创新的土壤，主要从教育投入、教育规模和教育质量三个方面度量。人力资源是具有财富和价值创造能力的人口所具有的体能、技能、智能的总和，它既是经济发展的要素，更是可持续社会的基础。教育是人力资源开发的必要手段。人力资源开发可大致分为两个方面：一是体力投资，即指改善营养和卫生条件，增强劳动力的体质；二是智力投资，指通过教育和培训，提高劳动者的知识、智力和技能（谭崇台，2001）。

区域科技能力是指区域在科技资源投入、科技成果产出、科技进步在社会贡献方面所具备的综合实力。科技能力是智力支持的核心，是财富积累的动力，主要从科技潜在能力、科技发展能力、科技产出能力和科技贡献能力四个方面度量。区域科技能力是区域竞争力的支撑。历史证明，每一次科技革命都成为推动社会经济飞速发展的强大动力。知识经济时代，知识和科技在社会财富积累和社会经济发展过程中的贡献率，已经超过了自然资源、实物资本、资金和劳动力资本的贡献率，发达国家创造的财富已有 2/3 来源于知识资本，科技创新能力已成为国际竞争能力的核心内容（承继成等，2001）。

区域管理能力是指区域提高组织的有效性和决策的科学性的能力，主要从决断能力、组织能力、引导能力、整合能力和服务能力五个方面来度量。管理学理论认为，管理能力包括全面而准确地制定效率的标准的能力，敏锐洞察目前工作水平与标准之间的差距的能力和及时纠正偏差的能力。对于一个区域而言，政府是主要的管理者和决策者，是区域可持续发展系统的指挥中枢，其管理能力应该包括：对于制度选择和政策评价的决断能力；对于整体发展和发展战略的组织能力；对于社会行为和社会意识的引导能力；对于不同社会诉求和利益集团的整合能力；对于全体公民和企业发展的服务能力(中国科学院可持续发展研究组，2002)。

（二）区域生存支持能力

区域生存支持能力是区域资源满足当代及后代人基本生存和发展需求的能力，主要从区域的生存资源禀赋、生存持续能力两个方面度量。区域生存支持能力是区域可持续发展系统的资源支撑。

区域生存资源禀赋是指与人类生存密切相关的可直接开发利用的可再生和不可再生的资源的丰度。水资源、耕地资源、生物资源和气候资源是人类生存必需的基本资源，它们的赋存质量和组合状况直接影响到人类的生存和发展，一个连基本生存资源都难以满足的区域是无法实现可持续发展的。但是，对于市场经济高度发达的现代社会，由于资源的可替代性和可交换性，矿产资源和化石能源也已经成为影响区域人口生存的重要资源，例如，中东地区的水资源、耕地资源和生物资源都相当贫乏，但其丰富的石油资源在很大程度上弥补了其可再生资源的不足。

区域生存持续能力是人类将生存资源转化为产品和服务的能力。由于人类的基本生存需求主要建立在农业基础之上，所以生存持续能力的建设主要着眼于农业资源的可持续利用和农业生产力水平的提高。在农业生产观念方面，要采用各种手段培养农业生产者和管理者的生态意识、环境意识和资源意识，推动农业生产模式向绿色农业、生态农业和集约农业的方向转变。在农业制度创新方面，要创新农业组织形式和农业产业政策，极少化农业生产对生态环境的负面影响效应，极大化农业经济的自我发展能力。在农业技术创新方面，要从良种的培育、化肥、农药和农机等可物化的技术环节来寻找突破口，协调农业生产与农业生态的关系，形成有利于提高生存支持能力的生态农业科技体系。

（三）区域环境支持能力

区域环境支持能力是区域环境对于人类社会经济的发展、资源的利用与开发、废弃物的排放所具有的承载能力，它是区域环境的资源生产力、环境自净力和灾害破坏力的总和，是环境生产力的具体体现，可从区域环境水平、区域生态水平和区域抗逆水平三个方面进行度量。区域环境支持能力是区域可持续发展系统的容量支撑。

区域环境水平是指区域的环境质量，主要是指区域大气、水体和土壤等的污染程度。污染物质是人类生产和生活过程中产生的有毒有害物质，如果污染水平超出了环境的自净能力，人类系统和生态系统都将受到损害。因此，区域环境水平可通过其外部性影响区域可持续发展的进程。

区域生态水平是指区域的生态质量，是区域生态系统产生资源、消纳污染、提供生态产品和服务的能力，生态完整性、生物多样性是其主要的度量指标。生态是经济的基础，生态质量的好坏直接关系到资源质量和环境容量，其对可持续发展进程的影响具有滞后性和长期性。

区域抗逆水平是指区域抗御自然灾害的能力。它既受制于自然生态的特性，也受制于人类活动的特性。区域自然灾害的类型及其发生的频度和损失的程度影响经济的积累，影响社会的稳定，对可持续发展的进程起着阻碍和抑制的作用。可持续发展要求通过技术、政策和管理等手段来提高生态系统的质量和人类抗御自然灾害的能力。

### （四）区域发展支持能力

区域发展支持能力是区域经济利用资源、人力、技术和资本等生产产品和服务的总体能力，主要从区域的发展成本、发展水平和发展质量三个方面进行度量。区域发展支持能力是区域可持续发展系统的经济支撑。

区域发展成本又称区域开发成本，是一个区域为了支持它的经济起飞并实现区域战略发展目标，必须进行基础设施建设所花费的成本。基础设施是指为直接生产部门和公众生活提供公用、共用设施，公用、共用条件，公共服务体系的设施与机构。表达区域发展成本的基础设施可分为生产型基础实施、生活型基础设施、社会型基础设施。影响区域发展成本的因素有区域的区位条件、自然特点等自然基础，经济积累、经济规模等经济基础，以及人口素质、开放程度和观念习俗等社会基础（中国科学院可持续发展研究组，1999）。

区域发展水平是区域当前已经达到的发展程度，它是区域生态、经济、社会长期相互作用、相互影响的结果。对区域现状的客观描述和分析是研究区域可持续发展的基础性工作，区域发展水平的高低反映了发展在空间上的不均衡性和时间上的不同步性，因此，区域可持续发展的战略目标和实施措施必须因地制宜。影响区域发展水平的主要因素有区域的生产能力、区域的资本形成能力和区域的经济增长速度。

区域发展质量是指区域经济增长与资源环境的协调性以及区域经济结构的合理性。可持续发展要求满足所有人的基本的和合理的需求，对于广大的发展中国家和欠发达的地区而言，可持续发展的核心是经济增长，但经济增长不等于发展，如果片面强调经济增长，忽视生态破坏和环境污染所带来的社会成本，这样的发展是没有质量的。经济结构对可持续发展系统的调控具有重要作用，可持续发展要求充分体现区域特性的空间结构，充分落实宏观调控作用的市场结构，充分体现知识经济特点的产业结构。

### （五）区域社会支持能力

区域社会支持能力是区域社会在发展过程中所表现出来的各种指向可持续社会的能力，主要从社会公平能力、社会稳定能力和社会保障能力三个方面进行度量。社会支持能力建设的过程就是不断提高社会系统维持有序运行、承受和抵抗外界及内部干扰能力的过程。区域社会支持能力是区域可持续发展系统的社会支撑。

区域社会公平能力是指维护社会公平的能力。可持续发展要求确保全体社会成员公平地分享社会财富。社会公平包括公民的民主政治权利公平、收入分配的公平、受教育的公平和就业的公平等许多方面。社会公平是社会和谐的前提,健全社会制度是确保社会公平的关键。

区域社会稳定能力是指社会系统抗御内外冲击的缓冲能力和修复能力。社会系统是一个自组织系统,其稳定性来源于国家宏观调控体系的灵活性、社会正规约束和非正规约束的完备性、传承人类文化与人文精神和社会伦理与环境伦理的有效性等。

区域社会保障能力是指保障社会系统有序运行的能力。社会保障的关键在个体上是要保障全体公民的基本需求的满足和基本权益的实现,在整体上是要保障社会的公平和社会的稳定。所有这些保障的实现都有赖于社会保障制度的健全。社会保障制度是建立在社会全民意识和经济基础相互制约基础之上的一种社会契约、经济分配和人权保障的制度。

## 四、区域可持续发展的战略规划理论

规划是人类对人文世界的优化,区域可持续发展战略规划是人类有意识的社会进化的手段和行为,进行可持续发展的战略规划,是实现全球可持续发展和建设可持续社会的必然要求和必由之路。

### (一)区域可持续发展战略规划的概念

区域可持续发展战略与区域可持续发展战略规划是两个既紧密联系又互相区别的概念,前者注重的是战略管理的框架,后者注重的是战略行动的方案,两者是一种"知"与"行"的关系,或者说是"知道"与"体道"的关系。简言之,区域可持续发展战略规划就是区域可持续发展战略的执行计划或行动纲领。

(1)区域可持续发展战略(规划)是在可持续发展理念指引下,为实现区域经济、社会和资源环境全面、协调、公平和以人为本的发展所做出的全局性谋划。区域可持续发展战略(规划)具有全局性、系统性、前瞻性和指导性等基本特征(陈烈等,2002)。

(2)区域可持续发展战略规划是指区域发展主导力量,即各级政府关于本区域可持续发展战略体系的顶层设计及其时空安排,以解决发展的方向及经济、社会、资源和环境协调发展的系统性矛盾等问题,是设计区域发展各种各样的、甚至是超前性的新思路,可用以指导各方面工作规划、计划的制定与活动的选择,是更高的宏观决策(宁森等,2006)。

(3)区域可持续发展战略规划是由政府主导制定的,由社会各界共同参与实施的行动纲领。其理念侧重于区域长远发展的可持续性，过程强调多方参与性，方法侧重于解决问题的具体行动方案。在具体目标和行动方案上它特别注重公众、企业和非政府机构的参与。规划的要素主要包括基于区域的可持续发展问题诊断与背景分析、行动方案设计、规划的实施与监督和评估与完善等(科学技术部农村与社会发展司等，2006)。

### (二)区域可持续发展战略规划的尺度

人类社会的可持续发展，具有空间上的全球性和时间上的无限性。这意味着它既不是地方可持续发展的简单相加，也不是数代人持续努力的线性组合(毛志峰，2004)。但是，可持续发展战略的实施，必须落实到具体的空间，并以具体的时间来规划战略的目标。因此，时空尺度也是可持续发展战略规划中的重要概念。

**1. 空间尺度**

可持续发展战略规划的空间尺度即规划的地域规模。考虑到自然环境的差异和行政管理的方便，一般将其分为全球的、区域的(超国家的)、国家的和地方的四个层次；相应地，可持续发展战略分为全球可持续发展战略、超国家可持续发展战略、国家可持续发展战略和地方可持续发展战略。在这四个空间尺度里，高一级的可持续发展战略都建立在次一级的可持续发展战略基础之上，但不同级别的可持续发展战略所关注的问题是不完全相同的。

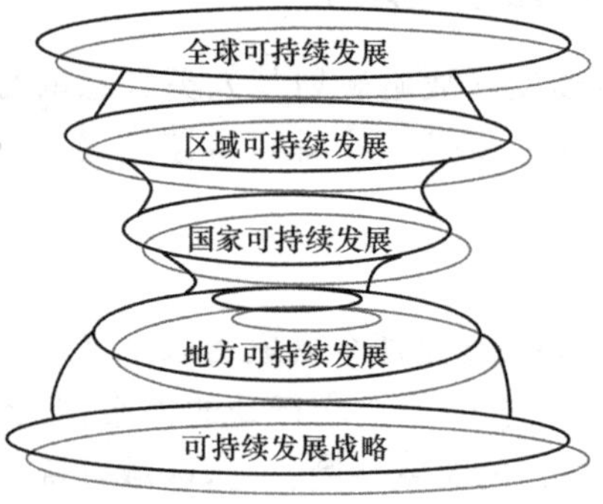

图 9.1　不同空间尺度可持续发展战略模型
(据《中国地方可持续发展规划指南》第 34 页之“不同层次可持续发展之间的关系图”改编)

例如，全球可持续发展战略关注的是全球的资源耗竭、环境退化、国际和平、贫富分化、跨国的污染转移、发达国家与欠发达国家在维护全球可持续发展方面的责任与关系等全球性问题。超国家的可持续发展战略主要是地理位置邻近、经济社会交往比较密切的国家通过彼此间的合作与沟通，共同探索有利于区域整体利益的可持续发展道路。国家可持续发展战略更多的是从全国的角度，利用行政、经济、科技和法律手段，在经济、社会、资源利用、生态保护、环境保护和能力建设等领域全面推进可持续发展。地方可持续发展战略则主要结合本地特殊的自然条件与经济社会基础，探索在较长时间尺度上人类的社会经济活动与区内生态系统相协调的发展模式，实现区内所有成员的共同发展(图 9.1)。

在地方尺度的可持续发展战略里，我们还可以进一步细分为流域可持续发展战略、省域可持续发展战略和县域可持续发展战略。在进行可持续发展战略规划时，最小尺度的空间要大到足以包括对人与生态系统的地方的影响和长距离的影响(科学技术部农村与社会发展司等，2006)。

**2. 时间尺度**

可持续发展战略规划的时间尺度即规划的时间界限。传统发展战略规划的时间尺度一般是以“年”来度量的，而可持续发展战略规划的时间尺度则是以“代”来度量的，这是因为，可持续发展必须强调当代人与后代人之间的代际公平。

以“代”来规划未来不是新鲜事物。中国传统习俗禁止未出“五服”的男女结婚，即禁止直系血缘在五代之内的近亲结婚；中国民间修谱，大多遵循“甲子一续，一续五言”的规矩，即一个甲子（60 年）修一次族谱，修一次族谱续一次辈名，续一次辈名排五代人，也就是为未来的五代人做辈分的规划。这些都隐含了人口可持续发展的战略思想。若以 20～25 年为一代，则五代人的时间为 100～125 年。另外，中国古代用“天年”来形容人的自然寿命，据研究，人的自然寿命是其生长期的 5～7 倍，而人的生长期平均为 20 岁左右，这样，人的自然寿命也就是 100～140 岁，因此中国古代有“人生百年”、“百年好合”之说。在西方，美国传统的土著人，他们也关注到“今后第七代人”的发展，其规划的期限大约是 150 年（Clarkson et al.，1992）。这就是说，古代人规划未来的时间尺度大多为 100～150 年。

那么，现在我们的可持续发展战略规划究竟应该放眼到未来多远的时间，关注多少“代”人的发展呢？有人认为，这要看我们能预见到多长时间的影响，因为没有哪一代人可以期望他们去为他们不能预见的结果作保证，但是同样地，也没有哪一代人会被允许不去理睬那些他们能够预测的结果。可持续发展一直强调代内公平和代际公平，因此，可持续性的时间界限至少应该是几代人，但也并不是无限的长。如果能够援用某个“关心系数”，我们可以设置一个实用性的界限，比如说 100 年（Atkinson，1997）。也有人认为，规划的期限要考虑必要性和现实性，只要每一代人都能照顾好他们的下一代——大约 50 年，子子孙孙这样延续下去，每一代人都将受到照顾，这样就能实现人类社会的可持续发展（Jacobs，1991）。还有人认为，祖孙三代作为一个代际考察的基本时间单元，它是人类社会大千世界的缩影，一切经济、社会和自然现象在这个基本时间单元中都能展示出来（姜学民和张敏，2002），因此，祖孙三代之间代际期的长短可以作为可持续发展规划的时间尺度，例如，第一代人 25 岁时产生第二代，第二代人 25 岁时产生第三代，当第三代人达到 25 岁时，也就是能够生育、就业、承担起养育下一代的代际责任时，第一代人已经 75 岁。这个年龄正是现代人的平均预期寿命，符合可持续发展战略规划的时间尺度。

综合上述观点，可持续发展战略规划的时间尺度应该是 50～100 年，大约相当于两代人到四代人的时间。我们建议，可持续发展战略规划的时间尺度一般采用 50 年，个别采用 100 年，这样的时间尺度是世纪的决策，未来的放眼，足以反映人类系统和生态系统的长期演变趋势，并足以反映目前的短期决策的需要和将来各代长远的决策需要。

### （三）区域可持续发展战略规划的过程

区域可持续发展战略规划不是千篇一律的，不同的区域为了不同的目的，有着不一样的规划内容，但是，规划的过程应该是基本一致的。

第一步，现状分析与问题诊断。

这是区域可持续发展战略规划的基础研究，包括区域发展的人口、资源、环境、经济和社会等要素的现状及其可持续发展问题分析。区域发展现状分析是诊断区域可持续发展问题的基础，区域可持续发展问题诊断是区域可持续发展战略规划的前提。

第二步，行动方案设计。

首先，确定区域可持续发展的战略目标与阶段目标。从区域内、外两个角度对区域可持续发展的潜力进行探讨，制定符合区域实际的发展战略目标。战略目标既要符合全面协调可持续的科学发展观的要求，又要满足“一高两低三共赢”的社会要求，即经济不断高速增长、自然资源的消耗不断降低、废物的产生量和排放量不断降低；人口生产、物资生产、环境生产共赢；社会效益、经济效益、环境效益共赢；政府利益、企业利益、公众利益共赢(田大庆等，2004)。阶段目标是围绕战略目标设置的反映其区域可持续发展进程的分量，如 5 年目标、10 年目标、25 年目标等。

其次，确定区域可持续发展的战略重点。区域可持续发展战略是一个战略体系，在规划过程中必须重视战略的集成。在现阶段，我国的区域可持续发展战略要以经济跨越式发展战略为核心，实现经济资源协同发展战略、经济环境协调发展战略、经济社会全面发展战略和空间配置优化战略等诸多战略的有效整合和集成，形成区域发展的最大合力。与此同时，还应根据区域发展现状和区域可持续发展问题，确定人口、资源、环境、经济和社会各方面的重点发展战略。

最后，确定区域可持续发展的优先行动。区域可持续发展战略不能一蹴而就，在采取具体操作性的行动计划时，要分清轻重缓急，仔细遴选优先实施的行动方案。这些优先行动是为最近阶段目标服务的，是启动区域可持续发展战略的先导行动，它们的成功与否，不仅关系到近期目标的实现，更关系到中期、远期目标的实现。

第三步，规划实施的管理与监督。

区域可持续发展战略规划不是一个固定不变的过程，而是一个与时俱进的过程，它需要在实践中加以不断的修订和完善。规划制订后，要严格按照执行，而且在实施过程中，要通过规范化、程序化、制度化的措施加以有效的管理和监督，及时获取规划实施过程中出现的各种信息。当发现值得注意的新问题时，应及时提出解决问题的建议方案。高级管理层应定期评估规划实施情况，并及时反馈相应的优化方案，对规划进行必要的调整完善，以确保区域的可持续发展战略规划始终是符合区域情况的最优化设计方案(图 9.2)。

### (四)区域可持续发展战略规划的内容

1998 年，国家可持续发展实验区管理办公室曾颁布了一个大纲，要求可持续发展实验区的规划文本内容必须包括:第一部分"实验区概况和区情分析",即确定本地区可持续发展的有利条件和制约因素;第二部分"指导思想和规划原则",要求地方从当地实际出发,有针对性地确定实验区建设与发展的指导思想和基本原则;第三部分"发展目标和重点领域",要求针对本地可持续发展所面临的关键问题,确定规划期内实验区发展的总体目标和阶段目标,并量化为具体的任务指标,然后根据发展的目标确定实验区工作的重点领域。重点领域和工作任务主要围绕经济发展、资源环境、社会发展、控制人口数量、提高人口素质、加强精神文明建设、保障措施和优先项目等八个方面来确定。

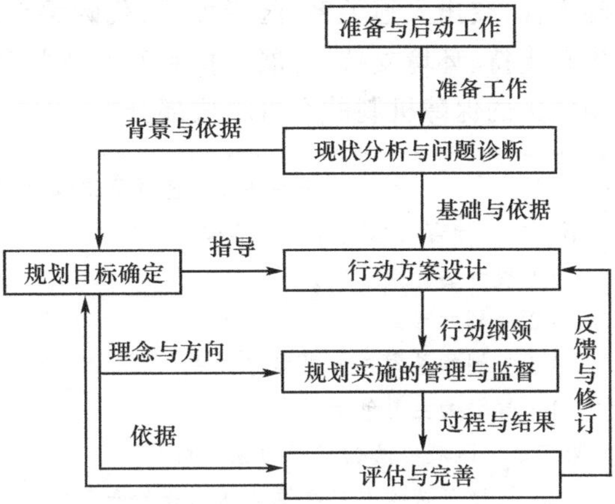


图 9.2 区域可持续发展战略规划框架图
(据《中国地方可持续发展规划指南》第 41 页之"规划指南框架结构图"改编)

应该说,这个大纲具备了区域可持续发展战略规划的雏形。在实践中,也为地方可持续发展规划提供了指导性框架,促进了实验区的可持续发展能力建设,但由于它毕竟不是明确、规范的区域可持续发展战略规划指南,以致大多数实验区的可持续发展战略规划都是按照《中国 21 世纪议程》的框架和国民经济发展计划的方法来完成的,结果是规划的地方特色不明显、规划的参与者不明确、规划的实施主体不明确。

2001 年,中国政府和欧盟共同开展了为期四年的中欧环境管理计划(EMCP),编制《地方可持续发展规划指南》是其中一项重要工作内容。作为该项工作的承担单位,中国科学院地理科学与资源研究所在中国 21 世纪议程管理中心地方处的具体指导下,经过三年的努力于 2004 年完成了《地方可持续发展规划指南》的初稿。此后,经过科学技术部农村与社会发展司、中国 21 世纪议程管理中心和中国科学院地理科学与资源研究所联合编写组的修改充实,于 2006 年出版了《中国地方可持续发展规划指南》。该指南旨在规范地方可持续发展规划编制的过程、内容和文本结构,提高方案的可操作性;明确规划的实施、评估与修订过程,真正落实规划在地方可持续发展所具有的作用(科学技术部农村与社会发展司等,2006)。其文本内容主要包括六个部分,即导言、区域可持续发展问题诊断、区域可持续发展的目标与前景、区域可持续发展规划行动方案设计、规划实施的保障机制设计和公众参与(专栏 9.1)。应该说,该指南是中国第一个规范的区域可持续发展战略规划指南,对于地方可持续发展战略规划具有重要的指导作用,但也应该指出,它仍然只是一个模板,并不是金科玉律,不同区域仍然应当有自己的个性设计。例如,在问题诊断和方案设计时,应该突出区域可持续发展系统的整体性、层次性、区域性和动态性，突出人地关系、区际关系、代际关系的重点性和相互影响，突出智力支持、生存支持、环境支持、发展支持和社会支持等能力体系的建设，突出公众参与是规划实施的保障机制的有机组成部分。

**专栏 9.1　区域可持续发展战略规划文本模板**

第一章　导言：背景、目标与结构

1.1 规划的背景

1.2 规划的目的

1.3 规划的基本工作思路与方式

1.4 规划的主要创新观点

第二章　区域可持续发展问题诊断

2.1 区域可持续发展环境与状态评价与分析

2.2 区域可持续发展问题与优先性分析

2.3 问题的范围与特征分析

2.4 问题涉及的相关利益主体分析

第三章　区域可持续发展的目标与前景

3.1 目标确定的背景资料分析(机遇与挑战，问题的优先顺序确定)

3.2 地方实现目标的能力分析(物质投入与制度投入能力分析)

3.3 目标制定的指导思想

3.4 区域可持续发展远景目标与近期目标确定

3.5 主要领域发展指标确定

第四章　区域可持续发展规划行动方案设计

4.1 行动的战略性框架设计

远期行动

近期行动

4.2 近期实施的主要行动设计

每个行动的行动依据

每个行动的具体指标

每个行动的主要内容和重点项目

每个行动的参与主体，以及不同主体的作用与职能界定

第五章　规划实施的保障机制设计

5.1 保障规划实施的机构建设

规划小组成立，主要成员组成

不同成员的职责与义务定位

5.2 保障规划实施的机制设计

规划法律地位的认可与其他规划的协调与整合

把规划行动与现有政府行动相结合的方法

不同参与者之间的行动协调

保障规划有效实施的监督机制

5.3 规划的评估与完善

评估的机构与部门

评估的方法与指标

评估结果的反馈渠道与规划的完善手段

第六章 公众参与

6.1 公众参与的基本思路

6.2 不同公众群体参与的主要途径与手段

## 第二节 中国的可持续发展战略

中国是世界上最大的发展中国家,世界的进步离不开中国的发展,全球的可持续发展离不开中国可持续发展战略的实施。中国可持续发展战略是全球可持续发展的重要组成部分。中国不仅有着历史悠久的朴素的可持续发展思想,而且是世界上第一个制定国家可持续发展战略的国家。

### 一、中国古代朴素的可持续发展思想

和谐思想是中华传统文化的精髓,反映在关于人与自然关系的认识上,就是自然资源财富观、天地人系统观和生态系统持续观的朴素的可持续发展思想。

(一)自然资源财富观与可持续利用

在中国的先秦时期,由于生产力水平低下,人类生存和发展很大程度上要依靠自然的恩赐,自然资源因此被认为是国家之富源,社稷之宝库。自然资源的多寡,不仅直接影响到百姓的生活质量,而且间接关系到国家的安危。国家自然资源丰富,则成为称霸的资本;国家自然资源贫乏,则成为欺凌的对象。

(1)自然资源财富观。早在西周时期,《诗经》中就有"瞻彼旱麓,榛楛济济。岂弟君子,干禄岂弟"的诗句。意思是说,茂密的森林,是君子娱乐的地方;众多的榛楛,是君子俸禄的来源。周景王二十一年(524BC),单穆公对这句诗做了进一步的诠释:"夫旱麓之榛楛殖,故君子得以易乐干禄焉。若夫山林匮竭,林麓散亡,薮泽肆既,民力凋尽,田畴荒芜,资用乏匮,君子将险哀之不暇,而何乐易之有焉?"(《国语·周语上》)意思是说,因为山林资源丰富,所以君子能够快乐和求取俸禄,若是山林资源枯竭了,财富之源没有了,君子连哭都来不及,哪里还谈得上快乐哩!到了春秋战国时代,人们对自然资源在国家事务中的作用有了更多的认识。"国有郊牧,疆有寓望,薮有圃草,囿有林池,所以御灾也"(《国语·周语中》)。郊牧、泽薮、林池都是自然资源和生物多样性丰富的地方,是国家用来抵御自然灾害的宝贵财富。

(2)山川是自然资源的载体。《国语·周语下》曰:"土之有山川也,财用于是乎出。"《国语·楚语下》曰:"山林薮泽,是以备财用,则宝之。"《礼记·中庸》曰:"今夫

山，一卷石之多，及其广大，草木生之，禽兽居之，宝藏兴焉；今夫水，一勺之多，及其不测，鼋鼍蛟龙鱼鳖生焉，货财殖焉。”《礼记·祭法》曰：“山林、川谷、丘陵，民所取财用也。”所有这些，都是说山川是自然资源的载体，是国家的财富之源，百姓的生存之本。正因为如此，《管子·立政》说“山泽不救于火，草木不植成，国之贫也”，“山泽救于火，草木植成，国之富也”。如果统治者连保护山泽这个国家的富源都做不到，那么他就不可能统治天下的百姓，所以《管子·轻重甲》又说“为人君不能谨守其山林、菹泽、草莱，不可以立为天下王”；而《国语·周语》则说得更直接：“夫国，必依山川，山崩川竭，亡之征也。”

(3)保护自然资源的生产力。由于自然资源在民众生活和国家安危中的重要作用，从西周时期开始，人们就十分重视可再生资源的保护和可持续利用，禁止竭泽而渔、焚林而猎的破坏自然资源再生能力的短视行为。据说早在夏禹的时候，就有了春天不准砍伐山林、夏天不许捕捞鱼鳖的禁令，《逸周书·大聚解》曰：“禹之禁，春三月山林不登斧斤，以成草木之长；夏三月川泽不入网罟，以成鱼鳖之长。”因此，《礼记·王制》要求人们“草木零落，然后入山林。昆虫未蛰，不以火田，不麛不卵，不杀胎，不殀夭，不覆巢”；《论语·述而》要求人们“钓而不纲，弋不射宿”。保护自然资源的生产力，不仅要禁止人类活动对自然资源的破坏，而且要防止自然灾害对自然资源的损毁。战国时期，山林防火已是一项保护自然资源的重要举措，《荀子·王制》谈到“修火宪，养山林、薮泽、草木、鱼鳖、百索，以时禁发，使国家足用而财物不屈，虞师之事也”；《管子·立政》也说“修火宪，敬山泽林薮积草，夫财之所出，以时禁发焉，使民于宫室之用，薪蒸之所积，虞师之事也”。保护自然资源的生产力，还要保护好动物的栖息地，《荀子·致士》说“川渊者，鱼龙之居也；山林者，鸟兽之居也”，“川渊枯则鱼龙去之，山林险则鸟兽去之”，失去了野生动物的栖息地，也就丧失了野生动物资源。

(4)利用自然资源既要适时又要适度。适时使用和适度使用是中国古代持续利用自然资源的两大原则，即《前汉书·货殖传》所谓“育之有时而用之有节。草木未落斧斤不入山林，豺獭未祭罝网不布于野泽，鹰隼未击矰弋不施于徯隧，既顺时而取物，然犹山不茬蘖，泽不伐夭，蝝鱼麛卵，咸有常禁”。适时利用自然资源主要是为了获得最大的资源量。《逸周书·文解传》曰：“山林非时不升斤斧，以成草木之长；川泽非时不入网罟，以成鱼鳖之长；不麛不卵，以成鸟兽之长。”说的就是要适时利用自然资源，获取最大的再生资源量。在春秋战国时期，适时利用自然资源更被提升到“圣王之制”和“王道之始”的政治高度，《荀子·王制》曰：“圣王之制也：草木荣华滋硕之时，则斧斤不入山林，不夭其生，不绝其长也；鼋鼍鱼鳖鳣鳝孕别之时，罔罟毒药不入泽，不夭其生，不绝其长也；春耕、夏耘、秋收、冬藏，四者不失时，故五谷不绝，而百姓有余食也；污池、渊沼、川泽，谨其时禁，故鱼鳖优多，而百姓有余用也；斩伐养长，不失其时，故山林不童，而百姓有余材也。”《孟子·梁惠王上》曰：“不违农时，谷不可胜食也；数罟不入洿池，鱼鳖不可胜食也。斧斤以时入山林，林木不可胜用也。谷与鱼鳖不可胜食，林木不可胜用，是使民养生丧死无憾也。养生丧死无憾，王道之始。”适时与适度利用自然资源，不仅可以保障资源的可持续利用和国家财富的最大化，而且可以对安定民众、稳定国家发挥十分重要的作用。相反，过度消耗自然资源，将不仅危及资源的可持续利用，而且还会危及国家的安全。《吕氏春秋·义赏》所谓“竭泽而渔，岂不获得？而明年无鱼。焚薮而田，岂不获得？而明年无兽”，说的就是竭泽而渔和焚林而猎的方式将导致资源利用的不可持续性；而《史记·孔子世家》所谓“刳胎杀夭则麒麟不至郊，竭泽涸渔则蛟龙不合阴阳，覆巢毁卵则凤凰不翔”，说的则是破坏资源再生能力的行为将导致国家的灾难。

(5)德及禽兽的环境伦理。保护自然资源需要有一定的伦理约束，中国古代提倡“尊天而亲地”(《礼记·郊特性》)、“亲亲而仁民，仁民而爱物”(《孟子·尽心上》)、“同与禽兽居，族与万物并”(《庄子注·马蹄》)的环境伦理，要求人类像亲近人类那样亲近自然，像爱护人类那样爱护自然，把自然放到与人类平等的位置。这是一种具有可持续发展思想萌芽的环境伦理思想，表明人类的道德关怀要由自己的亲人扩及广大的人民，再从人类扩及到人类以外的有机和无机的世界。《庄子·秋水》所谓“以道观之，物无贵贱；以物观之，自贵而相贱；以俗观之，贵贱不在己”，说的就是，世界上的万事万物都是自然生态系统的组成部分，都有其自身存在的天赋价值，本来是没有贵贱之分的。现在大家都熟悉“网开一面”这个成语，其实这个成语就与自然资源的可持续利用有关，据说，有一次商汤王郊游，看见郊外有狩猎者张网四面，并且祈祷天下四方的鸟兽都跑到他的网里来。见此情景，商汤王跑过去撤掉他的三面网，斥责狩猎者说：照你这样，天下的鸟兽岂不要赶尽杀绝！于是祝曰：鸟兽们，你们想往左就往左、想往右就往右吧！不听话的你们就自投罗网吧！诸侯们听说此事，都说：“汤德至矣，及禽兽(《史记·殷本纪》)。”这就是商汤王德及禽兽的故事。所谓“德及禽兽”，就是把对人类的道德关怀扩展动物界，这虽然是出于对自然资源可持续利用的考量，却折射出中国远古时代环境伦理思想的萌芽。在儒家看来，树木必须以时砍伐，禽兽必须以时宰杀，“断一树，杀一兽，不以其时，非孝也(《礼记·祭义》)。”《礼记·王制》所谓“木不中伐，不鬻于市；禽兽鱼鳖不中杀，不鬻于市”；《管子·八观》所谓“山林虽广，草木虽美，禁伐必有时”，“江海虽广，池泽虽博，鱼鳖虽多，罔罟必有正”，就是对人的环境伦理要求。这种环境伦理的产生和形成，其哲学基础是人与自然不可分割的关系，更具体地讲，是人类的延续离不开资源的持续，人类之所以要尊天亲地，是因为必须“取财于地，取法于天”(《礼记·郊特性》)。

### (二)天地人系统观和人与自然和谐

中国古代宇宙观认为，天、地、人是宇宙系统的三要素，天道、地理、人情，虽然各有各的运行规律，但都只是宇宙系统中的一个子系统，彼此不可分割，都服从自然的法则。在这个统一的宇宙系统中，人虽然为万物之灵，但并不能随心所欲，而是必须服从自然的规律，必须与自然保持和谐，只有人与自然和谐了，人类社会才能持续发展下去。

(1)三才一体的自然系统观。中国古代唯物史观认为,天、地、人“三才”是宇宙系统的三要素,所以中国典籍总是将天、地、人三者并提。儒家著作如西汉董仲舒《春秋繁露·元立坤》曰:“天、地、人,万物之本也”。道家经典《老子》则曰:“道大,天大,地大,人大。域中有四大,而人处一。人法地,地法天,天法道,道法自然。”这是说,宇宙有人、地、天、道四个层次,其中“三才”是具体的,“道”是抽象的,但“道”是统一“三才”的纽带,是宇宙的法则,自然的规律。正是自然的规律把天、地、人统一起来,所以《老子》又说:“圣人抱一为天下式。”这是说,圣人把统一性看成是宇宙普遍的法则,宇宙系统是一个不可分割的整体。《管子·内业》曰:“执一不失,能君万物。君子使物,不为物使,使一之理。”这是说,君子之所以能够统率万物,是因为他牢牢把握住了系统整体性这个原理。宇宙系统除整体性外,还具有层次性,“人法地,地法天,天法道,道法自然”是道家对宇宙系统层次性的表述,《荀子·天论》所谓“万物为道一偏,一物为万物一偏”,则是儒家对自然系统层次性的表述。世界上的万事万物是大自然的一部分,每一事物又是万事万物的一部分,人类当然也不例外,因此,《庄子·齐物论》曰:“天地与我并生,而万物与我为一。”《庄子·秋水》曰:“吾在于天地之间,犹小石木之在大山也。”

(2)和谐是自然系统的根本。儒家经典《礼记·礼器》曰:“礼也者,合于天时,设于地财,顺乎鬼神,合于人心,理万物者也。”这是说,“礼”是统一自然系统万事万物的法则,所以《左传》曰:“夫礼,天之经也,地之义也,民之行也。天地之经,民实则之。”《荀子·礼论》曰:“上取象于天,下取象于地,中取则于人,人所以群居和一之理,尽矣。”在儒家看来,“礼”是天地运行的规律,是人类必须尊崇的准则,而这个规律与准则,概言之就是和谐,孔子所谓“礼之用,和为贵”(《论语·学而》),可谓一语中的。在儒家典籍中,和谐常称“中和”、“合和”,在这两个同义联合词中,“中”、“合”为达致的方式或过程,“和”则为达致的结果,即《春秋繁露·循天之道》所谓“中之所为而必就于和”。儒家经典《礼记·中庸》曰:“中也者,天下之大本也。和也者,天下之达道也。致中和,天地位焉,万物育焉。”这是说,和谐是宇宙系统的根本,只有天、地之间达致和谐,自然系统才会生机勃勃。汉代董仲舒也说:“中者,天地之所终始也;而和者,天地之所生成也。夫德莫大于和,而道莫正于中(《春秋繁露·循天之道》)。”这是说,道德的最高境界就是实现和谐。《吕氏春秋·有始览》所谓“天地合和,生之大经也”,《礼记注疏》所谓“天地不合,万物不生”(《哀公问》),“和,故百物皆化”(《乐记》),说的都是一个意思,就是天地和谐,万物化生,和谐是自然系统生命的源泉,所以《荀子·天论》曰:“万物各得其和以生,各得其养以成。”道家以“道”为灵魂,道家经典《老子》曰“道生一,一生二,二生三,三生万物。万物负阴而抱阳,冲气以为和”,“万物莫不尊道而贵德,道之尊,德之贵,夫莫之爵而常自然”。这是说,“道”为万物之由,万物都以“道德”为最高准则,因为它们能够“常自然”,遵循自然的规律。了解和遵循自然规律是人类明智的行为,所以《老子》又曰:“知常曰明。”那么自然规律又是什么呢?《老子》曰:“知和曰常。”绕了一大圈,原来就是要说明:和谐是自然世界的本质,是宇宙系统的根本。道家经典《庄子》认为“道”是“覆载万物者”,是“万物之所由”,“于大不终,于小不遗”,既是宇宙的本原,也是“无所不在”的规律。“德”与“道”相为表里,“行于万物”谓之道,“通于天地”谓之德。“道德”为什么能够通行于天地万物之间呢?《庄子·德充符》曰:“德者,成和之修也。”原来,“道德”的最高境界就是实现自然系统的和谐啊!因此,在道家看来,天地万物与道德实为一体,道德是天地万物的灵魂,天地万物是道德的载体,故严遵《道德指归论·道生篇》又有“道德,天地之神明也;天地,道德之形容也”的论断。

(3)天、地、人和谐的发展观。中国古代唯物史观认为,天、地、人和谐是自然系统和人类社会持续发展的保证。《荀子》说“天有其时,地有其财,人有其治,夫是之谓能参”(《天论》);“上不失天时,下不失地利,中得人和,则百事不废”(《王霸》);“上得天时,下得地宜,中得人和,则财货浑浑如泉源。上失天时,下失地利,中失人和,天下敖然,若烧若焦”(《富国》)。《管子·禁藏》说:“顺天之时,约地之宜,忠人之和,故风雨时,五谷实,草木美多,六畜蕃息,国富兵强。”所有这些,强调的就是一个道理,人类发展必须讲求天时、地利、人和,实现人与自然以及人与人之间的和谐。至于西汉,董仲舒《春秋繁露·深察名号》提出“天人之际,合而为一”的天人合一观,并且指出:“天、地、人,万物之本也。天生之,地养之,人成之。天生之以孝悌,地养之以衣食,人成之以礼乐。三者相为手足,合以成体,不可无也。”意思是说,人类社会的发展,天、地、人三才作为一个整体,缺一不可。同时代的王符《潜夫论·本训》则指出:“天本诸阳,地本诸阴,人本中和,三才异务,相待而成,各循其道,和气乃臻,机衡乃平。”意思是说,天、地、人三才虽然功能各异,但相辅相成,各自按照自己的规律运行,所以能够达到和谐和平衡。因为和谐系统是功能最优、效用最大的系统,“阴阳和静,鬼神不扰,四时得节,万物不伤,群生不夭”(《庄子·缮性》),因此“毋变天之道,毋绝地之理,毋乱人之纪”(《礼记·月令》),保持天、地、人之间的和谐与平衡是至关重要的。

(4)实现天、地、人的和谐关键在人。中国古代很早就认识并承认人的主观能动性,“人生天地之中,殊于众类明矣”(张君房《云笈七籤》卷93《神仙可学论》);“水火有气而无生,草木有生而无知,禽兽有知而无义,人有气有生有知亦且有义,故最为天下贵也”(《荀子·王制》);“人者,在阴阳之中央,为万物之师长,所能作最众多”(《太平经·使能无争讼法》)。这些都是说,在自然生态系统中,人是最宝贵的,而其宝贵之处,是因为人具有主观能动性,所以《淮南子·兵略训》说:“明于天道,察于地理,通于人情,大足以容众,德足以怀远,信足以一异,知足以知变者,人之类也。”但是,人也是自然的一部分,人与自然的关系不是彼此相胜的关系,人类无法征服自然和主宰自然,所以《庄子·大宗师》曰:“天与人,不相胜也。”《老子》则要求人类法地、则天、常自然,通过主动的效法天地、遵循自然规律来实现人与自然的和谐，指出遵循自然规律是明智之举，不遵循自然规律就会胡作非为，胡作非为就会带来灾难，即所谓“知常曰明，不知常，妄作，凶”。这与恩格斯所说的“不以伟大的自然规律为依据的人类计划，只会带来灾难”的观点，是完全一致的。《荀子·天论》不仅指出自然有其固有的规律，人类应该顺应这些规律，“天不为人之恶寒也辍冬，地不为人之恶远也辍广”，“天行有常，不为尧存，不为桀亡。应之以治则吉，应之以乱则凶”，而且指出君子之所以能成为君子，关键就在于他们能遵循这些规律，“天有常道矣，地有常数矣，君子有常体矣。君子道其常”。《吕氏春秋·序意》指出，“上揆之天，下验之地，中审之人”是人与自然和谐的重要法宝。

（三）生态系统持续观与生物多样性

中国古代人们在与自然的相互作用过程中，不仅很早就认识到了自然系统的整体性，而且同时认识到了生态系统的多样性，并且认为生物多样性是生态系统稳定性的重要前提和保证。“和”是中国传统文化的灵魂，其实也是中国古代环境生态学思想的灵魂。

(1)生物多样性源于土壤多样性。“土者，吐也，主含万物者也”，《论衡·奇怪》曰“万物生于土”，《管子·水地》曰：“地者，万物之本原，诸生之根菀也。”土地是一切生命形式的载体，所以《周易》从哲学的高度总结曰：“坤厚载物，坤始成物。”由于地质、地貌、气候、植被、水文诸要素的影响，地球表层的土壤类型是多种多样的。不同的土壤类型适宜于不同的植物生长，不同的植物群落适宜于不同的动物栖息。一方面，正是土壤类型的多样性，决定了生物的多样性，这就是《管子·宙合》所谓的“地不一利”；另一方面，反过来，正是生物多样性源于土壤多样性，早在春秋战国时代，《管子·地员》和《尚书·禹贡》中就有了比较系统的土壤分类，《左传》（成公二年）就有了因地制宜的思想，要求人们“物土之宜而布其利”。

生物多样性与生态系统持续性。迪维诺《生态学概论》指出：“多样性和稳定性之间具有极密切的联系，生物的多样性增强了环境的稳定性。”类似的观点我国早在两千五百多年前的春秋战国时期就有了，《国语·郑语》曰：“夫和实生物，同则不继。以他平他谓之和，故能丰长而物生之；若以同裨同，�델乃尽弃矣。”意思是说，世界上的物质是多种多样的，只有不同的物质和合、充实到一起，才能形成具有强大生产力的复杂系统；相反，如果系统只是同类物质的堆砌，结构就会异常的简单，失去了多样性，即使用再多的同类物质去补充它，系统仍然是不可持续的。可以说，“和实生物，同则不继”的观点，就是中国古人关于生物多样性对生态系统可持续性的重要作用的科学的揭示。

(2)文化多样性与人类社会持续性。《周易·系辞传上》曰“方以类聚，物以群分”；《荀子·富国》曰：“万物同宇而异体，无宜而有用。”这是说，动物有动物的群落，植物有植物的群落，宇宙万物虽然形体各异，彼此之间也不一定相宜，但它们同属于一个自然生态系统，各自都发挥着自己的功能和作用。人类与其他生命形式一样，也是地球生态系统中的一部分，只不过我们称人类群落为人类社会罢了，其实从整个地球生态系统的演化来看，人类社会与其他生物群落没有本质的差别，生物多样性也可应用到甚至包括了人类的多样性，也就是文化的多样性。《论语·子路》曰“君子和而不同，小人同而不和”，这其实就是把“和实生物，同则不继”的生物群落的特性应用到人类社会的一个典范。这句话的意思是说，君子与众不同，不失自己的个性，但善于与人和谐相处；小人则人云亦云，没有自己的个性，但很难与人和谐相处。《荀子·荣辱》也说“以群则和”，强调多样性是和谐统一的前提，并且对“群居和一之道”大加称赞。由此可见，人的多样性，或者说文化的多样性，如同生物多样性对于生态系统的持续性，其对于人类社会的持续性也是非常重要的。

(3)栖息地和物种保护是生物多样性保护的关键。森林生态系统和湿地生态系统是地球上生物多样性最为丰富的两大生态系统，早在春秋战国时，人们就注意到了保护这两大生态系统对保持生物多样性的重要性。《荀子·致士》曰“川渊者，鱼龙之居也；山林者，鸟兽之居也”，“川渊深而鱼鳖归之，山树茂而禽兽归之”，“川渊枯则鱼龙去之，山林险则鸟兽去之”。保持了生态系统的完整性，也就保持了生物多样性；破坏了生态系统的完整性，也就破坏了生物多样性。保护野生动物的栖息地，是保持生物多样性的一个重要途径。中国古代人们还认识到，保护物种的多样性也是保护生物多样性的必要手段。因为“方以类聚，物以群分”的缘故，《周易》要求人们不仅要了解生物的种类，“类族辨物”(《易传·同人·象传》)，而且要求人们能够“辨物居方”，了解生物的栖息地(《易传·未济·象传》)。因为“物类之起，必有所始。草木畴生，禽兽群也，物各从其类也”(《荀子·劝学》)的缘故，《荀子》则要求君王施行保护物种之“天政”，而且指出君王的职责就是善于保持物种的多样性，并通过生物多样性保持来获取可再生资源的最大可持续产量，即所谓“君者，善群也。群道当则万物皆得其宜，六畜皆得其长，群生皆得其命”(《荀子·王制》)；“顺其类者谓之福，逆其类者谓之祸，夫是之谓天政”(《荀子·天政》)。

## 二、中国可持续发展战略的形成历程

自1992年《里约环境与发展宣言》发布以后，我国是第一个制定可持续发展战略规划的国家。中国之所以积极推行可持续发展战略，是因为走可持续发展道路是必然的选择。

### (一)走可持续发展道路是中国的必然选择

(1)中国是世界上最大的发展中国家。人类需求和愿望的满足是发展的主要目标，可持续发展要求满足全体人民的基本需求和给全体人民机会以满足他们要求较好生活的愿望。中国是世界上最大的发展中国家，是广大发展中国家的榜样，虽然总体上已经步入小康社会，但离广大人民群众的愿望还有相当的距离，离发达国家的生活标准还有很大的差距，因此，“发展是硬道理”，“发展是第一要务”，经济增长是实现全面小康的必由之路。但是，经济增长不能破坏长期发展的自然生态基础，历史证明，工业化国家那种“先污染，后治理”和“高投入、高消耗、高产出”的生产模式是不可持久的，中国本着为国家的长远利益和全球的长期发展的高度责任感，必须走可持续发展的道路。正如联合国官员所说，如果中国可持续发展的战略成功了，全世界都将从中受益；如果失败了，全世界都将为之付出代价。

(2)中国将长期面临巨大的人口、资源、环境压力。改革开放以来，我国以占世界约7%的耕地养活着约占世界21%的人口，取得了举世瞩目的成就，但同时也面临着日益巨大的生存和发展压力。首先是庞大的人口压力。我国人口总量已经超过13亿，虽然人口自然增长率已经控制在较低水平，但每年新增人口仍以千万计，以致每年新增产值中的1/4被每年新增的人口所消耗。这种趋势还会不断加强，直到2030年左右人口规模达到16亿的峰值以后人口压力才会有所缓和。其次是严重的资源压力。我国的自然资源虽然种类全、总量大，但一方面由于人口规模庞大，人均资源占有量很低，人均淡水资源只有世界平均水平的1/4，人均耕地只有世界人均水平的1/3，人均森林资源只有世界平均水平的1/5；另一方面由于生产技术落后，资源利用率也不高，每万美元GDP的各种资源消耗比都要比发达国家低很多，因此无论是资源的绝对短缺还是相对短缺都将长期存在。再次是严峻的环境压力。一方面，以城市为中心，以大气、水体、固体废弃物和噪声等为重点的环境污染仍在发展，而且已经迅速向农村蔓延；另一方面，以土地、森林、草地退化和生物多样性锐减为特征的生态破坏不仅范围仍在不断扩大，而且程度也在不断加剧。总之，从总体上来看，中国有着世界上最严重、最全面的人口、资源、环境危机，化解这些危机，别无他途，只有走人口、资源、环境与经济、社会协调发展的可持续发展之路。

(3)中国正处于经济快速发展的历史转型期。现在人类处在一个历史大变革时期，世界经济正在由工业经济向知识经济过渡，人类文明正在由工业文明向生态文明演化，信息技术的革命迎来了全球化时代，使得偌大的地球成为一个联系日益密切、彼此不可分割的村落共同体，走人与自然和人与人关系和谐的能一直支持人类进步到遥远的未来的可持续发展道路已经成为国际社会的共识。在这个历史变革的巨大转型期，中国作为世界上最大的发展中国家，不可能置身于这种历史潮流之外。而且，发达国家的历史发展证明，当人均GDP为1000～3000美元时，最容易出现经济失调、社会失序、心理失衡的局面，是各种社会矛盾集群出现的重大历史时期，我国现在就处在这样的时期，国家的发展进程正面临着一系列重大战略性问题：如何在全球化的挑战中，全面提升综合国力和国际竞争力；如何优化经济布局与经济结构，提高集聚国家财富的能力；如何实现又好又快的发展，满足全体人民不断提高生活质量的愿望；如何确保国家安全，保持社会稳定，实现"生产发展、生活富裕、生态良好、生命健康"的文明发展和"以人为本、全面协调可持续"的科学发展；如何将沉重的人口压力转化为巨大的人力资源，等等。所有这些，既是挑战，也是机遇，如何应对挑战，把握机遇，是国家长期发展战略不可回避的重大问题。事实证明，这一切都有赖于可持续发展战略的实施。

### (二)中国可持续发展战略形成的重要里程碑

20 世纪 70 年代,西方世界开始了第一波的环境保护运动。但当时中国的工业化水平还非常低,环境问题并没有显现出来。因此,虽然 1974 年我国翻译出版了《只有一个地球》,但却是为了批判它,认为"这本书围绕着人类环境问题,散布了许多错误的、反动的论点,迎合了超级大国和垄断资本集团的需要。这本书曾作为 1972 年联合国人类环境会议的背景材料,被一些人吹捧为一本对人类环境最完整的报告,曾先后用英、日等多种文字出版,流毒不少"(巴巴拉·沃德和雷内·杜博斯,1974)。

20 世纪 80 年代,由于改革开放,我国的经济发展十分迅速,但与此同时,人口膨胀、资源耗竭和环境污染等问题也迅速突出。这些问题在发达国家大都是阶段性单独出现,而我国由于人口过多的缘故,却是同时期群集地出现。随着人口、环境、资源问题的突出,中国政府先后确立了计划生育、保护环境、节约资源的三大基本国策。1982 年党的十二大确立计划生育为基本国策;1983 年第二次全国环境会议确立环境保护为基本国策;1986 年党中央提出保护耕地资源的基本国策(龚胜生,2000)。三个基本国策出台的先后,反映了我国人地关系的演变过程是先有人口压力,后有环境压力,再有资源压力的特点。但是谈到可持续发展战略形成的里程碑,还是要从 1992 年巴西里约热内卢的世界环境与发展大会开始算起。

**1. 里约会议五点主张**

1992 年,联合国环境与发展大会在里约热内卢召开,时任国务院总理李鹏代表中国政府发表重要讲话,提出了在全球范围内推行可持续发展战略的五点主张,既表明中国政府实施可持续发展战略的决心,也表达了"中国是一个发展中国家,可持续发展的前提是发展"的立场。这五点主张,实际上是站在所有发展中国家的立场上提出的,表现了中国作为维护发展中国家利益的最大发展中国家的气魄,因此也受到了广大发展中国家的支持和赞许。这五点主张,也可以说是中国实施可持续发展战略的五个总的原则,它们既论述了争取和平、经济发展、环境保护三大人类目标的关系,也论及了发达国家和发展中国家"共同而有区别的责任",还谈到了处理区际关系和代际关系应该秉持的原则。这五点主张是:经济发展必须与环境保护相协调;保护环境是全人类的共同任务,但经济发达国家负有更大的责任;加强国际合作应以尊重国家主权为基础;保护环境和发展离不开世界的和平与稳定;处理环境问题应当兼顾各国现实的实际利益和世界的长远利益。

**2.《中国 21 世纪议程》**

中国是世界上第一个以政府名义制定可持续发展战略的国家。1992 年 8 月,国务院组织 52 个部门、300 余名专家成立了《中国 21 世纪议程》编制小组,同时还成立了中国 21 世纪议程管理中心。1994 年 3 月 25 日,国务院常务会议讨论通过了《中国 21 世纪议程》。《中国 21 世纪议程》借鉴了联合国《21 世纪议程》的内容框架,主要内容包括四大部分,20 个章节,78 个方案领域。第一部分是可持续发展总体战略,包括序言、中国可持续发展的战略与对策、与可持续发展有关的立法与实施、费用与基金机制、教育与可持续发展能力建设、公众参与可持续发展。第二部分是社会可持续发展,包括人口、居民消费和社会服务、消除贫困、卫生与健康、人类住区可持续发展、防灾减灾。第三部分是经济可持续发展,包括可持续发展的经济政策、农业与农村可持续发展、工业、交通、通信业可持续发展、可持续的能源生产和消费。第四部分是生态可持续发展,包括自然资源保护与可持续利用、生物多样性保护、荒漠化防治、保护大气层、固体废物的无害化管理。《中国21世纪议程》是从中国具体国情和环境与发展的总体出发,提出的促进人口、资源、环境、经济和社会相互协调的中国国家可持续发展的战略规划,具有划时代的意义。

**3. 成为国家长期发展战略**

《中国21世纪议程》颁布后,可持续发展迅速成为政界和学界的热点问题,1997年可持续发展战略正式成为国家战略,2002年被写入《中国共产党章程》。

1995年9月,在党的十四届五中全会上,时任江泽民总书记专门论述了经济建设和人口、资源、环境的关系,强调:“在现代化建设中,必须把实现可持续发展作为一个重大战略。要把控制人口、节约资源、保护环境放到重要位置,决不能吃祖宗饭,断子孙路,走浪费资源和先污染、后治理的路子。”

1996年3月,《中华人民共和国国民经济和社会发展“九五”规划和2010年远景目标纲要》正式把可持续发展作为国家发展的一项战略目标和重要指导方针。

1997年,江泽民在党的十五大讲话中明确提出“实施科教兴国战略和可持续发展战略”。随后不久,在八届人大会议上,这两大战略从法律上被正式确定为国家战略,可持续发展战略成为我国面向21世纪的两大长期战略之一。

2001年7月,时任江泽民总书记在庆祝中国共产党成立八十周年大会上的讲话中指出,要实现党的基本路线和历史任务,必须“要促进人和自然的协调与和谐,使人们在优美的生态环境中工作和生活。坚持实施可持续发展战略,正确处理经济发展同人口、资源、环境的关系,改善生态环境和美化生活环境,改善公共设施和社会福利设施。努力开创生产发展、生活富裕和生态良好的文明发展道路”。

2002年8月,联合国可持续发展世界首脑会议在南非约翰内斯堡举行。会议前夕,中国政府发表了《中华人民共和国可持续发展国家报告》,全面介绍了中国在社会经济发展、生态建设、环境保护、资源管理、地方21世纪议程和公众参与等方面的行动和成就,阐述了中国进一步实施可持续发展战略的部署和政策措施。在会议中,朱镕基总理代表中国政府再一次向世界庄严承诺:中国将坚定不移地走可持续发展的道路。

2002年11月,党的十六大提出了“全面建设小康社会”的奋斗目标,“可持续发展能力不断增强,生态环境得到改善,资源利用效率显著提高,促进人与自然的和谐,推动整个社会走上生产发展、生活富裕、生态良好的文明发展道路”是四大目标之一,并且强调“必须把可持续发展放在十分突出的地位,坚持计划生育、保护环境和保护资源的基本国策”,“走新型工业化道路,大力实施科教兴国战略和可持续发展战略”。与此同时,可持续发展战略被正式写进新的《中国共产党章程》:“中国共产党在领导社会主义事业中,必须坚持以经济建设为中心,其他各项工作都服从和服务于这个中心。要抓住时机,加快发展,实施科教兴国战略和可持续发展战略,充分发挥科学技术是第一生产力的作用,依靠科技进步,提高劳动者素质,做到效益好、质量高、速度快,努力把经济建设搞上去。”

**4. 成为科学发展观的基本要求**

科学发展观是可持续发展战略的观念化,对于全民可持续发展意识的形成具有重大推动作用。科学发展观最初是与正确的政绩观比对提出来的,但是随着科学发展观探讨的深入,可持续发展战略逐步成为科学发展观理论的重要内容。

2003 年 7 月 1 日,胡锦涛总书记《在“三个代表”重要思想理论研讨会上的讲话》指出:“在我国社会主义初级阶段,我们党作为执政党的根本任务就是发展生产力,发展是我们党执政兴国的第一要务。发展是以经济建设为中心、经济政治文化相协调的发展,是促进人与自然相和谐的可持续发展。”

2003 年 10 月 14 日,党的十六届三中全会通过《中共中央关于完善社会主义市场经济体制若干问题的决定》,第一部分“我国经济体制改革面临的形势与任务”中提出了“五个统筹”:统筹城乡发展;统筹区域发展;统筹经济社会发展;统筹人与自然和谐发展;统筹国内发展和对外开放。在“深化经济体制改革的指导思想和原则”中将“坚持以人为本,树立全面协调、可持续的发展观,促进经济社会和人的全面发展”作为重要原则。

2004 年 1 月 12 日,胡锦涛《在中央纪委第三次会议上的讲话》中对可持续发展、科学发展观、正确政绩观作了精辟阐述,指出:坚持科学发展观,做到“五个统筹”,是我国 20 多年改革开放和现代化建设实践经验的总结,符合社会发展的客观规律。要树立正确的政绩观,首先就要树立科学的发展观;同样,不坚持科学的发展观,就不可能落实正确的政绩观。只有真正树立和落实科学发展观和正确政绩观,才能更加自觉地促进三个文明的建设,促进社会全面进步和人的全面发展,促进经济社会的可持续发展。

2004 年 9 月 19 日,党的十六届四中全会通过《中共中央关于加强党的执政能力建设的决定》,强调“坚持以人为本、全面协调可持续的科学发展观,更好地推动经济社会发展”、“把推进经济建设同推进政治建设、文化建设统一起来,促进社会全面进步和人的全面发展。推动建立‘五个统筹’的有效机制。建立体现科学发展观要求的经济社会发展综合评价体系”、“重视计划生育、节约资源、保护环境和安全生产,大力发展循环经济,建设节约型社会。贯彻落实科学发展观,要坚持从实际出发,因地制宜,分类指导,积极推进”。

2005 年,十六届五中全会通过《中共中央关于制定国民经济和社会发展第十一个五年规划的建议》,强调把经济社会发展切实转入全面协调、可持续发展的轨迹。

2006 年，十六届六中全会通过《中共中央关于构建社会主义和谐社会若干重大问题的决定》，提出以科学发展观统领经济社会发展全局，强调科学发展观是推进社会主义现代化建设必须长期坚持的重要指导思想。

2007 年 10 月 21 日，党的十七大报告对科学发展观的性质和内涵作了全面的阐述，指出：科学发展观是对党的三代中央领导集体关于发展的重要思想的继承和发展，是马克思主义关于发展的世界观和方法论的集中体现，是同马列主义、毛泽东思想、邓小平理论和“三个代表”重要思想既一脉相承又与时俱进的科学理论，是我国经济社会发展的重要指导方针，是发展中国特色社会主义必须坚持和贯彻的重大战略思想。科学发展观的第一要义是发展，核心是以人为本，基本要求是全面、协调、可持续，根本方法是统筹兼顾。同时，科学发展观被写入党章。

（三）中国可持续发展战略实施的主要步骤

中国科学院可持续发展研究组在 1999 年提出，中国作为世界上人口最多的发展中国家，在中国实施可持续发展战略，必须在 21 世纪前半叶跨越三个“零增长”的战略台阶（中国科学院可持续发展研究组，1999）。

第一个台阶——到 2030 年，实现人口数量和规模的“零增长”，同时在对应方向上实现人口质量的极大提高。即经过 30 多年的努力，把中国的人口自然增长率降低为零，从而在实现人口数量“零增长”的前提下，迈入可持续发展的第一级门槛。人口数量的零增长居于三个零增长之首。我们已经知道，可持续发展就是要解决人类无限的需求和自然有限的供给之间的矛盾，实现人类系统和自然系统的协同进化，而要做到这点，只有人类理智地控制自己需求的规模和增长速度，给定一个合适的人口规模和消费标准，才有可能。因此，人类只有首先控制自己的种群规模，并采取可持续的消费，才能实现可持续发展。

第二个台阶——到 2040 年，实现物质和能量消耗速率的“零增长”，同时在对应方向上实现社会财富的极大提高。即在实现人口自然增长率的零增长之后，再用 10 年时间实现资源和能源消费速率的零增长。目前，世界各国都在探讨如何使用更少的能源和资源，去获得更多的社会财富，如何改变实物型经济成为知识型经济，去更加“智慧地”运用资源和能源。财富大量积聚的代价是资源和能源的无节制消耗和向地球的无情掠夺，人类现在一年所消耗的矿物燃料，相当于在自然历史中 100 万年的积累量。人类如果不能改变发展的方式，继续通过自然资源的巨量消耗来积累社会财富，人类迟早会步入“增长的极限”的危险境地。

第三个台阶——到 2050 年，实现生态和环境恶化速率的“零增长”，同时在对应方向上实现生态质量和生态安全的极大提高。即在实现人口自然增长率和资源能源消耗的“零增长”后，再用 10 年时间实现中国生态环境退化速率的“零增长”。到那时，中国的可持续发展能力达到中等发达国家水平，中国的发展将全面进入可持续的良性循环。生态质量和环境质量的变化，与人口压力和资源压力息息相关，在中国人口自然增长率和资源消耗率实现“零增长”之前,单一地去提高生态质量和环境质量,是不可能办到的。因此,生态环境退化速率的“零增长”,必然是中国可持续发展战略三个台阶中最后也是最难实现的一个。

中国是世界上人口最多的发展中国家,西方环境经济学家哈里斯说过:如果在中国实现了可持续发展的基本目标,那么世界上就不应当有任何一个国家说它不能。我们相信,勤劳智慧的中华民族,一定能够在实现可持续发展的现代文明进程中,作出自己应有的贡献。

## 三、中国可持续发展实验区的建设

### (一)可持续发展实验区的概念和由来

可持续发展实验区是指选择一定数量具有代表性的区域,以可持续发展理论为指导,并结合其他理论或原理,在分析本区域各方面特点的基础上,制定相应的可持续发展原则和法则,首先实现本区域生态、经济和社会可持续性发展,在此过程中总结经验教训,加以推广应用,对于其他地区起到一定的示范作用,并能对可持续发展理论进行发展和创新,制定出一套完善和可行的一系列发展评价与指标体系的区域(潘玉君等,2005)。我们认为,可持续发展实验区简言之就是实践可持续发展战略的实验区,它们的区域系统具有典型性,实验过程具有探索性,实践经验具有推广性,实验结果具有示范性。

国家可持续发展实验区的工作可追溯1986年开始的国家社会发展综合实验区。国家社会发展综合实验区是由原国家科学技术委员会同原国家体改委和原国家计划委员会等政府部门共同推动的一项地方性可持续发展综合示范试点工作,旨在依靠科技进步、机制创新和制度建设,全面提高实验区的可持续发展能力,探索不同类型地区的经济、社会和资源、环境协调发展的机制和模式,为不同类型地区实施可持续发展战略提供示范。1997年12月,国家社会发展综合实验区更名为国家可持续发展实验区。截至2008年1月,全国已建立国家级实验区58个,省级实验区77个[①]。

### (二)可持续发展实验区的目标与任务

可持续发展实验区建设的基本目标有三:一是完善可持续发展理论及其评价指标体系;二是实现实验区的区域可持续发展;三是发挥实验区的示范作用和带动作用。

建设可持续发展的实验区,主要任务是:

(1)检验已有的可持续发展理论,发展可持续发展的新理论(潘玉君等,2005)。

(2)促进实验区的经济可持续发展,包括:促进农业、工业、服务业的生态化;促进生产技术和生产工艺的高新化;促进生产要素的智力化、生产过程的清洁化、生

---

① 中国科技部信息网。http://www.msn800.com/zgkjb/ShowArticle.asp? ArticleID=21093

产产品的绿色化；促进人民群众生活质量的不断提高。

(3)促进实验区的社会可持续发展，包括：促进环境意识、生态意识、行星意识的形成；促进和谐发展观、可持续发展观、科学发展观、环境伦理观、生态文明观的形成；促进个人、家庭、社区和社会的稳定与和谐；促进政府、企业、公众的交流与协作；促进决策、管理、监督的公众参与。

(4)促进实验区的生态可持续发展，包括：促进资源的合理利用；促进生态环境的保护；促进人居环境的优化；促进"三废"的资源化和无害化处理。

(5)促进实验区示范作用的发挥。实验区之所以成为实验区，关键是它们所具有的典型性、探索性、推广性和示范性。要认真总结实验区实施可持续发展战略的经验，因地制宜和因时制宜地向实验区以外的地区推广其成功经验，发挥其示范作用。

可持续发展实验区是国家可持续发展战略执行计划的排头兵，是可持续发展思想观念与行动方案的结合点。"星星之火，可以燎原"，实验区可持续发展战略的成功，是中国国家可持续发展战略成功的基石。

## 本章小结

管理学是区域可持续发展战略的理论基础。区域可持续发展战略是区域的长远发展战略，是运用可持续发展的思想理念和管理方法导向可持续社会的区域管理战略，是通过对区域内人口、资源、环境、经济和社会诸要素及其所构成的人地关系、区际关系和代际关系进行综合规划和系统管理，以实现区域的生态、经济、社会的可持续发展的综合的和长远的谋划。不同的区域由于发展的内容、水平、速度各不相同，需要采取不同的可持续发展战略。发达国家宜采取维持型可持续发展战略，发展中国家宜采取赶超型可持续发展战略。

区域可持续发展战略的目标体系包括生态目标、经济目标和社会目标，可持续发展要求以平等的精力来追求经济的、生态的和社会的目标。在生态上，要保持自然资源库的稳定和生态系统的良性循环，实现区域生态的可持续发展；在经济上，要建设生态经济体系，实现区域经济的可持续发展；在社会上，要建设可持续的社会，实现区域社会的可持续发展。

区域可持续发展战略的能力体系包括智力支持能力、生存支持能力、环境支持能力、发展支持能力和社会支持能力。区域智力支持能力是区域人口在创新、决策和管理等方面的发展能力，它是区域可持续发展系统的人口支撑；区域生存支持能力是区域资源满足当代及后代人生存和发展需求的能力，它是区域可持续发展系统的资源支撑；区域环境支持能力是区域资源生产力、环境自净力和灾害破坏力的总和，它是区域可持续发展系统的容量支撑；区域发展支持能力是区域生产产品和服务的总体能力，它是区域可持续发展系统的经济支撑；区域社会支持能力是区域社会系统维持有序运行、承受和抵抗内外干扰、指向可持续社会的能力，它是区域可持续发展系统的社会支撑。

区域可持续发展战略规划是人类有意识的社会进化的手段和行为，是实施区域可持续发展战略的执行计划或行动纲领。其规划的空间尺度视研究问题的性质而定，可以是全球的和超国家的，也可以是国家的和地方的；规划的时间尺度一般采用50年，个别采用100年；规划的技术过程一般包括现状分析与问题诊断、行动方案设计、规划实施的管理与监督等三个核心环节；规划的内容则以《中国地方可持续发展规划指南》所提供的模板为参照。

中国具有历史悠久的朴素的可持续发展思想。自然资源财富观与可持续利用、天地人系统观和人与自然和谐、生态系统持续观和生物多样性保护是中国古代朴素的可持续发展思想的主要内容。中国是世界上最大的发展中国家，中国将长期面临巨大的人口、资源、环境压力，中国正处于经济快速发展的历史转型期，这是中国实施可持续发展战略的必然选择。

中国可持续发展战略的形成经历了几个重要的里程碑。第一个里程碑是1992年中国政府在里约环境与发展大会上提出的“五点主张”；第二个里程碑是1994年《中国21世纪议程》的颁布；第三个里程碑是1997年可持续发展战略成为国家长期发展战略；第四个里程碑是2004年可持续发展成为科学发展观的基本要求。

中国可持续发展战略的实施要分三步走。第一步是到2030年，实现人口数量和规模的“零增长”；第二步是到2040年，实现物质和能量消耗速率的“零增长”；第三步是到2050年，实现生态和环境恶化速率的“零增长”。

可持续发展实验区是实践可持续发展战略的实验区，它们的区域系统具有典型性，实验过程具有探索性，实践经验具有推广性，实验结果具有示范性。中国国家可持续发展实验区的工作可追溯到1986年，基本目标有三：一是完善可持续发展理论及其评价指标体系；二是实现实验区的区域可持续发展；三是发挥实验区的示范作用和带动作用。

## 思 考 题

1. 区域可持续发展战略的概念与类型。
2. 区域可持续发展战略的目标体系。
3. 区域可持续发展战略的能力体系。
4. 区域可持续发展战略规划的时间尺度。
5. 中国实施可持续发展战略的必然性。
6. 中国古代朴素的可持续发展思想内容。
7. 《中国21世纪议程》的主要内容。
8. 中国国家可持续发展实验区的分布。

# 主要参考文献


艾伦·杜宁.1972.多少算够:消费社会与地球的未来.毕聿译.长春:吉林人民出版社.49

芭芭拉·沃德,勒内·杜博斯.1997.只有一个地球.国外公害丛书编委会译.长春:吉林人民出版社.31,75,76

包浩生.1993.自然资源简明词典.北京:中国科学技术出版社.1

包惠,郭强.1999.技术进步与可持续发展.石家庄铁道学院学报,(2):90

包玉秋.2007.社会公平的法哲学基础.社会主义研究,(5):77

保罗·萨缪尔森,威廉·诺德豪斯.1999.微观经济学.萧琛等译.北京:华夏出版社.10

北京科学技术委员会.1997.可持续发展词语释义.北京:学苑出版社.38

比尔·麦克基本.2000.自然的终结.孙晓春,马树林译.长春:吉林人民出版社.92

彼德·威廉姆斯,阿里森·吉尔.2001.旅游承载力的管理问题.见:威廉·瑟厄波德.全球旅游新论.张广瑞等译.北京:中国旅游出版社.223～236

编辑委员会.1983.中国大百科全书·环境科学.北京:中国大百科全书出版社

布兰查德,费希尔.1998.宏观经济学.北京:经济科学出版社

蔡拓.1999.可持续发展——新的文明观.太原:山西教育出版社.174,175

曹利军.1999.可持续发展评价理论与方法.北京:科学出版社

常纪文,王宗廷.2003.环境法学.北京:中国方正出版社.28

陈安宁.2001.资源可持续利用:一种资源利用伦理原则.自然资源学报,16(1):65～69

陈才,陈慧琳.2001.人文地理学.北京:科学出版社

陈昌曙.2000.哲学视野中的可持续发展.北京:中国社会科学出版社.210

陈聃.2004.生态文化发展定位初探.龙岩师专学报,22(4):54～55

陈传康.1990.区域.见:地理学编委会.中国大百科全书·地理学.北京:中国大百科全书出版社.340

陈剑澜.2003.西方环境伦理学思想述要.马克思主义与现实,(3):96～110

陈烈,刘复友.2002.中国发达地区顺德市域可持续发展研究.广州:广东科技出版社.3～6

陈泉生.1999.略论环境法的目的和作用.福建社会科学,(5):46

陈泉生.2000.可持续发展与法律变革:21世纪法制研究.北京:法律出版社.291

陈晓利,祁生文,叶洪.2008.基于GIS的地震滑坡危险性的模糊综合评价研究.北京大学学报(自然科学版),44(3):434～438

陈新岗.2005."公地悲剧"与"反公地悲剧"理论在中国的应用研究.山东社会科学,(3):77

陈耀邦.1996.可持续发展战略读本.北京:中国计划出版社.307,308

陈玉光,崔斌.1995.深化农村经济体制改革与当代中国农村区域性贫困问题研究(上).开发研究,(4):30

陈忠晓,王仰麟.1999.生态旅游刍议.地理学与国土研究,15(4):55～59

承继成,林珲,杨汝万.2001.面向信息社会的区域可持续发展导论.北京:商务印书馆

程萍.2003.建立推动可持续发展的"可持续科技创新"评价体系构想.武汉大学学报(社会科学版),56(3):307～312

程淑兰,潘宝林.2000.安徽省岳西县生态示范区评价指标体系和可持续发展度研究.农村生态环境,16(3):37～30

程晓冰.2001.水资源保护概况.水资源保护,12(4):24

程样国，黄平槐. 2007. 生态文明观念：引领人的发展新境界. 求实，12：7～9

崔灵周，曹明明，李占斌等. 2000. 黄土高原地区可持续发展指标体系与评价方法设计. 水土保持通报，20(3)：15～19

戴维·皮尔斯. 1997a. 绿色经济的蓝图——获得全球环境价值. 徐少辉等 译. 北京：北京师范大学出版社. 39，97，98

戴维·皮尔斯. 1997b. 绿色经济的蓝图——绿化世界经济. 初兆丰等译. 北京：北京大学出版社. 50，51，171

戴维·皮尔斯，杰瑞米·沃福德. 1997. 世界无末日——经济学、环境与可持续发展. 张世秋等译. 北京：中国财政经济出版社. 117，325，348～351

戴星翼. 1998. 走向绿色的发展. 上海：复旦大学出版社

丹尼斯·米都斯等. 1997. 增长的极限. 李宝恒译. 长春：吉林人民出版社. 17～26，100，108，120～151

杜本峰. 2005. 健康-人力资本-经济效应. 经济问题，3：76

道格拉斯. 诺斯. 1994. 制度、制度变迁与经济绩效. 刘宁英译. 上海：上海三联书店

恩格斯. 1972. 自然辩证法. 见：马克思恩格斯选集. 第三卷. 北京：人民出版社. 517

樊莹. 2000. 当前国际经贸关系新走势. 现代国际关系，(11)：6～11

方洪庆. 2000. 公众参与环境管理的意义和途径. 法制与管理，(12)：9

费广胜，陈伟. 2004. 消除贫困：可持续发展的必由之路. 兰州学刊，(1)：149，150

封进，余央央. 2007. 中国农村的收入差距与健康. 经济研究，(1)79～88

冯维波. 2000. 生态文明与现代城市可持续发展. 生态经济，(7)：40～43

冯玉广. 2000. 山区县域可持续发展水平和能力定量评价方法研究. 经济地理，20(4)：16～19

高瑞馨，王凤友. 2005. 林业可持续发展指标体系和综合评价研究概述. 防护林科技，(4)：38～40

高文杰，刘玉才，唐春云. 2000. 生态创新的几个基本问题. 中国环境管理，(6)：15，16

高中华，徐媛媛. 2004. 环境危机时代人与自然关系的新思考. 淮阴师范学院学报(哲学社会科学版)，(1)：32

葛新权，李富强，谢赤. 1998. 知识经济与可持续发展. 北京：社会科学文献出版社. 220～225，301

耿爱生，李鲁，姜敏敏. 2003. 健康对经济增长的作用. 中国农村卫生事业管理，23(9)：3～7

龚建华. 1993. 论可持续发展的思想与概念. 中国人口·资源与环境，6(3)：4～9

龚胜生，罗媞. 2005. 论人类健康可持续发展. 地理与地理信息科学，21(3)：109～112

龚胜生. 1997. 论中国可持续发展的区际关系协调. 地理学与国土研究，13(3)：1～6

龚胜生. 1999a. 论可持续发展的区域性原则. 地理学与国土研究，15(1)：1～6

龚胜生. 1999b. 论区域可持续发展系统的三大关系. 华中师范大学学报(自然科学版)，33(4)：596～603

龚胜生. 2000. 论中国可持续发展的人地关系协调. 地理学与国土研究，16(1)：7～13

顾康康，刘景双. 2006. 吉林省可持续发展指标体系的建立与评价. 农业系统科学与综合研究，22(2)：88～91

郭怀诚. 2004. 西部地区反贫困与生态环境可持续性研究——以新疆和墨洛地区为例. 北京大学学报(自然科学版)，(1)：144

郭来喜. 1994. 当代中国人文地理学研究进展述要. 人文地理，9(3)：1～7

郭廷忠. 2007. 环境影响评价学. 北京. 科学出版社. 59～61

国家环境保护总局. 迎接新世纪的挑战——环境与发展论文集. 北京：中国环境科学出版社

国家计委. 1994. 中国 21 世纪议程. 北京：中国环境科学出版社. 177

韩文辉，曹利军，李晓明. 2002. 可持续发展的本质与实施的复杂性. 科技进步与对策，(7)：20～22

韩晔. 2006. 生态伦理观与生态创新体系的建立. 北京林业大学学报(社会科学版)，(3)：48

郝瑞彬，郑祥民. 2002. 试论公众参与环境决策. 重庆环境科学，(4)：3

郝时尧. 2002. 山西省可持续发展评价指标体系的研究. 太原理工大学学报(社会科学版)，20(2)：36～38

何敦煌. 2002. 人口、生态、经济与可持续发展. 厦门：厦门大学出版社. 327

何志伟. 2006. 中外学术界对可持续发展环境伦理观的对比研究. 贵州社会科学，(2)：82，83

和沁.2003.可持续发展环境伦理观述评.云南行政学院学报,(2):126,127
赫尔曼·E.戴利.2001.超越增长——可持续发展的经济学.诸大建,胡圣译.上海:上海译文出版社.63～73
洪银兴.2000.可持续发展经济学.北京:商务印书馆.78～80,181～183,211,363,368～370,345,416
胡平.2005.论现代商业文明.商业文化,(2):11,12
胡寿田,余刚鹏.1988.生态农业.武汉:湖北科学技术出版社.18～27,141～145,152～154
华红莲,潘玉君.2005.可持续发展评价的方法论之比较.云南师范大学学报,9(5):62～65
黄鼎成,王毅,康晓光.1997.人与自然关系导论.武汉:湖北科学技术出版社.2,77
黄羊山,王建萍.1995.生态旅游与生态旅游区.中国旅游,(3):16～20
黄肇义,杨东援.2001.国内外生态城市理论研究综述.城市规划,25(1):59～67
霍尔姆斯·罗尔斯顿.2000a.环境伦理学.杨通进译.北京:中国社会科学出版社.3～35,345～351
霍尔姆斯·罗尔斯顿.2000b.哲学走向荒野.刘耳,叶平译.长春:吉林人民出版社.262
霍秀媚.1997.消除贫困与可持续发展.探求,(5):50
姜学民,张敏.2002.根据"闭路开环"原理制定人口政策.中国人口·资源与环境,(12):4
卡尔逊 R.1979.寂静的春天.吕瑞兰译.北京:科学出版社.6～8,14,44,292,312
科学技术部农村与社会发展司,中国21世纪议程管理中心,中国科学院地理科学与资源研究所.2006.中国地方可持续发展规划指南.北京:社会科学文献出版社.2,33,34,39,122
冷疏影,刘燕华.1999.中国脆弱生态区可持续发展指标体系框架设计.中国人口·资源与环境,9(2):40～45
李东和.1999.国际生态旅游市场分析.旅游学刊,(1):56～61
李京文.1999.迎接知识经济新时代.上海:上海远东出版社.19
李培祥,李诚固.2003.区域生态经济的构建.资源开发与市场,19(1):11～14
李天元.2001.旅游学概论.天津:南开大学出版社.260
李文华.1994.可持续发展与资源对策.自然资源学报,9(2):97
李小云.2005.环境与贫困:中国实践与国际经验.北京:社会科学文献出版社
李艳芳.2004.公众参与环境影响评价制度研究.北京:中国人民大学出版社.16
李志青.2003.可持续发展的"强"与"弱"——从自然资源消耗的生态极限谈起.中国人口·资源与环境,13(5):1～4
李祖扬,杨明.2001.简论中国古代的环境伦理思想.南开学报(哲学社会科学版),(4):62～67
梁琦.1995.论绿色消费与观念更新.消费经济,4:9～16
林秋华.1997.可持续城市与环境.国外城市规划,(1):2～8
刘长茂.1991.人口结构学.北京:中国人口出版社
刘传祥,承继成,李琦.1996.可持续发展的基本理论分析.中国人口·资源与环境,6(2):4
刘大椿,杨代华.1998.环境思想研究.北京:中国人民大学出版社
刘慧.1997.区域农业可持续发展指标体系及评估方法.地理科学进展,16(2):21～25
刘琳丽.2004.关于可持续发展与生态伦理学的几个问题.生态文化,(2):15～16
刘培哲.1994.可持续发展——通向未来的新发展观.中国人口·资源与环境,14(3):13,14
刘培哲.2001.可持续发展理论与中国21世纪议程.北京:气象出版社
刘盛佳.1995.持续发展与地理学之管见.地理科学,15(4):363
刘思华.1997.可持续发展经济学.武汉:湖北人民出版社.319
刘思华.2002.经济可持续发展的科技创新.北京:中国环境科学出版社.176
刘贤奇,王晓红.1996.论社会可持续发展的理论和战略选择.吉林大学社会科学学报,(6):10
刘晔.2007.节能技术创新研究.山西能源与节能,(4):11,12
刘勇.2003.可持续发展理论.北京:红旗出版社.164,184
刘宗超.1997.生态文明与中国可持续发展走向.北京:中国科学技术出版社.85

刘祚臣.1999.中国资源国策的再认识.中国土地,4:4～6
龙敏.2003.实施可持续发展战略,促进人类健康.理论与实践,(3):46,47
卢云亭.1996.生态旅游与可持续旅游发展.经济地理,16(1):106～112
陆大道.2006.实施科学发展观,走可持续发展之路.见:路甬祥.科学与中国——院士专家巡讲团报告集(第一辑).北京:北京大学出版社
陆杰华.1999.贫困地区人口健康存量与减缓贫困的实证研究.西北人口,4:4
陆书玉.2001.环境影响评价.北京:高等教育出版社.7,36,37
吕乃基.2003.论消费及其演化对技术发展的影响.自然辩证法研究,(4):33
麻朝晖.2003.我国的贫困分布与生态环境脆弱相关度之分析.绍兴文理学院学报,23(1):92～95
马传栋.2002.可持续发展经济学.济南:山东人民出版社.294
马尔萨斯.1961.人口原理.北京:商务印书馆
马克思,恩格斯.1979.马克思恩格斯全集.第34卷.中共中央马克思恩格斯列宁斯大林著作编译局译.北京:人民出版社.163
马寅初.1997.新人口论.长春:吉林人民出版社
马中.1999.环境与资源经济学.北京:高等教育出版社.97
麦克尼利等.1991.保护世界的生物多样性.薛达元译.北京:中国环境科学出版社.38,41,43
毛传新.1998.论可持续发展下的环境管理.世界经济文汇,(6):36～39
毛汉英.1996.山东省可持续发展指标体系初步研究.地理研究,15(4):16～22
毛志峰.2004.人类文明与可持续发展.北京:新华出版社.2,3
美子.2002－07－03.受全球变暖影响,百年后松树在韩国消失.中国环境报
孟庆国,胡鞍钢.2000.消除健康贫困应成为农村卫生改革与发展的优先战略.中国卫生资源,11,3(6):246～248
莫神星.2004.探讨建立和完善环境与发展综合决策的公众参与制度.决策咨询通讯,(6):85
聂华林,王宇辉,李长亮等.2007.区域可持续发展经济学.北京:中国社会科学出版社.11
宁淼,王奇,叶文虎.2006.区域可持续发展战略规划的理论与方法研究.中国人口·资源与环境,16(3):38～42
牛文元,毛志锋.1998.可持续发展理论的系统解析.武汉:湖北科学技术出版社
牛文元.1994.持续发展导论.北京:科学出版社
牛文元.2004.人类文明与可持续发展——三种文明论.北京:新华出版社
牛文元.2007.科学发展观的理论认知.中国科学院院刊,22(2):120～125
牛亚菲.2002.旅游业可持续发展指标体系研究.中国人口·资源与环境,12(6):42～45
欧文·拉兹洛.2004a.内在的限度:对当今价值、文化和政治的异端的反思.黄觉,闵家胤译.北京:社会科学文献出版社.2,5,6,22,23,36～38,48,50,53,54
欧文·拉兹洛.2004b.布达佩斯俱乐部全球问题最新报告:第三个1000年.王宏昌,王裕棣译.北京:社会科学文献出版社.1,2,18,83,86,149,150,202～204
潘家华.1997.持续发展途径的经济学分析.北京:中国人民大学出版社.45,79,441
潘玉君,武友德,邹平等.2005.可持续发展原理.北京:中国社会科学出版社.4,49,165,213,214
佩鲁.1987.新发展观.张宁等译.北京:华夏出版社.128
彭念一,李丽.2003.我国居民生活质量评价指标与综合评价研究.湖南大学学报(社会科学版),17(5):21～25
彭晓琳,方法林.2000.城市化过程中的生态文化建设.城市生态与城市发展研究,(6):57～59
钱易,唐孝炎.2000.环境保护与可持续发展.北京:高等教育出版社.21,25,89,90,86,122,315
乔家君,李小建.2005.河南省可持续发展指标体系构建及应用实例.河南大学学报(自然科学版),35

(3):45～48
乔家君.2003.改进的层次分析法在河南省可持续发展能力评估中的应用.河南大学学报(自然科学版),33(2):58～62
秦大河,张坤民,牛文元.2002.中国人口资源环境与可持续发展.北京:新华出版社.549
秦书生.2006.生态技术的哲学思考.科学技术与辩证法,(4):74
曲福田,朱德明.2003.可持续发展的经济政策体系探讨.中国人口.资源与环境,(3):5
曲格平.2002.发展循环经济是21世纪的大趋势.中国城市经济,5:27,28
任宪友.2003.基于可持续发展的适度人口理论探讨.石油大学学报(社会科学版),19(3):56～60
阮本清,元奋生.1996.浅论环境和经济发展之关系.科学技术与辩证法,13(5):59～61
沈镭,成升魁.2000.青藏高原区域可持续发展指标体系研究初探.资源科学,22(4):30～35
圣朝.1997.人类自尝恶果:生存危机备忘录.北京:解放军文艺出版社
施晓清,赵景柱,吴钢等.2001.生态系统的净化服务及其价值研究.应用生态学报,12(6):908～912
石培基,杨中标.2007.甘肃省可持续发展能力评价研究.农业系统科学与综合研究,23(3):302～306
石人炳.2000.略论21世纪中国的人口结构问题.湖北大学学报(哲学版),27(3):92～94
世界环境与发展委员会.1997.我们共同的未来.王之佳,柯金良译.长春:吉林人民出版社.2,9,28,33,55～136,268,272
世界银行.2001.绿色工业.北京:中国财政经济出版社.8
宋新明.2002.西部大开发与人口健康的关系.中国西部大开发中的人口与可持续发展.北京:人民出版社:229
宋序彤.2003.关于实践生态城市的解析.城市发展研究,10(6):71～76
苏伦·埃尔克曼.1999.工业生态学.徐兴元译.北京:经济日报出版社.13
苏胜强,黄祖辉.1999.可持续发展理论及其基本模式.农业现代化研究,20(1):8～12
孙瑛,刘呈庆.2003.可持续发展管理导论.北京:科学出版社.191,192
谭崇台.2001.发展经济学.太原:山西经济出版社.8,9,107
谭崇台.2002.发展经济学的新发展.武汉:武汉大学出版社
汤茂林.1999.城市可持续发展的生态原则.城市环境与城市生态,12(2):38～41
滕藤,郑玉歆.2004.可持续发展的理念、制度与政策.北京:社会科学文献出版社.98,109,296～303,310
田大庆,王奇,叶文虎.2004.三生共赢:可持续发展的根本目标与行为准则.中国人口·资源与环境,14(2):8～11
田雪原.1999.以人为本的可持续发展理论及其理论体系.中国人口科学,(1):1～6
田雪原.2000.跨世纪人口与发展.北京:中国经济出版社.29
田雪原.2006-06-27.我国人口老龄化对经济发展的影响.中国社会科学院院报
佟玉权,龙花楼.2003.脆弱生态环境耦合下的贫困地区可持续发展研究.中国人口·资源与境,3(2):47～51
托马斯·安德森,卡尔·福克.1998.环境与贸易——生态、经济、体制和政策.黄晶等译.北京:清华大学出版社
万劲波,叶文虎.2005.地方政府推进区域可持续发展能力建设的思考.中国软科学,(3):8～17
王恩涌,赵荣,韩茂莉等.2002.人文地理学.北京:高等教育出版社
王关义.2004.中国五大经济特区可持续发展战略研究.北京:经济管理出版社
王国良.2005.中国扶贫政策——趋势与挑战.北京:社会科学文献出版社
王合生,虞孝感.1997.我国发达地区可持续发展指标体系及其评价.经济地理,17(4):22～25
王华东.1990.环境影响评价.北京:高等教育出版社.1
王金南.1994.环境经济学——理论·方法·政策.北京:中国环境科学出版社.248
王军.1997.可持续发展.北京:中国发展出版社.215

王克敏.2000.经济伦理与可持续发展.北京:社会科学文献出版社
王丽.2007.推动创新性生态文化产品的生产与发展.天津经济,(6):45,46
王胜.2007.消费需求与技术创新关系研究.科技管理研究,(3):19,20
王树恩,陈士俊.2002.人类与环境.天津:天津大学出版社.4
王伟,李宗颜,高玉兰等.1995.生存与发展——地球伦理学.北京:人民出版社.215~241
王伟中.2002.国际可持续发展战略比较研究.北京:商务印书馆
王祥荣.2000.生态与环境——城市可持续发展与生态环境调控论.南京:东南大学出版社.74,82
王晓梅.2002-11-22.国外报废汽车回收各有所长.经济参考报
王信领,王孔秀,王希荣.2000.可持续发展概论.济南:山东人民出版社
王莺莺.1995.消除贫困:全球的奋斗目标.新视野,(4):60,61
王玉德.2005.试论世界生态文化思潮.湖北行政学院院报,(1):74,75
王跃华.1999.论生态旅游内涵的发展.思想战线,(6):43~47
威廉·瑟厄波德.2001.全球旅游新论.张广瑞等译.北京:中国旅游出版社
卫生部统计信息中心.2004.中国卫生服务调查研究——第三次全国卫生服务调查分析报告.北京:中国协和医科大学出版社.11
温宗国,王承波,张坤民.2002.中国可持续发展能力建设中人力资源开发研究.中国人口·资源与环境,12(3):72~76
吴承业,叶民强,袁达等.2000.沿海开放地区可持续发展指标体系与评价方法研究.华侨大学学报,(2):10~15
吴凤庆.2001.煤炭企业可持续发展评价指标体系.统计与决策,(10):18
吴平.1999-08-12.21世纪水资源委员会发出呼吁,全球应重视水荒问题.人民日报
吴人坚.2001.生态经济区建设原理初探.生态经济,1:1~3
夏传勇,叶文虎.2007."可持续生产"与"清洁生产"内涵辨析.环境科学研究,20(3):173~176
肖艳.2000.我国环境问题的解决与公众参与制度的建设.江西社会科学,(11):13
肖自力,周双超.1998.中国人口与可持续发展.北京:中国人口出版社
徐长山.2001.论消费方式的转变.宁夏大学学报(人文社会科学版),23(5):90~95
徐嵩龄.2000.环境伦理观的选择:可持续发展伦理观.生态经济,(3):39~41
徐嵩龄.2001.论现代环境伦理观的恰当性.清华大学学报(哲学社会科学版),(2):1517
杨国昕.2007.树立生态文明观实现可持续发展.求是,24:47
杨开忠.1994.一般持续发展论(上).中国人口·资源与环境,4(1):11~15
杨荣珍.2002年.WTO争端解决——案例与评析.北京:对外经贸大学出版社.464
杨通进.2000.环境伦理学的基本理念.道德与文明,(1):6~10
杨云彦.2001.人口、资源与环境经济学.北京:中国经济科学出版社.301
叶民强.2003.双赢策略与制度激励——区域可持续发展评价与博弈分析.北京:社会科学文献出版社.3,4
叶平,武高辉.2004.科学技术与可持续发展.北京:高等教育出版社.61,184,206,207
叶文虎.2001.可持续发展的原理、方法和实践.今日科技,(7):20~22
叶文虎等.2001.可持续发展引论.北京:高等教育出版社.175~180
伊恩·莫法特.2002.可持续发展——原则、分析和政策.宋国君译.北京:经济科学出版社.7
易寒洲.2002.论绿色贸易与多边贸易规则.现代国际关系,(7):56~60
尹世杰.2004-08-24.再论生态需要.光明日报
于光远.1984.经济社会发展战略.北京:中国社会科学出版社
余谋昌.1996.环境伦理学.地球科学进展,11(1):50~52
余谋昌.1999.生态伦理学——从理论走向实践.北京:首都师范大学出版社.140~145

余谋昌. 2005. 生态文化是一种新文化. 长白学刊,(1):99～104
原新. 1999. 可持续适度人口的理论构想. 人口与经济,(4):34～39
曾珍香,顾培亮,张闽. 1998. 可持续发展的概念及内涵的研究. 管理世界,(2):209～214
张敦富. 1999. 区域经济学原理. 北京:中国工业出版社
张帆. 1998. 环境与自然资源经济学. 上海:上海人民出版社. 58
张广瑞. 1999. 生态旅游的理论与实践. 旅游学刊,(1):51～55
张俊军,许学强,魏清泉. 1999. 国外城市可持续发展研究. 地理研究,18(2):207～212
张坤民. 1997. 可持续发展论. 北京:中国环境科学出版社. 266,290,310,313,405,412
张坤民,王灿. 2002. 可持续发展的科技能力建设:现状与对策. 环境保护,11:33～35
张林泉,尹建中. 2001. 山东省可持续发展战略简论. 北京:科学出版社. 117,270～284
张润君. 2006. 现阶段我国城市贫困与城市可持续发展. 西北师范大学学报(社会科学版),(6):77
张小蒂. 1993. 资源节约型经济与利益机制. 上海:上海三联书店
张学文. 2003. 区域可持续发展的评价与调控. 哈尔滨:黑龙江人民出版社
赵昌文,郭晓鸣. 2000. 贫困地区扶贫模式:比较与选择. 中国农村观察,(6):66,67
赵济,陈传康. 2004. 中国地理. 北京:高等教育出版社. 323～336
赵丽芬,江勇. 2001. 可持续发展战略学. 北京:高等教育出版社. 20,28,62～64
赵士洞,王礼茂. 1996. 可持续发展的概念和内涵. 自然资源学报,11(3):188～192
赵细康. 1997. 关于人口与可持续发展若干问题的思考. 西北人口,(1):8～11
赵永新. 2001-12-24. 可持续发展的成功实践. 人民日报
赵跃龙,刘燕华. 1996. 中国脆弱生态环境分布及其与贫困的关系. 人文地理,(2):7
郑度. 1994. 中国 21 世纪议程与地理学. 地理学报,49(5):481～486
郑膺予. 1999. 可持续发展与人的全面发展. 复旦学报(社会科学版),(6):75～78
中国科学院可持续发展战略研究组. 1999. 1999 年中国可持续发展战略报告. 北京:科学出版社. 188
中国科学院可持续发展战略研究组. 2002. 2002 年中国可持续发展战略报告. 北京:科学出版社
中国 21 世纪议程管理中心. 2004. 可持续发展培训课程结构与管理. 北京大学译. 北京:社会科学文献出版社. 196,197
中国自然资源委员会. 1986. 自然资源研究的理论和方法. 北京:科学出版社
钟水映,简新华. 2004. 人口、资源与环境经济学. 北京:科学出版社. 41,43
周海林,黄晶. 1999. 可持续发展能力建设的理论分析与重构. 中国人口、资源与环境,9(3):20～24
周海林. 2004:可持续发展原理. 北京:商务印书馆. 473
周民良. 2007. 贫困、环境与可持续发展. 中国地质大学学报(社会科学版),7(3):2～7
周一星. 1999. 城市地理学. 北京:商务印书馆
朱德明. 1995. 环境伦理·生态文明·环境政策取向. 环境导报,(5):13
朱迪·丽丝. 2002. 自然资源——分配、经济学与政策. 蔡运龙等译. 北京:商务印书馆. 25,26,58
朱坚强,韩狄明. 2002. 可持续发展概论. 上海:立信会计出版社
朱榄叶. 2000 年. 世界贸易组织国际贸易纠纷案例评析. 北京:法律出版社. 68
朱农,王冰. 1999. 长江地区人口问题与可持续发展. 武汉:武汉出版社
朱启贵. 1999. 可持续发展评估. 上海:上海财经大学出版社. 40～47
朱坦. 2001. 环境伦理学的理论与实践. 北京:中国环境科学出版社. 31～49,253,326
朱云梅. 1999. 工业企业可持续发展评价指标体系初探. 重庆环境科学,21(1):21～24
邹平,胡鞍钢. 1990. 人类·发展·前景·抉择. 北京:学术书刊出版社
邹统钎. 1999. 旅游开发与规划. 广州:广东旅游出版社. 258
Agyeman J, Evans B. 1995. Sustainability and democracy: community participation in local agenda 21. Local

Government Policy Making, 22(2): 35～40

Allaby M. 1988. MacMillan dictionary of the environment. 3rd ed. London: MacMillan Press Ltd

Allen R. 1980. How to save the world: summarizing the world conservation strategy. London: Kogan Page

Archibugiand F, Nijkamp P. 1989. Economy and ecology: towards sustainable development. Amsterdam: Kluwer Academic Publishers

Atkinson G, Dubeurg W R, Hamilton K, et al. 1997. Measuring sustainable development: macroeconomics and environment. Edward Elgar: Cheltenham

Australian Government. 1992. National strategy for ecologically sustainable development. Canberra: Australian Government publishing service

Barbier E. 1987. The concept of sustainable economic development. Environmental Conservation, 14 (2): 101～110

Barbier E. 1989. Economics, natural resource scarcity and development. London: Earthscan Publications Ltd

Beder S. 1993. The nature of sustainable development. Melbourne: Scribe Publications

Braat L. 1991. The predictive meaning of sustainability indicators. *In*: kuik O, verbruggen H. In search of indicators of sustainable development. Netherlands: Kluwer Academic Publishers

Breitmeier H. 1995. Sustainable development: criteria and indicators, Workshop 3. Manuscript on file at IIASA, Laxenburg, Austria

Brown B J, Lirerman D M, Hanson M E, et al. 1988. Global sustainability: towards measurement. Environmental Management, 12(2): 133～143

Byrne J, Hoffman S M. 1996. Sustainability: from conception to practice. IEEE Technology and Society Magazine, 15 (2): 6～7

Campbell H. 2000. Sustainable development: can the vision be realized? Planning Theory & Practice, 1(2): 259～284

Carpenter R. 1995. Limitations in measuring ecosystem sustainability. *In*: Trzyna T. A sustainable world: defining and measuring sustainable development. Sacramento: California Institute for Public Affairs

Carson R. 1962. Silent spring. Boston: Houghton Mifflin Company

Choucri N. 1997. Global system for sustainable development research TDP-MIT. Cambridge, MA: MIT Press

Clarkson L, Morrissette V, Regallet G. 1992. Our responsibility to the seventh generation: indigenous peoples and sustainable development. Winnipeg: International Institute for Sustainable Development

Collard D, Pearce D, Ulph D. 1988. Economics, growth and sustainable environment. london: macmillan

Coomer J, 1979. The nature of the quest for a sustainable society. *In*: Coomer J. Quest for a Sustainable Society. Oxford: Pergamon Press

Costanza R, Wainger L. 1991. Ecological economics: mending the earth. Berkeley: North Atlantic Books

Costanza R, Arge R, Groot R, et al. 1999. 全球生态系统服务与自然资本的价值估算. 生态学杂志, 18 (2): 70～78

Dernbach JC, 1998. Sustainable development as a frame work for national governance. Case Western Reserve Law Review, 49(1): 1

Daly H. 1992. Principles of sustainable development towards some operational principles of sustainable development. Ecological Economics, 2 (1990): 1～6

De Leo G A, Levins. 1997. The multifaceted aspects of ecosystem integrity. Conservation Ecology, 3(1): 1～23

Dernbach J C. 1998. Sustainable development as a framework for national governance. Case Western Reserve Law Review, 49( 1): 1, 104

Deserpa A C. 1993. Pigou and Coase in retrospect. Cambridge Journal of Economics, 17(1): 27～50

During A. 1991. Limiting consumption: towards sustainable culture. The Futurist, (2):6

Durning A. 1992. How much Is enough: the consumer society and the future of the earth. New York: W W Norton and Company, 60, 61

Engels J R and Engels J G. 1990. Ethics of environment and development. Tucson, AZ: University of Arizona Press

Forrest J. 1973. World dynamics. Cambridge: Wright-Allen Press. 17, 18

Fuwa K. 1995. The meaning of sustainability: biogeophysical aspects. *In*: Munasinghe M, Shearer W, Ginther K, et al. Defining and measuring sustainability: the biogeophysical foundations. Norwell, Ma.: Kluwer Academic Publishers

Golley F B. 1996 A history of the ecosystem concept in ecology. New Haven, CT: Yale Universitity Press.

Golley FB. 1993 A History of the ecosystem concept in ecology. New Haven: Yale University Press

Goodland R, Ledoc G. 1987. Neoclassical economics and principles of sustainable development. Ecological Modelling, 38(1):36～39

Harris J M, 2000. Basic principles of sustainable development. Global Development and Environment Institute. Working Paper, (1):1～4

Hartwick J M. 1987. Investing returns from depleting renewable resource stocks and intergenerational Equity. Economic Letters, (1):85～88

Haveman R. 1989. Thoughts on the sustainable development concept and the environmental effects of economic policy. Paris: OECD seminar on the Economics of Environmental Issues. Paper No. 5. Sept. 25

Haynes R W, Graham R T, Quigley T M. 1998. A framework for ecosystem management in the Interior Columbia Basin Journal of Forestry, 96(10):4～9

Holmberg J. 1992. Making development sustainable. Washington D C: Island Press

Hossain K. 1995. Evolving principles of sustainable development and good governance. *In*: Ginther K, Denters E, de Waart P J I M. Sustainable development and good governance. Norwell, MA.: Kluwer Academic Publishers

IUCN, UNEP, WWF. 1980. Caring for the earth: a strategy for sustainable living. Geneva, Switzerland. 9～12

IUCN, WWF, UNEP. 1991. The world conservation strategy. Gland, Switzerland

Jacobs M. 1991. The green economy: environment, sustainable development and the politics of the future. Vancouver: University of British Columbia Press

James K R. 2006. Measuring bidogical integrity. *In*: Meff G K, Carrdl C R.

Kato S. 1994. Salzburg seminar on environment and diplomacy. Working group on sustainable development. Manuscript on file at Salzburg Seminar, Salzburg Austria

Kay J J. 2001. The ecosystem approach to monitoring integrity. Faculty of Environmental Studies, University of Water-loo. http://www.fes.uwaterloo.ca/u/jjkay/HNA/chapter2.html

Kessler E. 1996. 城市圈. Ambio(人类环境杂志), 25(2):68, 69

Kirdar U. 1992. Change: Threat or Opportunity. New York: United Nations Press

Kuik O, Verbruggen H. 1991. In search of indicators of sustainable development. Netherlands: Kluwer Academic Publishers

Markandya A, Pearce D. 1988. Natural environments and the social rate of discount. Project Appraisal, 3(1):31～35

Maser C. 1997. Sustainable community development: principles and concepts. Boca Raton: Saint. Lucie Press. 14

Mc Cormick J. 1991. Reclaiming paradise. Bloomington: Indiana University Press

Meadows D H, Meadows D L, Randers J. 1972. Beyond the limits to Growth. Post Mills, Vermont: Chelsea Green Publishing Company

Michael R. 1996. Sustainable development. Chemical Week, 158(21): 30

Minister P H, Brundtland G. 1986. Sir peter scott lecture. Bristol: Bristol Press. 8

Munasinghe M, Lutz E. 1991. Environmental-economic evaluation of projects and policies for sustainable development. World Bank, Environment Department, Environment Working Paper. 42

Munn R E. 1989. owards sustainable development: an environmental perspective. *In*: Archibugi F, Nijkamp P. Economy and Ecology: towards sustainable development. The Netherlands: Kluwer Academic Publishers

Munro D. 1995. Sustainability: rhetoric or reality. *In*: Trzyna T. A sustainable world: defining and measuring sustainable development. Sacramento: California Institute for Public Affairs

Murcott S. 1997. Sustainability principles, ecosystem principles. Massachusetts Institute of Technology, AAAS Annual Conference, IIASA

Niu W Y, Jonathan L, Bdullah A. 1993. Spatial systems approach to sustainable development: a conceptual framework. Environmental Management, 17(2): 179～186

OECD. 1990. On Integrating environment and economics. Paris: OECD

Opschoor H, Reijnders L. 1991. Indicators of sustainable development: an overview. *In*: Kuik O, Verbruggen H. In search of indicators of sustainable development. Netherlands: Kluwer Academic Publishers

O'Riordan T, Yaeger J. 1994. Global change and sustainable development in Europe. Manuscript on file at the Wuppertal Institute, Nordrhein-Westfalen, Germany

Pearce D, Barbier E, Markandya A. 1988. Sustainable development and cost-benefit analysis. London Environmental Economics Centre, Paper88-01

Pearce D, Markandya A, Barbier E. 1989. Blueprint for a green economy. london: Earthscan Publications Ltd

Pearce D. 1988. Optimal prices for sustainable development. *In*: Collard D, Pearce D, Ulph D. Economics, growth and sustainable environment. London: MacMillan

Pezzey J. 1989. Economic analysis of sustainable growth and sustainable development. World Bank Environment Department, Working Paper No. 15

Rrinciples of conservation biology. 2nd ed. Sunder land, MA: sinauer Associates. 483～485

Qizibash M. 2001. Sustainable development concepts and rankings. The Journal of Development studies, 37 (3): 134～161

Redclift M. 1987. Sustainable Development. London: Methuen Press

Repetto R. 1986. World enough and time. New Haven: Yale University Press

Richard W H, Graham R T, Quigley T M. 1996. A framework for ecosystem management in the Interior Columbia Basin including portions of the Klamath and Great Basins Gen Tech Rep PNW-GTR-374. Portland, Oregon

Robinson J, Francis G, Legge R, et al. 1990. Defining a sustainable society. Alternatives, 17(2): 36～46

Ruckelshaus W D. 1989. Toward a sustainable world. Scientific American, 261(3): 166～175

Schmidheiny S. 1992. Changing course. business council for sustainable development (BCSD). Cambridge, MA: MIT Press

Schultink G. 1992. Evaluation of sustainable development alternatives: relevant concepts, resource assessment, approaches and comparative spatial indicators. International Journal of Environmental Studies, (1): 41, 203～224

Sharon B. 1993. The nature of sustainable development. Melbourne: Scribe Publications

Solomon A. 1990. Towards ecological sustainability in Europe: climate, water resources, soils and biota. IIASA. 6

Solow R. 1974. The economics of resources or the resources of economics. The American Economic Review, 64:1～14

Straskraba M. 1994. Eco-technological models for reservoir water quality management. Ecological Modeling, 74:5～7

Strong M. 1992. Required global changes: close linkages between environment and development. *In*: Kirdar U. Change: threat or opportunity. New York: United Nations Press

Tenenbaum D J. 2002. 地球生态系统能否满足我们生存的需要. 环境与健康展望,(6):6

Thampapillai D J, 1991. Environomental Economics. Melbourne: Oxford University Press

Tietenberg T. 2000. Environmental and natural resource economics. 5th ed. Addison Wesley Longman, Inc. 127:280～282

Tolba M. 1987. Sustainable development-constraints and opportunities. London: Butterworth Press

Trzyna T. 1995. A sustainable world: defining and measuring sustainable development. Sacramento: California Institute for Public Affairs

UNDP. 1997. Human developnent report 1997: human development to eradicate poverty. NewYork: Oxford University.

United Nations. 1992. Agenda 21. Rio de Janeiro: United Nations

United Nations. 1972. Report of the united nations conference on the human environment. Stockholm: United Nations Publications

United Nations Environment Programme. 1989. Clean production program. Paris: UNEP

United N Statistical O. 1992. SNA draft handbook on integrated environmental and economic accounting. New York: United Nations Publications

Vavrousek J. 1994. Salzburg seminar on environment and diplomacy. September 3－10, Working Group on Sustainable Development. Manuscript on file at Salzburg Seminar, Salzburg, Austria

Winograd M. 1995. Environmental indicators for latin america and the caribbean. *In*: A sustainable world: defining and measuring sustainable development. Trzyna T. Sacramento: California Institute for Public Affairs

World Bank. 1992. World development report 1992: Development and the environment. New York: Oxford University Press

World Summit on Sustainable Development. 2002. Plan of implementation. http://cssd. acca21. org. cn/2002/hot35. html

# 后　　记

1996年8月10日，华中师范大学成立了“华中师范大学可持续发展研究中心”，刘盛佳教授任主任，我任副主任。也就是这年的秋季，我开始在人文地理学专业学位点上招收“可持续发展”方向的硕士研究生，本书作者之一敖荣军博士就是这个方向的第二届硕士学位获得者。目前在这个方向毕业的硕士生已达到50人，我也从刘盛佳教授手上接过了研究中心主任的“接力棒”。然而，直到今天，我们才出版本书，深感惭愧！

其实，编著本书的构想可以追溯到2001年秋。我在1996年秋就开始给硕士生开设“可持续发展导论”学位课程，但一直没有找到合适的教材。2000年秋，敖荣军硕士毕业留校任教，为本科生讲授“可持续发展导论”的素质课程，同样为没有合适的教材而苦恼。2001年秋，我从加拿大女王大学地理系访学归来，决心利用从国外带回的可持续发展方面的最新资料，着手编著一本既适合专业教育又适合素质教育的可持续发展导论性质的教材。2002年初，我在总结多年教学实践经验的基础上，反复斟酌，数易其稿，拟定了教材的名称、内容框架和大纲，同时向学校教务处申报了教材研究立项，获得支持。2003年夏，科学出版社编辑杨红到学校来组稿，我们的《可持续发展基础》教材计划得到了她的支持，被迅速列入出版计划。其年冬，通过样章的审阅，科学出版社与我们签订了出版合同，计划在2004年秋出书，以供秋季开学使用。可惜的是，2004年5月，我被湖北省委统战部委派到宜昌市挂职锻炼，教材一事被迫停顿下来；2005年6月挂职回来以后，由于教学科研工作繁重，行政社会事务繁杂，难得有集中的时间来梳理思绪，写写停停，虽然断断续续地完成了一些章节，但就在这几年，可持续发展方面的学术著作如雨后春笋般涌出，回过头来看，过去认为是新颖的东西变得不那么新了，过去认为是自己特色的东西也不那么有特色了，过去写的东西也不得不推倒重来。由于总是担心自己的观点陈旧了，落伍了，没有把最新的研究成果吸收进来，所以出版之事，一直拖到了现在，比原计划出版的时间整整耽误了五年。这期间，科学出版社成立了高等教育出版中心，与我联系的编辑也由杨红同志换成了郭淼同志。若不是郭淼同志经常的催促和提醒，2008年暑假仅有的一点自由时间也许会被我用来到医院去调理多年的高血糖，而不是冒着酷暑带着几个研究生在办公室赶稿子，若是那样的话，这本书的出版又不知该拖到何时了。2008年8月底，初稿总算是完成了，但内容芜杂，体例不一，50万字的篇幅也远远超出35万字的合同规定。因此，接下来的修改和统稿工作异常艰难和缓慢，许多内容实际上是重新写过。

2009年的元旦，这本酝酿了8年之久的《可持续发展基础》终于完稿了。想到不久之后，这本小书就要与读者见面了，内心十分欣慰，所以，我写了“前言”写“后记”，一气呵成。然而，行文至此，我的内心却仍然怀着丑媳妇怕见公婆那样的忐忑，既深惧“大家”(权威)的唾弃，亦担心“上帝”(读者)的嫌弃，因为我深知，学术追求是没有止境的，要写好一本学术性的教材绝非易事。因此，我们热忱期盼专家学者和广大读者的批评指正。

借此机会，我要对为本书的完善作出过贡献和出版提供过帮助的所有人士表示衷心的感谢。首先，我要感谢原来是我的学生现在是我的同事的敖荣军博士，他不仅完成了《可持续发展基础》教材的校级立项研究工作，而且承担了本书第四章、第五章大部分章节的撰写任务；感谢原来是我的学生现在中南财经政法大学经济学院攻读博士学位的韦燕生，她承担了第六章的撰写工作；感谢原来是我的学生现在中国科学院武汉测量与地球物理研究所工作的任宪友博士，他承担了第三章前三节的起草工作；感谢我的同事李家成副教授和杨振博士，他们审阅了第八章第二节的内容，并订正了“可持续发展系统指标体系评价的方法”中的数学方法。其次，我要感谢为这本书收集过资料的我的所有研究生，特别要感谢 2008 年暑期冒着酷暑帮我收集、整理资料的几位博士生，他们是颜俊、刘勋和任唤麟，颜俊同学参与了第一章第三节、第二章第四节、第九章第一节的资料整理工作，刘勋同学参与了第八章的资料整理工作，任唤麟同学参与了第三章第四节、第七章第一、二节的资料整理工作。再次，我要感谢为本书出版提供经费资助的华中师范大学教务处，感谢在本书出版过程中付出辛勤劳动的科学出版社的编辑郭淼、杨红和赵冰。最后，我要感谢我的妻子肖赛男，感谢她对我工作的支持和对我生活的照顾。没有以上人士的支持、帮助和关心，这本小书恐怕到现在还无法与读者见面，在此，我再次对他们一并表示衷心的感谢！

龚胜生

2009 年元旦于华中师范大学可持续发展研究中心